密码算法、计算架构及硬件实现

黄海 于斌 马超 著

科学出版社

北京

内 容 简 介

本书梳理了各类密码算法的发展历程及现状，在流密码、分组密码和哈希函数三类算法中进行轻量化设计和可重构设计两方面的研究，在公钥密码算法中对椭圆曲线加密算法的标量乘和模乘两个关键部分进行深入研究，并结合作者团队近年来的研究工作，给出上述四类算法的计算架构设计和可重构硬件实现的参考示例。此外，本书还介绍了在基于身份的加密和硬件安全方面取得的进展，并展望了密码算法在实现和应用等方面的前景。

本书适合电子科学与技术、网络与信息安全、计算机科学与技术等专业的本科生、研究生以及相关领域的科研人员和工程师阅读学习。

图书在版编目（CIP）数据

密码算法、计算架构及硬件实现 / 黄海，于斌，马超著. — 北京：科学出版社，2024.12

ISBN 978-7-03-077749-2

Ⅰ. ①密… Ⅱ. ①黄… ②于… ③马… Ⅲ. ①密码算法－设计 Ⅳ. ①TN918.1

中国国家版本馆 CIP 数据核字(2023)第 255308 号

责任编辑：阚　瑞　董素芹 / 责任校对：胡小洁
责任印制：师艳茹 / 封面设计：迷底书装

科 学 出 版 社 出版
北京东黄城根北街 16 号
邮政编码：100717
http://www.sciencep.com

北京富资园科技发展有限公司印刷
科学出版社发行　各地新华书店经销
*

2024 年 12 月第 一 版　开本：720×1 000　1/16
2024 年 12 月第一次印刷　印张：17 1/2
字数：350 000

定价：169.00 元

（如有印装质量问题，我社负责调换）

序

数字经济方兴未艾，以人工智能、云计算、大数据为代表的新一代信息技术蓬勃发展，系统自主安全可控、基于新型计算架构的芯片设计、密码算法国产替代等成为研究热点，与之密切相关的信息安全是关键和核心。密码算法及其物理载体密码芯片是信息安全的基石。深入研究密码算法、计算架构及其硬件实现可以为信息安全、数据安全与国家安全提供技术保障和安全底座。

密码算法在很多领域都得到了广泛应用，对保护信息的机密性、完整性以及身份的验证起到了至关重要的作用。该书系统、科学地梳理了流密码、分组密码、哈希函数和公钥密码四大类算法的发展历程以及现状，每类算法中都以若干典型算法为代表分析了算法原理与核心架构。根据不同种类密码算法的特点，流密码、分组密码和哈希函数以可重构计算技术为内核完成了可重构计算架构设计，分析了大量现在广泛应用的主流算法，提出分别适用于流密码、分组密码和哈希函数的可重构算子和可重构单元，设计了可重构阵列并设置了配置信息，可以完成多种同类密码算法的适配，实现算法功能并提供优异的硬件性能。公钥密码算法受位宽和结构所限，则关注于标量乘与模乘的算法设计和硬件实现，并从多个应用角度进行改进，既有追求高吞吐率、高性能的架构设计，也有追求高复用率、低面积消耗的资源受限设备应用设计，还有面向不同存储消耗的标量乘设计。上述的各类硬件设计和实现方案均具备一定的代表性和参考性，为相关方向的研究提供了坚实的基础。

此外，该书对后量子密码进行了研究与总结，对近年来新投入使用的基于身份加密的算法进行了深入的研究，设计并实现了二次扩域的算法，以此为基础完成了双线性对运算单元的架构设计。基于身份加密也是近年应用研究的热点之一，其核心运算部分就是双线性对运算，双线性对单元的性能直接影响到整体加/解密和签名验签的性能。该书不局限于密码算法的设计，还从软、硬件不同角度提出了侧信道攻击与防护的方案。在软件方面，该书对近年火热的基于深度学习的神经网络进行研究，提供了两种不同的有效攻击模型，在硬件方面，以低熵掩码为研究方向提供了多种方案来抵抗功耗攻击。该书所涵盖的内容全面而具体，对研究、推广、应用密码算法具有重要的意义。

黄海及其团队一直致力于密码算法的计算架构及其硬件实现的研究，承担了与其密切相关的国家自然科学基金和国家重点研发计划子课题等多项科研任务。多年来，积累了丰富的密码芯片设计成功经验和创新性的设计方法。该书以团队多年积累的研究经验和重点研发计划重点专项的研究成果为基础，从算法原理、算法分析、计算架构设计和典型算法硬件系统地对四大类密码算法进行了较为全面的归纳总结，为密码芯片设计者奠定了基础和提供了研究思路。

此外，该书有三个特色：一是将不同类型的轻量级密码算法作为一个重要研究内容贯穿于整本书中；二是将可重构计算技术作为密码硬件实现的新型计算架构进行了详细介绍和探究；三是系统介绍了侧信道攻击及其防御解决方案，为密码芯片硬件安全提供了思路。从实现自主可控的角度看，该书重点介绍了 ZUC、SM9 等国密算法，对国密算法的推广应用及生态建设做出了一定的贡献。

该书写作严谨、条理清晰、内容新颖，从算法到硬件实现系统地论述了密码芯片的设计方法，我很愿意向读者推荐该书。

刘雷波

2023 年 11 月 11 日于北京

前　　言

密码算法是信息安全的基石，通过加密技术保护敏感信息的安全性和机密性。在当今的数字化时代，随着信息技术的快速发展，人们越来越依赖于互联网和电子通信，因此，密码算法研究显得尤为重要。

密码算法研究对保护个人隐私和财产安全至关重要。在日常生活和工作中，密码算法保护着银行账户、电子邮件、社交媒体和其他在线平台的登录信息。如果没有完备的密码算法，黑客和恶意分子可能会利用漏洞入侵我们的账户，窃取个人信息，甚至盗取财产。密码算法的研究可以提高隐私保护强度，确保个人信息的安全。密码算法研究对国家安全和军事防御具有重要意义。各国政府和军事组织面临着来自其他国家的网络攻击和间谍活动的威胁。通过完备的密码算法，可以确保敏感信息在传输和存储时不被窃取或篡改。在国家安全领域，密码算法的研究是一项战略性任务，为国家的稳定和发展提供可靠的信息保护手段。密码算法研究对商业机密和知识产权的保护也至关重要。在竞争激烈的商业环境中，许多公司依赖于自己的商业机密和创新技术来获得竞争优势。密码算法研究可以确保商业机密在传输和存储过程中不会泄露给竞争对手。它可以帮助保护企业的核心技术，防止盗版和侵权行为，维护知识产权的合法权益。

密码算法采用硬件实现是一种常见的安全方案。相比于软件实现，硬件实现能够提供更高的安全性和性能，并且在各种应用场景下都得到了广泛应用。

硬件实现的密码算法具有更高的安全性。由于密码算法通常涉及关键的加密和解密操作，软件实现容易受到恶意攻击或者破解。而采用硬件实现的密码算法可以在物理层面上保护密钥和加密过程，降低了被侵入和篡改的风险。硬件实现的密码算法通常采用专用的加密芯片或者安全模块，其具备物理隔离和防护机制，可以有效地保护敏感数据和算法流程的安全性。硬件实现的密码算法相比于软件实现具有更高的性能，可以利用硬件加速器或者专用处理器，从而大幅提升算法的执行效率和速度。密码算法通常需要进行大量的数据操作，采用硬件实现的密码算法可以降低资源开销。密码算法采用硬件实现是一种重要的安全解决方案。它能够提供更高的安全性、性能和适应性，广泛应用于各种领域，如金融、电子商务、物联网等。在信息安全日益成为关注焦点的今天，我们需要不断研究和发展密码算法的硬件实现技术，为保护敏感数据和信息安全做出更大的贡献。

本书共分为 7 章。第 1 章介绍流密码、分组密码、哈希函数以及公钥密码的发展历史与研究现状，并且针对密码芯片面临的挑战进行分析。第 2 章依据设计结构的不同对流密码进行分类介绍，并对广泛应用的近 30 种流密码算法特征进行分析讨论，最后介绍一种利用配置信息切换多种流密码算法的可重构计算架构设计案例。第 3 章根据分组密码实现的核心原理对其进行分类介绍，对基于代换置换网络（substitution permutation network，SPN）结构、Feistel 网络结构、ARX（addition-rotation-xor）结构的轻量级分组密码算法的算子从 S 盒、置换、异或、与、循环移位、模加几个方面进行统计分析，介绍针对分组密码算法的可重构计算架构设计方法。第 4 章依据压缩函数的不同构造对哈希函数进行分类介绍，对运算构件进行讨论，从基本操作信息及运算位宽两方面分析哈希函数可重构计算的架构设计，介绍针对哈希函数的可重构计算架构设计方法。第 5 章以公钥密码算法依据的各种数学难题作为界定进行分类介绍，对各类公钥密码中较为经典的密码算法进行深入剖析，最后分析椭圆曲线密码算法的计算架构设计。第 6 章介绍新型密码算法，主要包括基于格的密码、基于身份标识的密码等，并通过国密 SM9 标识密码算法实例详细讲解从密码算法分析、计算架构设计到硬件实现的全过程。第 7 章作为专题系统简要地介绍传统侧信道攻击及其防御方法，并对新型的基于深度学习的侧信道攻击方法进行深入分析，最后针对功耗分析攻击介绍三种不同的低熵掩码方案。

　　作者力争做到系统性、科学性和学术性，因此在书中介绍了和密码算法、密码芯片实现相关的前沿技术和关键问题，将不同类型的轻量级密码算法作为一个重要研究内容贯穿于整本书中。可重构计算技术作为密码硬件实现的新型计算架构，成为密码芯片实现的一个重要方向，书中对传统密码的可重构计算架构也进行了详细介绍和探究。

2023 年 10 月于哈尔滨

目　　录

第1章 引　　论

随着《中华人民共和国网络安全法》《中华人民共和国数据安全法》《中华人民共和国个人信息保护法》《中华人民共和国密码法》的颁布，信息安全成为社会发展尤其是数字经济发展的必备条件和前提基础。密码算法及其硬件实现载体密码芯片是信息安全的基石。研究密码算法计算架构及其硬件实现在信息安全领域中尤为重要。

1.1　概　　述

信息安全最初的三个安全要素是著名的机密性、完整性、可用性(confidentiality、integrity、availability，CIA)，随着信息技术的不断完善，拓展出了可认证性、不可抵赖性和实用性三个安全要素。机密性(保密性)，主要是以怎样保护信息为出发点，通过授权限制信息的访问来避免外部的入侵及内部的威胁，确保信息不被窃取和破坏；完整性是通过加密方式来防止信息被篡改或被攻击而不能完整地读取数据，此外还要确保信息不能因为系统故障而丢失；可用性是指确保信息系统环境完善且高度可用，被授权者可以访问和使用相关信息、系统及应用；可认证性是对完整性的扩展，具体指访问、交换、传输信息要经过身份认证，确保信息来源的可信性；不可抵赖性是指双方在交换信息的过程中不可以否认自己发送或者接收信息的时间和行为，确保信息在传输过程中不被第三方破坏，主要通过身份验证和数字签名来对信息进行保护；实用性是指要保护的信息资源是有价值、有效的，如通过建立一套有效的、完善的密钥机制来保证信息的价值性。信息安全的六个要素之间是相互联系、相互贯穿的。图 1.1 为信息安全六个要素及其主要作用。

在 1949 年，Shannon 发表论文 "Communication theory of secrecy systems"[1]，产生了现代密码学的概念。现代密码算法大体可分为三类，分别为私钥密码算法、哈希函数和公钥密码算法。私钥密码算法和哈希函数的加密原理是通过迭代计算操作来实现加密，公钥密码算法的加密原理是基于数学函数来实现加密。根据加密过程和解密过程中使用的密钥的特点，密码算法可分为对称密码算法和非对称密码算法。对称密码算法在加密过程和解密过程中使用相同的密钥。对称密码算法要求发送方和接收方在通信之前就密钥达成一致，安全性取决于密钥。泄露密钥意味着其他人可以对传输的信息进行加密和解密，从而泄露或篡改传输信息。对称密码算法主要分为流密码算法和分组密码算法。流密码通过利用不断变化的内部状态生成密

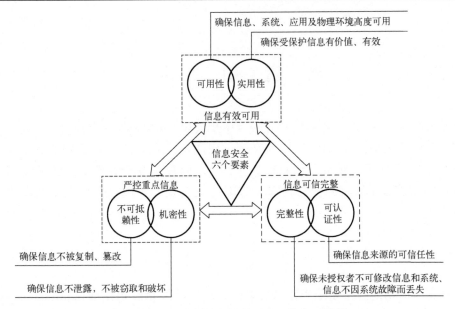

图 1.1　信息安全六个要素及其主要作用

钥流序列，与明文按比特或按字节或字节的倍数进行异或操作从而得到密文。分组密码是通过扩散和混淆运算的迭代实现数据加密，其安全性主要依赖于密钥，而不依赖于对加密算法和解密算法的保密。非对称密码算法在加密过程和解密过程中使用不同的密钥，攻击者即使获得加密过程中使用的密钥，也难以推导出解密过程中使用的密钥，反之亦然。

为了使信息在存储、传输、交换过程中不被未授权者访问、使用、篡改或窃取，常用的安全机制和策略是采用加密手段来确保信息的安全要素。公钥密码算法和哈希函数主要用来实现数字签名和身份认证，而信息的机密性和完整性主要通过对称密码算法来实现。

1.2　流密码算法发展历史与现状

流密码的历史由来已久，从最初的简单寄存器到现在的各种非线性结构组合，流密码的设计与发展一直受到研究人员的重视，而其本身也有着不可替代的优势。从流密码的发展历史中可以看到流密码设计思想的各种变迁，能够更好地对现有算法进行开发和改进。

1.2.1　流密码算法发展历史

流密码设计之初采用反馈移位寄存器来实现，后来从密码学的其他分支算法中得到了启发，开始与其他密码算法融合，产生更具安全性的流密码。

1．基于线性反馈移位寄存器的流密码

20 世纪 40 年代，电子计算机被发明出来，计算机技术的进步使密码学家可以使用比计数器更安全的操作来设计流密码，基于线性反馈移位寄存器 (linear feedback shift register，LFSR) 设计的流密码就出现在此时期。常见的设计方法是将密钥流生成器分为驱动部分和非线性部分，驱动部分主要用来将初始密钥扩散成具有良好的周期性和统计特性的状态序列，非线性部分对驱动部分的输出序列进行非线性运算，提高其线性复杂度和不可预测性，从而生成最终密钥流。驱动部分一般利用 LFSR 产生状态序列，LFSR 序列为线性，非线性部分采用各种非线性构建块 (如非线性滤波函数、非线性组合函数等布尔函数或时钟控制等) 来掩盖其线性，以生成高度非线性的密钥流，这也是此类流密码安全性的首要保障。根据所采用的非线性构建块的不同，出现了非线性滤波生成器、非线性组合生成器、钟控生成器等各种密钥流生成器。这类流密码的结构代表了传统流密码的设计思想，对其理论分析也比较成熟。图 1.2 给出了近年来基于 LFSR 的常见流密码算法。

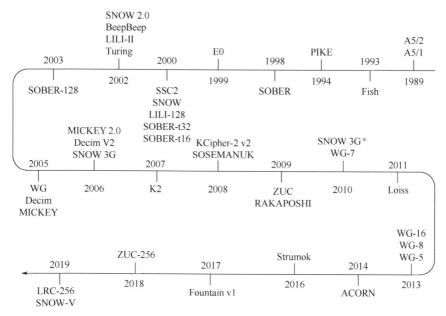

图 1.2　基于 LFSR 的常见流密码算法

1989 年，法国设计了 A5/1 和 A5/2 算法，但运行机制保密。A5/1 算法限制出口，保密性较强；A5/2 算法没有出口限制，但保密性较弱[2]。1994 年，A5/1 算法的近似编码制式被泄露。1999 年 Briceno 等通过反向工程的手段恢复得到确切编制[3]。构成 A5/1 和 A5/2 的主体是三个长度各不相同的 LFSR，组成了一个集互控和停走于一体的钟控模型。A5 算法是全球移动通信系统 (global system for mobile communications, GSM) 中使用的加密算法之一, 主要用于加密手机终端与基站之间传输的语音和数据。

1998 年, Rose 提出了一种基于 $GF(2^8)$ 的面向字节的流密码 SOBER[4]。当时大多数移动电话都集成了微处理器和存储器, 快速且占用较少存储器的软件流密码更为理想。1999 年, Rose 提出了 SOBER 的改进版本并提交至电信行业协会(Telecommunications Industry Association, TIA)。2000 年, 澳大利亚高通公司向 NESSIE(New European Schemes for Signatures, Integrity, and Encryption)计划提交了 Hawkes 和 Rose 设计的流密码 SOBER 的两个变体, 分别称为 SOBER-t16[5]和 SOBER-t32[6], 但最终都没有入选。2003 年, Rose 和 Hawkes 提出了一种 SOBER 的面向字的变体算法 Turing[7]。同年, Hawkes 和 Rose 设计了 SOBER-t32 的改进版本, 称为 SOBER-128, 由 LFSR、非线性滤波器、非线性明文反馈函数构成[8]。SOBER-128 不仅可以用作流密码, 还可以用于生成消息认证码(message authentication code, MAC)。虽然 SOBER-128 具有认证加密机制, 但加密消息并不能增强消息认证功能的安全性, 因为更改密文等同于更改明文来进行流密码的加密。

1999 年, "蓝牙特别兴趣组"公布了一个基于带记忆组合生成器而设计的蓝牙加密算法 E0[9], 其结构是一个典型的带有 4 比特记忆的非线性组合生成器。E0 被写入蓝牙网络规范, 用来在无线及蓝牙网络中进行点对点通信的加密, 保证蓝牙通信的安全性。由于实际中蓝牙设备及 Wi-Fi 的普及, 对于 E0 的分析受到国内外许多学者的重视[10]。

2000 年, Ekdahl 和 Johansson 提出了一种面向字的流密码 SNOW[11], 后称为 SNOW 1.0, 并提交至 NESSIE 计划, 但因在安全性方面存在问题, 最终未入选。2002 年, Ekdahl 和 Johansson 针对 SNOW 1.0 的攻击, 提出了 SNOW 的新版本 SNOW 2.0[12], 后来 SNOW 2.0 被 ISO/IEC 18033-4 标准化。SNOW 2.0 在非线性部分采用了带有两个记忆单元的有限状态机(finite state machine, FSM), FSM 中 S 变换用到了高级加密标准(advanced encryption standard, AES)的 S 盒和列混淆。由于 SNOW 2.0 所用的 LFSR 定义在扩域上, 这种设计非常便于软件实现, 其结构设计采用了 Rueppel 的线性驱动加非线性混淆的思路, 但非线性部分采用了类似分组密码扩散与混淆的结构, 具有很高的安全性。2006 年, 欧洲电信标准化协会(European Telecommunications Standards Institute, ETSI)的安全算法专家组(Security Algorithms Group of Experts, SAGE)对 SNOW 2.0 的设计进行了修改, 并提出了作为第三代合作伙伴计划 (3rd Generation Partnership Project, 3GPP)电信网络空中接口保护算法之一的密码 SNOW 3G[13], SNOW 3G 是 3GPP 标准使用的一种流密码, 被指定为通用移动通信系统(universal mobile telecommunications system, UMTS)中实现数据机密性算法(UMTS encryption algorithm 2, UEA2)和数据完整性的标准算法(UMTS integrity algorithm 2, UIA2)的核心, SNOW 3G 也是第 4 代移动通信安全中机密性算法(evolved packet system encryption algorithm，EEA)和完整性算法(evolved packet system integrity algorithm)的核心。2010 年，Biryukov 等定义并评估了 SNOW 3G⊕，将 SNOW 3G 的两个模加用异或替换就得到了 SNOW 3G⊕，SNOW 3G⊕对代数攻击的抵抗力要更强[14]。2019 年，Ekdah 等提出了 SNOW 系列的新版本 SNOW-V[15]。SNOW-V 的提出是为了满足虚拟环境中超高速加密的行业需求，用于第五代移动通信技术(5th generation mobile communication technology，5G)移动通信系统，还包含了一种使用关联数据的认证加密操作模式来提供机密性和完整性保护。SNOW-V 的设计修改了 SNOW 3G 架构，保留了 SNOW 3G 大部分的设计，对 LFSR 和 FSM 均进行了更新，而且利用了许多现代中央处理器(central processing unit，CPU)中的 AES 轮函数指令支持。

2000 年，Dawson 等提出了 LILI-128 密钥流生成器[16]，并提交至 NESSIE 计划，但最终未入选。LILI-128 密钥流生成器的设计在概念上很简单，它使用两个二进制 LFSR 和两个函数来生成伪随机的二进制密钥流序列。2002 年，Clark 等提出了 LILI-II 密钥流生成器[17]。LILI-II 中的两个 LFSR 都使用伽罗瓦配置，但它产生的输出序列具有关于基本密码安全要求的可证明属性。LILI-II 在软件上的效率略低于 LILI-128，主要是因为在设计中使用了更大的 LFSR 和更大的布尔函数来提高安全性，提供了更大的周期和线性复杂度。但是在硬件上，LILI-II 提供了与 LILI-128 相同的高速。

2002 年，Driscoll 提出了一种旨在为嵌入式实时系统提供保密性和完整性的流密码算法 BeepBeep[18]。BeepBeep 的主要元件是 127 位原始 LFSR、时钟控制、非线性滤波器、两级组合器。LFSR 提供伪随机值的流，时钟控制和非线性滤波器可防止已知的 LFSR 攻击，两级组合器将算法的“文本”输入、非线性滤波器输出和来自 LFSR 的一个字混合，以产生算法的最终输出。2017 年，Driscoll 提出了基于流密码的轻量级认证加密方案 Bleep64，并提交至美国国家标准与技术研究院(National Institute of Standards and Technology，NIST)发起的轻量级密码学(Lightweight Cryptography，LWC)竞赛[19]。Bleep64 的前身是流密码算法 BeepBeep，但 Bleep64 未进入 LWC 竞赛的第二轮竞选。

2008 年，Nawaz 和 Gong 首次提出一种面向硬件的流密码算法 WG(Welch-Gong)，是 eSTREAM 计划第一阶段候选方案。WG-128 是 WG 流密码的略微修改版本，是 eSTREAM 计划第二阶段候选方案[20]。所有的 WG 变体都使用面向字的 LFSR 和基于 WG 变换的过滤函数。2010 年，Luo 等提出了 WG 流密码的轻量级变体 WG-7[21]。2013 年，Fan 等提出了 WG 流密码的轻量级变体 WG-8[22]。WG-7 和 WG-8 被提出用于保护资源受限的智能设备，如射频识别(radio frequency identification，RFID)应用程序和智能卡等。WG-8 具有较高的性能和较低的能耗，是保护嵌入式应用的一个有竞争力的候选方案[23]。2014 年，Fan 等提出使用流密码 WG-16 在 4G-LTE 网络上提供机密性和完整性[24]。Gong 等设计的 WG-A 和 WG-B

是 WG 家族的子家族，分别由 WG-8 和 WG-16 的专利变体组成[25]。2015 年的 TechConnect 世界创新大会展示了 WG-A 支持的 RFID 防伪系统，此外，提供的信息表明，建议使用 WG-B 来保护 4G 网络[26]。2019 年，Aagaard 等向 NIST 发起的 LWC 竞赛提交了基于流密码的轻量级认证加密方案 WAGE[27]。WAGE 是基于 WG 流密码的 259 位轻量级置换，旨在实现具有关联数据的身份验证加密的高效硬件实现，同时提供足够的安全裕度。

2005 年，Berbain 等提出了一种面向硬件的流密码 Decim，并提交至 eSTREAM 计划[28]。Decim 的设计基于 LFSR 和一个不规则抽取机制。因此，Decim 的硬件复杂度较低。在 Fast Software Encryption 2006（即 FSE 2006）会议上，Wu 和 Preneel 指出 Decim 存在两个缺陷[29]。2007 年，Berbain 等提出了一个新的 Decim 版本，称为 Decim v2[30]。与 Decim v1 相比，Decim v2 中修改了来自密钥和初始向量的 LFSR 初始填充，Decim v2 的初始化过程比 Decim v1 更简单、更安全。Decim v2 适用于资源受限的硬件应用，对于需要更高吞吐量的应用程序，可以使用加速机制来加速 Decim v2，但代价是硬件复杂度会更高。

2005 年，相互不规则时钟密钥流生成器（mutual irregular clocking keystream generator，MICKEY）系列的设计者 Babbage 和 Dodd 提出了流密码算法 MICKEY（version 1）[31]。2005 年，Babbage 和 Dodd 提出了 MICKEY-128（version 1）[32]。2006 年，Babbage 和 Dodd 提出了增强版 MICKEY 2.0[33]。2006 年，Babbage 和 Dodd 还给出了 MICKEY-128 的增强版 MICKEY-128 2.0[34]。MICKEY 系列使用移位寄存器的不规则时钟，并采用一些新的技术来平衡对周期和伪随机性的需求，以及避免某些密码分析攻击的需求，其主要性能目标是在资源受限的硬件中以非常低的功耗和非常少的逻辑门运行[35]。MICKEY 2.0 版本最终被选为 eSTREAM 计划面向硬件的胜选算法之一。

2008 年，Berbain 等提出了一种全新的面向软件的同步流密码算法 SOSEMANUK[36]。SOSEMANUK 算法采用了和 SNOW 2.0 基本相同的结构，并且在非线性部件中使用了分组密码 Serpent 的 S 盒作为基本元件。SOSEMANUK 的目标是从安全和效率的角度改进 SNOW 2.0，旨在通过避免一些可能出现的潜在弱点的结构特性来改进 SNOW 2.0，并减少内部状态的数量。

2007 年，Kiyomoto 等提出了一种面向字的流密码算法 K2 v1[37]。同年，为了更有效地将密钥和初始化向量扩散到内部状态，算法初始化过程中的密钥加载步骤被修改，称为 K2 v2，在 2008 年更名为 KCipher-2 v2。2009 年，日本 KDDI 公司发布了 KCipher-2 的文件初始版本 KCipher-2 v1.0，2010 年，仅更新了日语版本，称为 KCipher-2 v1.1。2017 年，为了正确描述移位寄存器的行为，将 KCipher-2 v1.1 修改四处，称为 KCipher-2 v1.2。KCipher-2 由两个反馈移位寄存器，一个具有四个内部寄存器 R1、R2、L1 和 L2 的非线性函数以及一个动态反馈控制器组成。KCipher-2

不仅实现了类似于基于 LFSR 的流密码的高性能，而且具有很高的安全性。KDDI 研发实验室公司已经生产了 KCipher-2 的软件开发工具包(software development kit，SDK)，并已在日本用于日本政府机构移动电话通信系统、日本政府机构位置管理系统、基于 Web 的群件以及面向消费者应用的多媒体内容播放器。

2009 年 5 月，由中国科学院数据与通信保护研究教育中心自主设计的 ZUC 算法获得 3GPP 安全算法立项，正式申请参加第三套机密性和完整性算法标准的竞选工作[38]。2010 年 6 月 18 日，ETSI 的安全算法专家组发布了一份文档，提供了第一版 ZUC 算法规范，这是 ZUC 算法规范首次发布。2011 年 9 月，ZUC 算法正式被 3GPP 独立组网工作组会通过，成为 3GPP LTE 第三套加密标准核心算法，被 3GPP LTE 采纳为国际加密标准，即第 4 代移动通信加密标准[39]。2012 年 3 月，ZUC 算法被发布为国际密码行业标准。2016 年 10 月，ZUC 算法被发布为国家标准。2018 年，我国 ZUC 算法研制组提出了与 ZUC-128 高度兼容的 ZUC-256 流密码[40]。128-EEA1/128-EIA1(基于 SNOW 3G 算法)、128-EEA2/128-EIA2(基于 AES 算法)和 128-EEA3/128EIA3(基于 ZUC 算法)是 3GPP 为了在 LTE 中提供安全保护而规定的三套用来保护数据通信的机密性和完整性的安全算法。ZUC-256 的设计目标是提供 5G 应用环境下的 256 比特安全性，可提供消息加密和认证功能，其认证部分在初始向量不可复用的条件下支持多种标签长度。与 ZUC-128 相比，ZUC-256 在初始化阶段、消息认证码(也称为认证标签或者标签)生成阶段采用了新的设计方案以满足 5G 应用的各种需求。

2014 年，Wu 在 CAESAR(Competition for Authenticated Encryption: Security, Applicability, and Robustness)竞赛的第一轮竞选中提交了一个面向比特的认证加密密码 ACORN，即 ACORN-v1[41]。2015 年，稍作修改，通过增强安全性将其更新为 ACORN-v2 提交至 CAESAR 竞赛的第二轮竞选[42]。2016 年，将 ACORN 系列更新为 ACORN-v3 提交至 CAESAR 竞赛的第二轮竞选[43]。2018 年 3 月，第三轮评估结束，ACORN 算法从 CAESAR 竞赛的第三轮的 15 个候选方案中脱颖而出[44]。ACORN 是一种基于流密码设计的认证加密算法，其设计规范是基于 6 个不同长度的 LFSR、一个非线性反馈函数和一个非线性输出函数。在初始化阶段，通过 128 位密钥和 128 位初始化向量对密码进行初始化，然后将相关数据加载到密码中。在加密阶段，对消息进行加密并生成密文。在最后阶段，密码生成与需要验证的消息相对应的标签。

除上述流密码算法之外，还有一些算法也是基于 LFSR 设计的，例如，1993 年，Blocher 和 Dichtl 提出了一种基于收缩原理的快速软件流密码算法 Fish[45]。1994 年，Anderson 参照 A5 算法的思想，对 Fish 进行改进，并提出了 PIKE 算法[46]。2000 年，Zhang 等提出了一种面向字的快速软件流密码算法 SSC2[47]。2009 年，Cid 等提出了一种面向硬件的基于动态 LFSR 的轻量级流密码 RAKAPOSHI[48]。2011 年，Feng 等提出了一种面向字节的流密码 Loiss[49]。Loiss 基于 LFSR，在非线性滤波生成器中采用了一种面向字节的存储混合器结构，在逻辑上由三部分组成：LFSR、非线性函数 F 和存储混合器。2016 年，Kuznetsov 等提出了一种新的面向字的密钥流发生器 Strumok[50]。2019 年，Ashouri 提出了一种新的基于硬件的流密码 LRC-256[51]。2019 年，Zhang 提出了基于流密码的轻量级认证加密方案 Fountain v1，并提交至 NIST 发起的 LWC 竞赛，但未进入第二轮竞选[52]。

对上述部分不同设计结构的典型流密码算法进行汇总，包括算法提出的年份、初始密钥及初始向量(initialization vector，IV)的长度等，如表 1.1 所示。

表 1.1　基于 LFSR 的流密码算法

流密码算法	年份	初始密钥长度/位	初始向量长度/位	来源/应用
A5/1、A5/2	1989	64	22	GSM 通信
E0	1999	128	—	蓝牙网络规范
LILI-128	2000	128	128	NESSIE
SNOW 2.0	2002	128，256	128	ISO/IEC 18033-4
MICKEY 2.0	2006	80	80	eSTREAM
SNOW 3G	2006	128	128	3GPP 标准算法
Decim v2	2007	80	64	eSTREAM; ISO/IEC 18033-4
SOSEMANUK	2008	128~256	64	eSTREAM
KCipher-2	2008	128	128	CRYPTREC; ISO/IEC 18033-4
ZUC	2009	128	128	3GPP 标准算法
ACORN	2014	128	128	CAESAR
Strumok	2016	256，512	256	乌克兰对称加密标准候选
ZUC-256	2018	256	184	5G
SNOW-V	2019	256	128	5G

注：CRYPTREC 为密码研究与评估委员会(Cryptography Research and Evaluation Committees)。

2. 基于非线性反馈移位寄存器的流密码

自 eSTREAM 项目以来，出现了很多流密码的设计理念与方法，其中比较典型的一类是基于非线性反馈移位寄存器(nonlinear feedback shift register，NFSR)设计的流密码。这类设计是把 NFSR 的非线性反馈与非线性输出相结合来提供良好的序列特性和安全性。图 1.3 所示为近年来常见的基于 NFSR 的流密码算法。

2004 年，Chen 等提出了一种基于字的快速流密码算法 Dragon，Dragon 系列包括 Dragon-128 和 Dragon-256 两种[53]。Dragon 可以认为是分组密码输出反馈(output feedback，OFB)模式的演变。Dragon 是一种基于单字的 NFSR 和具有记忆功能的非线性滤波函数构造的流密码，其核心是两个高度优化的 8×32 S 盒。Dragon 不仅可以快速生成密钥流，而且在更新密钥时也很高效，这使得 Dragon 很适合需要频繁更新密钥的应用，如移动和无线通信。

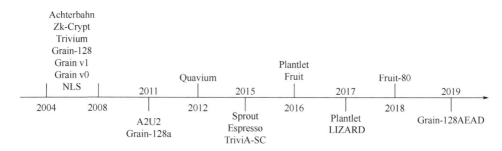

图 1.3 基于 NFSR 的流密码算法

2004 年，Grain 系列的设计者 Hell 等提出了 Grain 的初始版本，称为 Grain v0，该版本并未发布。2007 年，Grain 系列的设计者提出了 Grain v1（即 Grain-80）[54]。Grain v1 最终被选为 eSTREAM 计划面向硬件的胜选算法之一。2006 年，Grain 系列的设计者还提出了 Grain-128[55]，并在 2011 年提出了支持身份验证的 128 位变体 Grain-128a[56]。Grain-128a 的硬件价格略高于 Grain-128，但提供了更好的安全性，增加了添加身份认证的可能性。Grain-128a 保持了 Grain-128 的基本结构，变化不大，使用略不同的非线性函数，增强了抵抗原始 Grain-128 的所有已知攻击和观察的能力，并内置了对可选身份验证的支持。在没有身份验证的情况下，Grain-128a 的操作模式与 Grain-128 相同，使用身份验证时，吞吐量低于 Grain-128，但很容易采用 2 倍速方案进行提速。设计者表示，Grain-128a 在 128 位密码的流密码算法中具有最高的安全性，并且在硬件上具有更少的门数。Grain-128a 在 ISO/IEC 29167-13[57] 中针对 RFID 应用标准进行了标准化。2018 年，在美密会上，Grain 家族被一种新的基于有限域扩展和多重线性近似的相关攻击完全破解（认证加密模式除外）。2019 年，Grain 系列的设计者提出了一种新的 Grain 系列流密码，它支持关联数据认证加密，命名为 Grain-128AEAD[58]，并提交至 NIST 轻量级密码标准化过程。Grain-128AEAD 设计基于 Grain-128a，但为了提高安全性和防范最近的密码分析结果的影响，进行了一些更改。该密码采用 128 位密钥和 96 位 IV，并产生用于消息加密和验证的伪随机序列，根据 NIST 轻量级安全标准化过程中的要求，提供 64 位 MAC。Grain 系列的设计基于两个移位寄存器（一个 LFSR 和一个 NFSR）和一个输出函数，主要是针对门数、功耗、内存非常有限的硬件环境，Grain 系列以其极小的硬件占用面积而著称，能以额外的硬件为代价来提高速度。

2005 年，De Cannière 和 Preneel 设计了面向硬件的流密码 Trivium[59]。Trivium 最终被选为 eSTREAM 计划面向硬件的胜选算法之一。Trivium 是基于分组密码的设计原理而提出的一种新的流密码结构，其主要思想是将分组密码中使用的构件替换为等价的流密码组件。Trivium 结构简单，只有位运算，基于三个 NFSR[60]。2012 年，Tian 等提出了一种 4 轮的类 Trivium 算法，称为 Quavium[61]。2015 年，Chakraborti

等提出了一种新的硬件友好的认证加密方案 TriviA，并提出了一种新的流密码算法 TriviA-SC，它是对 Trivium 的改进，TriviA-SC 的状态比 Trivium 的状态稍多，以容纳 128 位密钥和 IV[62]。TriviA-SC 在 CAESAR 竞赛中被选为第二轮候选者，但没有保留到第三轮。后继者 TriviA-SC v2[63]保持相同的设计，只是将加载的常量中除三位以外的所有位翻转到初始内部状态。2018 年，Canteaut 等提出了一种 Trivium 的变体 Kreyvium[64]。Kreyvium 与 Trivium 具有相同的内部结构，但允许使用 128 位更大的密钥。

2015 年，Dubrova 和 Hell 提出了一种适用于 5G 无线通信系统的流密码 Espresso[65]，同时提出了一种同时考虑硬件大小和速度这两个参数的流密码设计方法，该方法将 NFSR 的伽罗瓦配置的优点、传播延迟短和 NFSR 的斐波那契配置的优点相结合，从而最大限度地减少了硬件占用空间，最大限度地提高了设计的吞吐量。Espresso 算法采用 256 级的 NFSR 作为驱动部件，通过对该 NFSR 的内部状态进行非线性过滤输出密钥序列，其中过滤输出函数为 6 次布尔函数。设计者的设计目的是保证输出密钥序列的周期足够大，同时兼顾硬件实现的代价和算法的吞吐速度。通过分析得出，在 1500 等效门以下的流密码(包括 Grain-128 和 Trivium)中，Espresso 算法是最快的。2016 年，章佳敏和戚文峰通过对 Espresso 算法等价模型的密码分析，指出 Espresso 算法并没有达到预期的设计目标[66]。

2015 年，Armknecht 和 Mikhalev 提出了一种新的流密码结构，减少流密码寄存器内部状态数量，避免长状态的设计范式，从而可以减少硬件实现中的面积。与此同时，还提出了一个实例化的密码方案：Sprout[67]。Armknetcht 和 Mikhalev 针对轻量级流密码提出了新的设计思路，希望既减小内部状态又能避免时间-存储-数据(time-memory-data，TMD)权衡攻击，利用存储固定值比使用通用寄存器占用更少的面积这一事实，决定不仅在初始化过程中使用密钥，而且在密钥流生成阶段也使用密钥来设计内部状态较短的流密码(密钥流生成阶段依赖于密钥的状态更新)。Sprout 基于流密码 Grain-128a 的深入研究，可以把 Sprout 看作 Grain 系列下的一个算法。该密钥流发生器由两个 40 位的反馈移位寄存器组成，一个是 LFSR，一个是 NFSR，初始化函数和更新函数以及产生密钥流的输出函数都依赖于密钥。与现有的轻量级密码相比，Sprout 的硬件面积小得多。2015 年，在美密会上，Lallemand 和 Naya-Plasencad 对 Sprout 的安全性进行了分析，提出了一种比穷举搜索恢复整个密钥更快、数据复杂度更低的攻击方案[68]。虽然在 Sprout 推出后不久就有很多针对 Sprout 的安全性分析，表明 Sprout 并不安全，但 Armknecht 和 Mikhalev 的想法还是打破了轻量级流密码的设计瓶颈，为设计面积更小的流密码提供了新思路。2017 年，Mikhalev 等改进了 Sprout 的设计，提出了一种新的轻量级流密码 Plantlet[69]。Plantlet 算法与 Sprout 类似，由 LFSR、NFSR、计数器、轮密钥函数和输出函数组成，交互方式与 Sprout 相同。它使用 80 位密钥，LFSR 和 NFSR 大小分别为 61 位和 40 位。

算法设计者表示，Plantlet 比几乎所有其他流密码的面积明显小得多，并且使用常见的非易失性存储技术可以有效实现该算法。

2017 年，Hamann 等提出了一种适用于无源 RFID 标签等功耗受限设备的轻量级流密码 LIZARD[70]。与大多数流密码算法设计方法类似，LIZARD 包含两个阶段：一个复杂的初始化过程和一个简单的密钥流生成过程。内部状态为 121 比特，分布在两个 NFSR 上，一个是 90 比特，一个是 31 比特。初始化过程分为 4 个阶段，共 256 步。随后的密钥流生成阶段是由一个输出函数来生成密钥流，每次仅生成 1 比特密钥，最多生成 2^{18} 比特。与 Grain v1 相比，LIZARD 有较小的内部状态和较大的密钥，以及 LIZARD 在其状态初始化期间不是一次而是两次引入密钥，LIZARD 在单元面积和功耗等重要硬件指标上的表现优于 Grain v1。与 LIZARD 不同，Sprout 和 Fruit 都不能针对旨在恢复密钥的 TMD 权衡攻击提供可证明的安全性。

2016 年，在国际密码学研究学会 (International Association for Cryptologic Research, IACR) 的网页上，Ghafari 等非正式地介绍了一种内部状态更短的超轻量级流密码 Fruit v2[71]。Fruit v2 采用类 Grain 的设计结构，可以看作 Grain v1 和 Sprout 的后继者。与 Grain v1 相比，Fruit v2 在硬件实现上非常轻量级，与 Sprout 相比，Fruit v2 在抗 Cube 攻击、TMD 攻击方面比 Grain 和 Sprout 更安全，但是需要比 Grain v1 多消耗资源。2018 年，Ghafari 和 Hu 将 Fruit-80 作为更容易实现和更安全的最终版本发布[72]。设计者给出了硬件实现，并对 Grain v1、LIZARD、Plantlet、Fruit-80 几种流密码的面积大小进行了比较，结果表明，Fruit-80 是最轻量化的小状态流密码，在初始化速度和硬件面积方面，Fruit-80 优于其他小状态流密码，如 Sprout、LIZARD、Plantlet。

表 1.2 所示为基于 NFSR 的典型流密码算法。

表 1.2　基于 NFSR 的典型流密码算法

流密码算法	年份	初始密钥长度/位	初始向量长度/位	结构	来源/应用
Trivium	2005	80	80	NFSR	eSTREAM
Grain v1	2006	80	64	NFSR+LFSR	eSTREAM
Grain-128a	2011	128	96	NFSR+LFSR	ISO/IEC 29167-13
Grain-128AEAD	2019	128	96	NFSR+LFSR	LWC 标准化
Espresso	2015	128	96	NFSR	5G
Sprout	2015	80	80	NFSR+LFSR	小状态流密码
Plantlet	2016	80	80	NFSR+LFSR	小状态流密码
LIZARD	2017	120	64	NFSR	小状态流密码
Fruit-80	2018	80	70	NFSR+LFSR	小状态流密码

3. 基于状态表驱动的流密码

基于状态表驱动设计流密码的思想来源于 1987 年 Rivest 设计的 RC4 流密码算法，该类设计是利用状态表的转换和选择来构造流密码，换句话说，就是对很多操作进行预计算，产生随机排列，存储在状态表中，便于在计算中使用。基于状态表驱动设计的流密码算法包含较大的状态表且状态随时间持续变化，所以硬件实现代价较高，但是软件实现速度较快。图 1.4 所示为常见的基于状态表驱动的流密码算法。

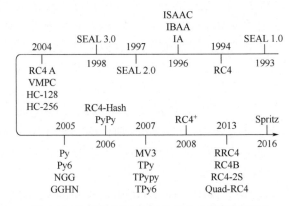

图 1.4　常见的基于状态表驱动的流密码算法

VMPC 全拼为 variably modified permutation composition；GGHN 为 Gong-Gupta-Hell-Nawaz 的首字母缩写

1987 年，Rivest 为 RSA 公司设计了流密码 RC4，但是作为商业机密没有公开。1994 年 9 月，RC4 算法通过 Cypherpunks 匿名邮件列表公布于 Internet。1996 年，Jenkins Jr 沿着 RC4 的思路，提出了一系列新的伪随机数生成器 (pseudorandom number generator，PRNG)：IA (indirection，addition)、IBAA (indirection，barrel-shift，accumulate and add)、ISAAC (indirection，shift，accumulate，add，and count)[73]。2005 年，Nawaz 等提出了 RC4 的变体，称为 RC4(n,m)，该密码以设计者名字的首字母命名为 NGG[74]。2006 年，Chang 等提出了一种基于 RC4 的哈希函数，称为 RC4-Hash[75]。2007 年，Keller 等提出了一种基于 RC4 的变体，称为 MV3[76]。2008 年，Maitra 和 Paul 提出了一种 RC4 的变体，称为 RC4+[77]。2010 年，Kherad 等提出了一种 RC4 的变体，称为 FJ-RC4[78]。2013 年，Paul 等提出了一种 RC4 的变体，称为 Quad-RC4[79]。2013 年，Lv 等提出了一种新的伪随机位发生器 RC4B，RC4B 是针对 RC4A 改进的算法[80]。2016 年，Rivest 和 Schuldt 提出了一种针对 RC4 改进的变体，称为 Spritz[81]。设计者将 Spritz 表示为一个"海绵(或类似海绵)函数"，它可以在任何时候吸收新数据，并且可以从中压缩任意长度的伪随机输出序列。因此，Spritz 可以容易地修改为密码哈希函数、加密算法或消息认证码生成器。然而，在 FSE 2016 上，Banik 和 Isobe 发现 Spritz 的前两字节的随机性仍不够理想，不足以抵抗区分攻击[82]。

自 1994 年 RC4 算法公开以来，RC4 吸引了大量的密码分析工作者。最初的 IEEE 802.11 标准中规定的安全机制（称为有线等效加密（wired equivalent privacy，WEP））是基于流密码 RC4 的，但在最新的标准 IEEE 802.11i 中已经改为使用分组密码 AES。RC4 会在 SSL（secure sockets layer）/TLS（transport layer security）中被有针对性地进行实用明文恢复攻击，导致 RC4 的使用率大幅下降，特别是在 TLS 中，谷歌、微软和 Mozilla 等公司在 2016 年初正式从网络浏览器中删除了 RC4。谷歌已经选择了 ChaCha20 和 Bernstein 的 Poly1305 消息验证码，作为用于互联网安全的 TLS 中 RC4 的替代品。

1993 年，Rogaway 和 Coppersmith 提出了软件加密算法（software encryption algorithm，SEAL）1.0，并在 1998 年提出了 SEAL 1.0 的修改版 SEAL 3.0[83]。SEAL 的主体保持一种状态，它由三部分组成：一个演化状态、若干个循环密钥和一个掩码表。输出流是分步骤（或轮次）生成的。

2004 年，Wu 提出了一种面向软件的流密码 HC-256[84]，还提出了 HC-256 的简化版本 HC-128[85]，并将 HC-256 和 HC-128 提交至 eSTREAM 计划。HC 系列的设计借鉴了 RC4 算法中表驱动的思想，同时引入了面向字的非线性函数来更新算法的内部状态。虽然 HC-256 比 HC-128 更快，但鉴于 eSTREAM 的设计原则，最终 HC-128 被选为 eSTREAM 计划面向软件的胜选算法之一[86]。

2005 年，Biham 和 Seberry 提出了一种类似 RC4 的流密码 Py(Roo)，并提交至 eSTREAM 项目[87]。另外，设计者还提出了 Py 的一个变体，称为 Py6。Py6 与 Py 相比具有较小的内部状态。2006 年，Py 的设计者针对 Py 的攻击，提出了 Py 的一种变体 PyPy。2007 年，Py 的设计者又提出了 Py 的一些变体，分别为 TPy、TPypy、TPy6。但最终该密码未能进入 eSTREAM 的最后一轮。

表 1.3 中总结了基于状态表驱动的典型流密码算法基本信息。

表 1.3　基于状态表驱动的典型流密码算法基本信息

流密码算法	年份	初始密钥长度/位	初始向量长度/位	来源/应用
RC4	1987	8~2048	—	RSA 公司
SEAL 1.0	1993	160	—	FSE
HC-128	2004	128	128	eSTREAM
Py	2005	2048	2048	eSTREAM
Spritz	2016	2048	—	RC4 变体

4. 基于分组密码的流密码

流密码算法可以利用成熟的分组密码部件、结构，或者利用已有的成熟的分组密码理论来构造，可以利用分组密码的某些操作模式生成密钥流序列。例如，当分组密码以输出反馈模式、密文反馈模式、计数器模式运行时可以用作流密码，可以利用分组密码的设计结构。又如，采用分组密码的 Feistel 结构、SPN 结构等，可以利用分组密码的非线性部件 S 盒、可以利用分组密码中行移位和列混淆的设计思想、可以直接输出分组密码的某些中间状态并通过简单运算作为密钥流输出。图 1.5 所示为常见的基于分组密码设计的流密码算法。

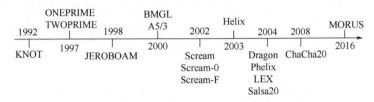

图 1.5 常见的基于分组密码设计的流密码算法

2000 年，GSM 协会安全小组和 3GPP 之间的联合工作组开发了 A5/3 算法，用于 GSM。2001 年公布了 A5/3 的规格。2002 年第三季度，ETSI 发布了 GSM 的新安全算法 A5/3，A5/3 基于 3GPP 规定的用于 3G 移动系统的分组密码 KASUMI 算法，也被应用到第三代移动通信宽带码分多址(wide band code division multiple access, WCDMA)系统的使用中，但未在 GSM 中正式使用。

2003 年，Ferguson 等提出了一种具有内置 MAC 功能的高速流密码 Helix[88]。大多数需要对称加密的应用程序实际上都需要加密和身份验证，基于此，设计者提出了一种新的异步流密码 Helix，可以同时提供机密性和完整性。Helix 使用的运算是模 2^{32} 加、异或和按固定位数移位，Helix 的设计理念可以概括为"许多简单的轮"。2005 年 Whiting 等向 eSTREAM 计划提交了带消息认证码功能的 Phelix[89]。Phelix 利用了分组密码的设计结构，采用了分组密码中轮函数迭代的结构，并通过交叉使用逐位异或、模 2^{32} 加和循环移位三种运算，使输出的乱数序列和输入的密钥之间的关系足够复杂，且其乱数序列的产生是通过算法的轮函数实现的。Phelix 通过大量的内部状态以及密钥和状态的不间断混合(传统的流密码仅在初始化阶段应用密钥)来保证系统的高度安全性，这种设计方法对于流密码的研究很有借鉴意义。Phelix 的设计结构虽然采用了分组密码的轮函数迭代结构，但是轮函数中没有类似于分组密码 S 盒的操作，使 Phelix 的随机性能受到一定限制。

2005 年，Bernstein 设计并向 eSTREAM 提交了 Salsa20 流密码系列算法。Salsa20 系列有 Salsa20/8、Salsa20/12、Salsa20/20(后面的数字表示哈希函数的混淆字节/迭代轮数)，设计者推荐在特殊应用中使用 Salsa20/20 以达到高安全性，eSTREAM 委员会考虑到安全和效率的平衡，推荐 Salsa20/12，最终 Salsa20/12 被选为 eSTREAM 计划面向软件的胜选算法之一。Salsa20 生成密钥流的过程和分组密码非常类似[90]，总体架构上借鉴了 AES 的思想，每次都是对 16 个字的初始状态进行轮函数迭代变换，Salsa20 还利用了 AES 中的行移位和列混合的思想，但 Salsa20 的行列变换都是采用非线性变换，从而抛弃了 AES 中需要查表操作的 S 盒，减少了内存空间需求，并提高了系统的运行速度，将最终变化后的状态作为密钥流输出。2008 年，Bernstein 提出了 Salsa20 的变体 ChaCha，也被称为 Snuffle 2008[91]。ChaCha 系列分别有 ChaCha8、ChaCha12、ChaCha20。ChaCha20 在 2008 年设计，由谷歌和 OpenBSD 等实现，由于 TLS1.3 中对基于 ChaCha20-Poly1305 AEAD 的密码套件的标准化过程使 ChaCha 再次受到关注。ChaCha20 用于对称加密，Poly1305 用于 OpenSSL、TLS1.3 和网络安全服务（network security services，NSS）的身份验证，并在 RFC7539 中标准化。Salsa20 和 ChaCha 被证明是两种有价值的密码算法，可以集成到现代散列方案的核心中[92]。

2005 年，Biryukov 向 eSTREAM 提交了 LEX 算法[93]。LEX 是直接利用分组密码 AES 及其轮函数作为密钥流产生的装置，而 AES 采用的是算法 Rijndael，Rijndael 的密钥还支持 192 比特和 256 比特，所以也有 LEX-192、LEX-256。LEX 不是将输出 AES 的密文作为密钥流，而是把 AES 的中间状态作为密钥流输出，这就大大提高了密钥流产生的速度。

2016 年，Wu 和 Huang 提出了一种基于流密码的认证加密算法 MORUS，并提交至 CAESAR 竞赛。MORUS 提供了三个主要变体：具有 128 位密钥的 MORUS-640、具有 128 位密钥的 MORUS-1280-128、具有 256 位密钥的 MORUS-1280-256，640 位和 1280 位指的是 MORUS 系列支持的两种内部状态大小[94]。MORUS 算法分为初始化、关联数据处理、明文加密、认证码生成和解密与验证五个阶段。MORUS 算法的设计采用了分组密码的思想，内部状态置于 5 个等长的寄存器中，依次对各内部状态分组进行运算。算法的内部状态更新函数仅使用异或（⊕）、按位逻辑与（&）和循环左移（<<<）三种运算，通过将明文和密钥流进行异或操作来实现加密功能[95]。2019 年，在美密会上，完整 MORUS 的所有版本都被二次布尔函数的相关性攻破。

上述基于分组密码设计的典型流密码算法见表 1.4。

表 1.4　基于分组密码设计的典型流密码算法

流密码算法	年份	初始密钥长度/位	初始向量长度/位	来源/应用
A5/3	2000	64	22	3G
Scream	2002	128	128	FSE
Helix	2003	256	128	FSE
Dragon	2005	128，256	128，256	eSTREAM
Phelix	2005	256	128	eSTREAM
LEX	2005	128，256	128，256	eSTREAM
Salsa20	2005	128，256	64	eSTREAM
ChaCha20	2008	128，256	64	TLS 1.3 标准化；RFC7539 标准化
MORUS	2016	128，256	—	CAESAR

5. 其他结构的流密码

除了上述流密码构造外，还有其他一些流密码算法设计。1998 年，Daemen 和 Clapp 提出了一种新的流密码算法 PANAMA[96]。PANAMA 既可以用作哈希函数，也可以用作流密码，在 32 位体系结构上具有高效的软件实现。PANAMA 基于具有 544 位状态和 8192 位缓冲区的有限状态机，通过并行非线性变换来更新散列状态，缓冲区用作线性反馈移位寄存器。PANAMA 在很大程度上基于 StepRightUp 流/散列模块，高性能是通过低工作因子和高并行性相结合实现的。2002 年，在 FSE 上，Watanabe 等提出了一种新的密钥流生成器 MUGI[97]。MUGI 是 FSE 1998 会议上提出的流密码 PANAMA 的变体，基本密码设计类似于 PANAMA 密码设计，是一种面向字的密码。MUGI 的 F 函数是 PRNG 的主要变换，采用 1 轮 SPN 结构，由字节替换（表示为 S 盒）和基于 $GF(2^8)$ 的 4×4 矩阵组成，使用了 AES 算法的 S 盒和最大距离可分（maximum distance separable，MDS）矩阵进行非线性替换和线性变换。2007 年，Watanabe 和 Kaneko 提出了类似于 MUGI 设计的一类面向字节的伪随机数生成算法 Enocoro[98]，称为 Enocoro v1。设计者推荐了一组用于 80 位的安全参数和另一组用于 128 位的安全参数，称为 Enocoro-80 v1 和 Enocoro-128 v1。2008 年，更改了 128 位安全性的推荐参数集，并将其称为 Enocoro-128 v1.1[99]。2010 年，Watanabe 等更新了 Enocoro 的通用部分，将更新后的通用算法称为 Enocoro v2[100]，还定义了一个新的 128 位安全的具体算法，称为 Enocoro-128 v2。Enocoro-128 v2 和 Enocoro-128 v1.1 仅在有限域 $GF(2^8)$ 上的特征多项式和初始化过程不同。Enocoro 系列是一类面向硬件的流密码，最显著的优势是硬件实现非常小，也具有有效的软件实现。

2003 年，Boesgaard 等提出了一种适用于软件的流密码 Rabbit[101]。Rabbit 的设计目标是利用实值混沌映射的类随机特性，同时在离散化时确保最优的密码学特性。更准确地说，该设计是通过构建耦合非线性映射的混沌系统来启动的。Rabbit 使用 128 位密钥和 64 位 IV 生成最多 2^{64} 个密钥流数据块，内部状态的大小为 513 位，分为 8 个 32 位状态变量、8 个 32 位计数器和 1 个计数器进位，Rabbit 通过内部状态位异或在每次迭代中生成一个 128 位的密钥流块[102]。

2003 年，Sarkar 提出了一种新的具有自同步工作模式的流密码 Hiji-bij-bij（HBB）[103]。HBB 的基本操作模式是作为同步流密码，设计者还确定了一种自同步模式。HBB 的基本设计原则是将线性映射和非线性映射混合在一起，创新之处在于线性映射和非线性映射的设计：线性映射使用两个 256 位最大周期 90/150 元胞自动机来实现；非线性映射由几个交替的线性和非线性层组成，非线性部分基于与分组密码相似的轮函数。

2006 年，在欧密会上，Berbain 等介绍了一种实用的具有可证明安全性的流密码 QUAD[104]。QUAD 是一种新的基于二次多变量(multivariate quadratic，MQ)方程问题的同步流密码，并在具体的安全模型中进行了安全性证明。此构造依赖于一个数学问题并具有安全性证明，设计者推荐的 QUAD 版本使用 80 位密钥、80 位 IV 和 160 位的内部状态。QUAD 的主要设计目标是通过指定具有可证明安全性参数的实用流密码来减少目前已提出的实用流密码和可证明安全 PRNG 构造之间的差异。QUAD 是一种实用的流密码，对于适当的参数值，其安全性与猜测的 MQ 方程问题的难解性有关。这些参数的确定要归功于求解多变量二次方程组的最著名算法的复杂性，类似于从 Gröbner 基计算算法派生出来的算法[105]。

为了满足同态加密应用环境的需求，2016 年，在欧密会上，一个新的流密码结构被提出，被称为置换滤波生成器，这种结构可以看作滤波生成器的一个变体，以人为形式模拟产生大量的固定次数、固定形式的代数等式。这种结构的流密码只用到了置换和一个非线性过滤函数，基于此，2016 年在欧密会上，Méaux 等新提出了一个用于全同态加密(fully homomorphic encryption，FHE)系统的流密码族 FLIP[106]。这是一种继承了分组密码提供的恒定噪声特性和流密码的低噪声电平(由于其输出的代数阶数较低)的密码，具有很好的同态能力，且随时间保持不变。

以上典型流密码算法的相关信息见表 1.5。

表 1.5　基于其他结构设计的流密码算法

流密码算法	年份	初始密钥长度/位	初始向量长度/位	结构	来源/应用
Chameleon	1997	—	—	T 函数	FSE
PANAMA	1998	256	—	PANAMA 结构	FSE
MUGI	2002	128	128	PANAMA 结构	CRYPTREC; ISO/IEC 18033-4
Hiji-bij-bij(HBB)	2003	128,256	—	元胞自动机	eSTREAM
Rabbit	2003	128	64	混沌映射 + ARX 结构	eSTREAM; ISO/IEC 18033-4
Enocoro-80	2007	80	64	PANAMA 结构	CRYPTREC; ISO/IEC 29192-3
F-FCSR	2009	80,128	80,128	FCSR	eSTREAM
Enocoro-128 v2	2010	128	64	PANAMA 结构	CRYPTREC; ISO/IEC 29192-3
CAR30	2013	128	120	元胞自动机	*Cryptography and Communications* 期刊
ICEPOLE	2014	128,256	96	海绵结构	CHES 会议
FLIP	2016	80,128	—	置换滤波生成器	欧密会

1.2.2　流密码研究现状

近年来，流密码的设计和分析策略逐渐多样化，从 NESSIE 和 eSTREAM 征集到的流加密方案以及随后提出的各种流密码算法来看，目前流密码的设计主要有以下几类：基于移位寄存器的设计、基于状态表驱动的设计和基于分组密码的设计。

　　基于 LFSR 设计的流密码有很多，如 A5、E0、ZUC、SNOW 等，这类设计方法得到了广泛的研究，理论成果丰富，对其的分析方法也越来越多。现在，单纯基于 LFSR 设计的流密码已经逐渐脱离历史阶段，但是 LFSR 仍然可以作为密码部件使用。

　　从 NESSIE 计划和 eSTREAM 计划征集的流密码算法来看，基于 NFSR 设计的流密码受到了人们的关注，而且 eSTREAM 计划面向硬件的胜选算法中的 Grain 和 Trivium 都是基于 NFSR 设计的。由于 NFSR 的研究还处于起步阶段，目前现有的方法对基于 NFSR 设计的算法都不太有效，想要恢复 NFSR 的内部状态还是有一定难度的，传统的周期与线性复杂度分析都很难从理论上进行说明，只能依赖计算机实验来验证这些性质；另外，由于这些算法的内部状态往往很多，因此从理论上讲，其存在较小状态转移圈的概率很小，在实际中可以忽略不计。更重要的是，基于 NFSR 的流密码算法的安全性分析，目前还没有统一的模式和路线，但可以预计，这些算法在未来相当长时间内都将是很主流的一类设计方案，对其进行密码分析具有十分重要的意义。

　　RC4 算法使用广泛，受 RC4 的影响，利用状态表的转换选择来构造流密码一直受到人们的关注，也激发了大量研究人员进行基于状态表驱动流密码算法的研究和设计，如 eSTREAM 计划面向软件的胜选算法中的 HC-128，就是采用两个表互控的方式来更新内部状态的。这些算法普遍具有较快的软件实现速度，其状态恢复攻击往往需要极高的时间复杂度，在软件环境中使用是很合适的。

　　基于分组密码设计流密码是人们广泛关注的一类设计方法，目前基于分组密码设计流密码成为一种主流方式。可以利用分组密码中成熟的部件，如分组密码的 S 盒是分组密码中唯一的非线性部件，它的作用主要是进行充分的置换混淆，分组密码的 S 盒的理论比较成熟，用分组密码中性能较好的 S 盒作为非线性部件，是设计流密码的一个很好的办法。eSTREAM 征集到的算法 DICING、Polar Bear 都使用了分组密码的 S 盒作为非线性部件。分组密码常用结构有 Feistel 结构和 SPN 结构，SPN 结构因为扩散性能好而被广泛使用，SPN 的迭代结构使简单轮函数经过几轮迭代以后就会变得非常难以分析，这个思想也被吸收在了流密码的设计中，即通过简单的类似的函数变换，经过几轮迭代来产生流密码，使密码分析变得困难。基于这样的设计理念的典型算法有 eSTREAM 征集到的 Phelix 以及 eSTREAM 计划面向软件的胜选算法中的 Salsa20 等。也可以直接输出分组密码的中间状态作为密钥流，如 eSTREAM 计划征集到的 LEX 算法就是基于 AES 设计的。基于 Sponge 结构的流密码的优点在于它能够很自然地提供认证功能，而不需要额外的认证模块，只要哈希函数的轮函数具有很好的安全性质，就能够提供较高的安全性。基于 Sponge 结构设计流密码是一个热门的研究方向，利用这种结构，新的更好的流密码算法会变得容易设计。但其安全性分析也是一个亟待解决的问题，这也是未来十分有意义的研究方向。从实现的角度看，其中采用的置换究竟需要多少轮数，也是一个十分重要的问题。

上述几类是比较主流的流密码的设计方法。LFSR 可以作为密码部件使用，基于 NFSR 的流密码已经成为主流设计。基于分组密码的运算(ARX)、部件(S 盒、扩散层)、结构(Feistel、SPN)、轮函数(特别是 AES 轮函数)、整体加密和工作模式的流密码设计迅速增长，这就需要相应的安全性分析方法。此外，基于哈希函数固定置换的流密码设计也是一个热门的研究方向。总体来说，目前流密码的设计主要集中在密码结构和所采用的基本操作上，既要保证能抵抗所有现有攻击类别，又要保证易于评估其他的密码属性。

1.3 分组密码算法发展历史与现状

1.3.1 分组密码算法发展历史

分组密码的数学模型是将明文消息编码表示后的数字(简称明文数字)序列，划分成长度为 n 的组(可看成长度为 n 的矢量)，每组分别在密钥的控制下变换成等长的输出数字(简称密文数字)序列。分组密码中每次加密使用的密钥都相同，密钥是具体加密变换的一个参数。由于使用了相同的密钥，分组密码对密钥的管理相对容易。一个分组长度为 n 的分组算法，其明文空间和密文空间中都包含两个不同的元素。当加密算法和密钥都确定后，具体的加密算法相当于给出了明文空间到密文空间的一个置换关系。分组密码分类如图 1.6 所示。

1. 基于 Feistel 网络结构的密码算法

Feistel 网络结构是 Feistel 等在 1975 年提出的[107]，其核心思想是：64 位的明文经过初始置换而被重新排列，然后分成两组，使用子密钥对其中一个分组应

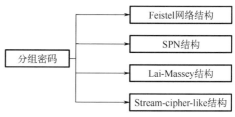

图 1.6 分组密码分类

用轮函数进行迭代，每一轮迭代都有置换和代换，然后将输出与另一组进行"异或"运算，之后交换这两组，再重复这一过程。Feistel 网络结构的最大好处是可以使用相同的结构进行加密和解密。基于 Feistel 网络结构的密码算法发展过程如图 1.7 所示。

由于分组密码种类繁多，本节只挑选其中比较具有代表性的算法进行介绍，并将图 1.6 中的重要算法在节末进行整理和汇总。

1)DES 系列算法[108]

1977 年 1 月 15 日，数据加密标准(data encryption standard，DES)以联邦信息处理标准(Federal Information Processing Standard，FIPS)46 发布，同年 7 月 15 日开始

生效。DES 算法采用 Feistel 网络结构，包括异或、置换、代替、移位操作四种基本运算。DES 算法使用 16 个循环，但最后一个循环之后就不再交换。

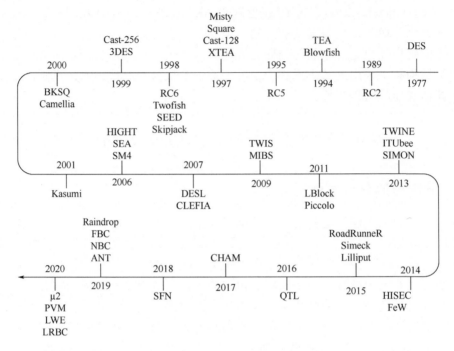

图 1.7　基于 Feistel 网络结构的密码算法发展过程
DESL 表示轻量级 DES(DES lightweight)

1999 年，3DES 算法由 NIST 在文件 FIPS PUB 46-3 中发布，作为 DES 算法向 AES 算法过渡过程中的一个算法。

在经典的 DES 设计的基础上，2007 年一种新的分组密码 DESL 被提出，但与 DES 不同的是，DESL 使用了一个重复 8 次的 S 盒。此外，DESL 能够抵抗某些最常见的攻击，如线性和差分密码分析攻击，以及功率分析攻击，因此 DESL 非常适合于超约束设备，如 RFID 标签。

2) RC 系列算法[109-111]

RC2 是 Rivest 于 1989 年设计的一个分组密码，最初作为一个专有算法而持有，在 1997 年作为一个 Internet 草稿发布。该密码在 16 位处理器上特别有效，对于 64 位分组长度，它是 DES 的代替品。RC2 的一个重要特性是在有效密钥长度方面为用户提供了灵活性。这已经成为许多分组密码方案的一个共同特点，并且在商业应用中已被证明是重要的特性。多年来，RC2 被广泛部署，它在安全/多用途网际邮件(secure/multipurpose internet mail extensions，S/MIME)安全消息传递标准中具有突出的功能。

RC5 加密算法是一种适用于硬件或软件实现的快速对称分组密码。RC5 的一个新颖功能是大量使用数据依赖循环。RC5 具有可变的字长、可变的回合数和可变长度的密钥，加密和解密算法非常简单。

RC6 是 RC5 的改进，旨在满足 AES 的要求。与 RC5 一样，RC6 必不可少地使用了数据依赖循环。RC6 的新功能包括使用四个工作寄存器而不是两个，以及将整数乘法作为附加的基本操作。乘法的使用极大地增加了每回合的扩散程度，从而提高了安全性，减少了回合并提高了吞吐量。

3）Skipjack 算法[112]

Skipjack 是美国国家安全局开发并于 1998 年解密的一种分组密码。Skipjack 使用 80 位密钥和 64 位数据块，这是一个 32 轮的非平衡 Feistel 网络（unbalanced Feistel network，UFN）。它有两种轮次，称为规则 A 和规则 B。每一轮次被描述为一个线性反馈移位寄存器，带有一个附加的非线性键控 G 置换。规则 B 基本上是规则 A 的逆规则，具有较小的定位差异。Skipjack 算法依次进行 8 轮规则 A、8 轮规则 B、8 轮规则 A、8 轮规则 B，得到最后的输出结果。G 是由 8 位 S 盒和 8 位子密钥加法组成的四轮 Feistel 置换。

4）SEED 算法[113]

SEED 是韩国信息安全局 1998 年开发的 128 位对称密钥分组密码，旨在使用与当前计算技术相平衡的 S 盒和排列，被广泛应用于韩国工业界，并在 2000 年被指定为韩国国家标准。它具有 16 轮的 Feistel 结构，对差分密码分析、线性密码分析和相关的密钥攻击具有很强的抵抗能力，同时兼顾了安全性和效率。

5）Camellia 算法[114]

分组密码算法 Camellia 由日本电报电话（Nippon Telegraph & Telephone，NTT）公司和三菱公司于 2000 年设计。被 CRYPTREC 工程推荐为日本的电子政务算法，也是 NESSIE 工程最终选取的算法之一，并且由国际标准化组织（International Organization for Standardization，ISO）选定为国际标准 ISO/IEC 18033-3。Camellia 算法支持 128 位分组长度和 128 位、192 位及 256 位密钥长度，即与 AES 相同的接口规范。在软件和硬件平台上的高效率是 Camellia 的一个显著特点，此外，它还具有很高的安全性，可抵抗差分和线性密码分析。与 AES 最终入围者，即 MARS、RC6、Rijndael、Serpent 和 Twofish 相比，Camellia 在软件和硬件方面提供了至少相当的加密速度，软件实现速度较快。此外，它的一个显著特点是它的硬件实现复杂度很低。

6）SM4 算法[115]

为了配合我国无线局域网认证和隐私基础设施（wireless LAN authentication and privacy infrastructure，WAPI）无线局域网标准的推广应用，SM4 分组密码算法于 2006 年公开发布。SM4 算法于 2012 年 3 月发布成为国家密码行业标准《SM4 分组密码算法》(GM/T 0002—2012)，于 2016 年 8 月发布成为国家标准《信息安全技术　SM4 分组密码算法》(GB/T 32907—2016)。2016 年 10 月，ISO/IEC SC27 会议专家组一致同意将 SM4 算法纳入 ISO 标准的学习期，我国 SM4 分组密码算法正式进入了 ISO 标准化历程。在商用密码体系中，SM4 主要用于数据加密，其算法公开，分组长度与密钥长度均为 128 位，加密算法与密钥扩展算法都采用 32 轮非线性迭代结构，S 盒为固定的 8 位输入，8 位输出。

7) CLEFIA 算法[116]和 TWIS 算法[117]

CLEFIA 是索尼公司于 2007 年设计的一种分组密码，2012 年被选为轻量级分组密码算法标准，2013 年被 CRYPTEC 推荐为电子政务建议算法。它的建立是为了在硬件和软件上都取得良好的效果。CLEFIA 采用四路 GFN(generalized Feistel network)结构，每轮有 4 条数据线和两个 32 位 F 函数。轮数取决于密钥长度，并且根据密钥长度等于 18、22 或 26。这两个 F 函数调用两个不同的 8 位 S 盒，然后根据 AES MixColumns 操作进行扩散矩阵乘法。它在长度为 128 位、192 位或 256 位的密钥下对长度为 128 位的块进行加密，与 AES 兼容。CLEFIA 可以在硬件和软件上获得足够的抗已知攻击性和灵活性，在硬件和软件上都可以高效实现并取得良好的性能。

分组密码 TWIS 的分组长度为 128 位，密钥长度为 128 位。该设计针对资源受限应用的软件环境，如 RFID 标签和传感器网络。它的灵感来源于现有的分组密码 CLEFIA。它由两部分组成：密钥调度部分和数据处理部分。它采用 2 分支 GFN 结构，在密码的开头和结尾使用密钥白化部分。TWIS 在产生密文之前所做的循环次数是 10。TWIS 还使用了一个 S 盒和一个扩散矩阵，在生成密钥流时，该矩阵能够实现良好的扩散特性。该设计与 CLEFIA 相比不仅使用较少的资源，而且比 CLEFIA 提供的安全性更高一些。

8) SIMON 算法[118]

SIMON 算法是美国国家安全局(National Security Agency，NSA)于 2013 年提出的一族分组密码算法，其设计思路是使之在硬件上有较好的性能。SIMON 算法采用的是 Feistel 结构，根据不同的分组长度和密钥长度共分为 10 个版本。虽然存在许多轻量级的块密码，但大多数都是为了在单个平台上良好地运行而设计的，并不是为了在一系列设备上提供高性能。SIMON 的设计目的是满足轻量级分组密码对安全性、灵活性和可分析性的需求。SIMON 对硬件进行了优化，以获得硬件的最佳性能。截至 2018 年，任何变体的 SIMON 都没有被成功地整轮攻击。差分密码分析攻击是针对 SIMON 的最佳攻击。

9) Simeck 算法[119]

Simeck 算法是一个结合 SIMON 和 SPECK 的优秀设计组件的轻量级分组密码家族，在 2015 年被提出，设计出更加紧凑和高效的分组密码。在互补金属氧化物半导体(complementary metal oxide semiconductor，CMOS)130nm 和 CMOS 65nm 工艺中，Simeck 的所有实例在面积和功耗方面都小于硬件优化密码 SIMON 的实例。此外，Simeck 可抵抗许多传统密码分析方法，包括差分攻击、线性攻击、不可能差分攻击、中间相遇攻击和滑动攻击。总的来说，Simeck 的所有实例都能满足无源 RFID 标签的面积、功耗和吞吐量要求。

10) QTL 算法[120]

QTL 算法在 2016 年被提出，是一种支持 64 位和 128 位密钥的 64 位分组的轻量级分组密码，是目前最具竞争力的轻量级分组密码之一，适用于资源极为受限的设备。为了解决传统 Feistel 结构扩散缓慢的问题，QTL 使用 GFN 结构的新变体，克服了传统的 Feistel 类型结构在一轮迭代中只改变一半的块消息的缺点，改变了所有的块消息。因此，该结构具有代替置换网络结构的快速扩散特性，提高了 Feistel 结构中轻量级分组密码的安全性。此外，QTL 算法具有相同的加密和解密过程，因此在资源受限的应用中占用的面积较小。为了在保证安全性的前提下降低密码硬件实现的能耗，该算法不使用密钥调度。且 QTL 相对于经典分析提供了足够的安全级别。QTL 的 64 位和 128 位密钥模式的硬件实现分别需要 1025.52 等效门和 1206.52 等效门。QTL 在硬件上实现了高安全性和紧凑性。

11) CHAM 算法[121]

CHAM 是一类在资源受限设备上具有显著效率的轻量级分组密码，于 2017 年提出。该家族由三个密码 CHAM-64/128、CHAM-128/128 和 CHAM-128/256 组成，它们是基于 ARX 运算的四分支 GFN 结构。在硬件实现中，通过使用无状态实时密钥调度(无须更新密钥状态)，CHAM 需要比 SIMON 更小的面积(平均 73%)。在软件性能方面，它在典型的物联网平台上取得了杰出的成绩。它显示了与 SPECK 相似的性能水平，这主要是因为轮密钥所需的内存较小。CHAM 对已知的攻击是安全的。

12) ANT 算法[122]

ANT 算法在 2019 年提出，包含三个版本，根据分组长度/密钥长度可以分别记为 ANT-128/128、ANT-128/256 和 ANT-256/256。ANT 算法采用了经典的 Feistel 结构，轮函数采用位级的设计，仅包含与操作、循环移位操作和异或操作。结合扩展-压缩的设计思想，ANT 算法达到了较好的扩散速度。得益于精心构造的位级轮函数，在保证算法达到较高安全性的同时，还具有出色的硬件性能，非常适合轻量级实现。在硬件实现环境下，ANT-128/128 加解密每一轮所需的硬件面积仅为 3220 等效门。相比传统的 S 盒算法，ANT 算法在侧信道防护实现上更具优势。在软件方面，ANT 算法在设计过程中就充分考虑到位切片的实现速率，测试结果也表明，ANT 算法具有出色的软件性能。针对现有常见的攻击方法，ANT 系列算法各个版本均具有较高的安全冗余。

13) FBC 算法[123]

冯秀涛等于 2019 年提出的基于 Feistel 的分组密码(Feistel-based block cipher, FBC) 算法是一族轻量级分组密码算法[124]，主要包含 FBC128-128、FBC128-256 和 FBC256-256 三个版本，可支持 128 位和 256 位两种位长度的明文分组以及 128 位和 256 位两种长度的密钥。FBC 算法采用 4 路两重 Feistel 结构设计，在结构上通过增加两个异或操作的微小代价来较大地提高整体结构的扩散特性。非线性函数 F 采用切片技术，其中，S 盒基于 NFSR 构造，在其各项密码学性质达到最优，同时硬件实现代价达到最小；线性变换 L 仅由循环移位和异或构成，在具有较好的密码学特性的同时兼顾好的软硬件实现效能。在安全性方面，FBC 可以抵抗差分、线性、不可能差分以及积分等攻击方法的攻击。FBC 算法不仅具有结构简洁、轻量化、安全性高等特性，还具有灵活、高效的软硬件实现方式，可以满足不同平台的应用需求。

基于 Feistel 网络结构的分组密码目前正在蓬勃发展，广泛应用于多个领域。基于 Feistel 网络结构的密码算法信息如表 1.6 所示，其中数值较多的情况未能一一列举，以可变来代替，可变后面的数值表示推荐数值。

表 1.6　基于 Feistel 网络结构的密码算法信息

名称	年份	密钥长度/位	分组长度/位	轮数	轻量级
DES	1977	56	64	16	否
RC2	1989	0～1024	64	18	否
Blowfish	1994	32～448	64	16	否
TEA	1994	128	64	可变(64)	是
RC5	1995	0～2040	32,64,128	1～255	否
XTEA	1997	128	64	可变(64)	否
Cast-128	1997	40～128	64	12,16	否
Square	1997	128	128	8	否
Misty	1997	128	64	8	否
RC6	1998	128,192,256	128	20	否
Twofish	1998	128,192,256	128	16	否
SEED	1998	128	128	16	否
Skipjack	1998	80	64	32	是
3DES	1999	56,112,168	64	48	否
Cast-256	1999	128,160,192,224,256	128	48	否
Camellia	2000	128,192,256	128	18,24	否

续表

名称	年份	密钥长度/位	分组长度/位	轮数	轻量级
BKSQ	2000	96,144,192	96	10,14,18	否
Kasumi	2001	128	64	8	否
HIGHT	2006	128	64	32	是
SEA	2006	可变(96)	可变(96,98)	可变	否
SM4	2006	128	128	32	否
CLEFIA	2007	128,192,256	128	18,22,26	否
DESL	2007	56	64	16	是
MIBS	2009	64,80	64	32	是
TWIS	2009	128	128	10	是
LBlock	2011	80	64	32	是
Piccolo	2011	80,128	64	25,31	是
FeW	2014	80,128	64	32	是
HISEC	2014	80	64	15	是
TWINE	2013	80,128	64	36	是
SIMON	2013	64,72,96,128, 144,192,256	32,48,64,96,128	32,36,42,44,52, 54,68,69,72	是
ITUbee	2013	80	80	可变	是
RoadRunneR	2015	64	80,128	10、12	是
Simeck	2015	64,96,128	32,48,64	32,36,44	是
Lilliput	2015	80	64	30	是
QTL	2016	64,128	64	16,20	是
CHAM	2017	128,128 ,256	64,128,128	80,80,96	是
SFN	2018	96	64	32	是
ANT	2019	128,128,256	128,256,256	46,48,74	是
Raindrop	2019	128,256,256	128,128,256	60,80,100	是
FBC	2019	128,256,256	128,128,256	48,64,80	是
NBC	2019	128,256,256	128,128,256	32,34,38	是
LRBC	2020	16	16	24	是
μ2	2020	80	64	15	是
PVM	2020	160	128	8-16	是

2. 基于 SPN 结构的密码算法

如果加密时，整个分组在每一轮都会经过混淆和扩散处理，则该结构称为 SPN

结构。在这种结构中，轮密钥的长度与分组的长度相同。基于 SPN 结构的密码算法如图 1.8 所示，同样对其中具有代表性的算法进行介绍，并将所有算法信息汇总于节末。

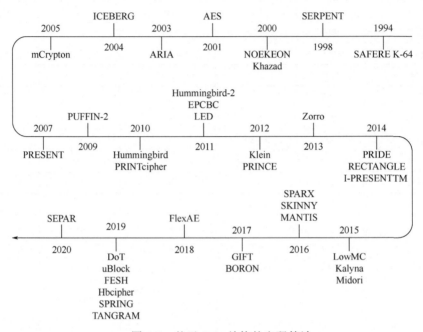

图 1.8　基于 SPN 结构的密码算法

1）Khazad 算法[124]

Khazad 算法是 NESSIE 项目的候选密码之一，其分组长度为 64 位，密钥长度为 128 位。该密码是一个统一的代替置换网络。总体密码设计遵循宽径策略，有利于组件重用，并允许在不同实现方式下进行折中处理。尽管 Khazad 不是 Feistel 密码，但其结构设计参考对合的理念，正向、逆向可复用部分结构，密码的逆运算仅在密钥调度中不同于正运算，此属性可以减少硬件实现中所需的芯片面积，在 Java Applet 中使用时也会减少自身代码和查找表的大小。

2）AES 算法[125]

AES 是 NIST 于 2001 年发布的一个分组加密算法，用来取代 DES 算法。AES 的分组长度固定为 128 位，密钥长度则可以是 128 位、192 位或 256 位。AES 可以在智能卡上用少量的代码实现，使用少量的随机存取存储器（random access memory，RAM）并占用少量的周期，只读存储器（read-only memory，ROM）和性能之间存在权衡。AES 算法也是目前使用非常广泛的一种分组密码算法。

3）ARIA 算法[126]

ARIA 算法是一种 128 位的对合代替置换网络分组密码，该算法使用与 AES 相同的 S 盒来消除由完全对合结构引起的缺陷。在 ARIA 的扩散层中，使用最大分支数为 8 的 16×16 二进制矩阵来避免对 Rijndael 的简化回合施加某些攻击。ARIA 只使用简单操作、S 盒代替和 XOR 以及一个对合结构，因此它可以在各种平台上有效地实现。

4) mCrypton 算法[127]

mCrypton 是分组密码 Crypton 的轻量级版本，其分组长度为 64 位，有三种可能的密钥长度：64 位、96 位或 128 位，专门用于资源受限的微型设备，如低成本的 RFID 标签和传感器。它的设计遵循了 Crypton 密码的总体架构，但对每个组件功能进行了重新设计和简化，使硬件和软件实现更加紧凑。mCrypton 由一个类 AES 的轮变换(12 轮)和一个密钥调度组成。轮变换在一个 4×4 字节(4 位)数组上操作，由按字节的非线性代替、按列的位置换、全局换位和密钥加四个步骤组成，算法加密和解密的形式几乎相同。密钥调度算法使用非线性 S 盒变换、按字循环移位、按位循环移位和一个轮常量生成轮密钥。结果表明，mCrypton 的硬件复杂度很低。

5) PRESENT 系列算法[128-131]

PRESENT 是一种经典的面向硬件 SPN 结构的轻量级分组密码，它是在考虑面积和功率限制的前提下精心设计的，旨在满足严格的面积和功率限制。PRESENT 具有 64 位分组长度和 80 位或 128 位密钥长度，共迭代 31 轮。置换层仅由位置换(即导线交叉)组成。该设计通过使用 4 位 S 盒，组装成了所需资源最少的硬件。密钥调度包括一个 S 盒、一个反加法和一个循环移位。轮函数是一个简单的 SPN，由一个子密钥加法、一个半字节 S 盒和一个位置换层组成。但 PRESENT 只有 64 位分组长度，这可能不适合需要对较大分组长度进行轻量级加密的应用程序。

EPCBC 是一种具有 96 位密钥长度和 48 位/96 位分组长度的轻量级密码，其适用于电子产品编码(electronic product code，EPC)加密，并在物品级别使用准确的 96 位密钥长度作为唯一标识符。EPCBC 是基于 PRESENT 的设计，其主密码结构的分组长度为 48 位和 96 位，并且其密钥调度的设计可提供强大的保护，以防止相关密钥差分攻击。当分组密码用作哈希函数时，相关的密钥攻击尤其重要。EPCBC 可抵抗积分密码分析、统计饱和攻击、滑动攻击、代数攻击和 FSE 2011 的最新高阶差分密码分析。该密码在 EPC 加密中是最有效的，因为 AES 和 PRESENT 等其他密码需要加密 128 位块。

对合的轻量级分组密码 I-PRESENTTM 是针对资源约束环境提出的，该设计基于 ISO/IEC 29192 轻量级密码标准中的 PRESENT 分组密码。I-PRESENTTM 的优点是密码是对合的，因此加密电路与解密电路是相同的，与其他需要单独电路来执行加密和解密的现有轻量级分组密码相比，这意味着实现成本更低。该密码算法以 PRESENT 为基础，对合部分以 PRINCE 为灵感。I-PRESENTTM 的面积实现与 PRINCE 等其他类似密码相比要好很多。

  GIFT 算法是在 CHES 2017 会议上提出的基于 SPN 结构的轻量级密码算法, 是 Banik 等为庆祝 PRESENT 算法 10 周年而设计的[132], 其分组长度为 64 位和 128 位, 轮数分别为 28 轮和 40 轮。GIFT 算法是根据 PRESENT 算法的设计策略而设计的。其与 PRESENT 算法相比, 结构方面更加小巧, 效率方面也更加高效。该算法同时纠正了 PRESENT 已知的线性近似存在的缺陷。GIFT 是一个非常简单和干净的设计, 在基于轮函数的实现效率上要优于 SIMON 和 SKINNY, 使其成为目前最节能的密码之一。它几乎整个实现面积都由存储和 S 盒占据。本质上, GIFT 仅由 S 盒和位连线组成, 但其自然的位数据流确保了在所有场景中的优异性能, 可以在硬件层面进行面积优化, 也可以在软件平台上非常快速地执行。

  6) Hummingbird 算法[132]和 Hummingbird-2[133]算法

  由于 RFID 标签、智能卡和无线传感器节点等小容量消费设备的成本和资源受限, 许多安全应用需要使用轻量级的专用加密密码。用于资源受限设备的超轻量密码算法 Hummingbird 可以提供设计的安全性和较小的分组长度, 并抵抗最常见的攻击, 如线性和差分密码分析攻击。实验结果表明, 在系统初始化阶段之后, 与同类平台上最先进的超轻分组密码 PRESENT 相比, Hummingbird 在面积大小优化和速度优化的实现中分别可以获得高达 99.2% 和 82.4% 的吞吐量。

  Hummingbird-2 是一种具有 128 位密钥和 64 位初始向量的加密算法。Hummingbird-2 可以为处理的每条消息生成一个身份验证标签。与它的前身 Hummingbird 一样, Hummingbird-2 一直是专注于低端微控制器和轻量化设备(如 RFID 标签和无线传感器)的硬件实现。与以前版本的密码相比, 经过广泛的分析, 内部状态增加到 128 位, 并且从状态到混合函数的熵流得到了改进。

  7) RECTANGLE 算法[134]

  RECTANGLE 设计的主要思想是允许使用位片技术实现轻量级和快速实现。RECTANGLE 的代替层由 16 个 4×4 S 盒并联组成, 置换层由 3 个循环移位组成。RECTANGLE 在硬件和软件环境中都具有良好的性能, 为不同的应用场景提供了足够的灵活性。RECTANGLE 具有三个主要优点。首先, RECTANGLE 非常有利于硬件实现, 对于 80 位密钥版本, 每轮并行实现一个周期只需要 1600 等效门。其次, RECTANGLE 在现有的轻量级分组密码中实现了非常有竞争力的软件加密速度, 使用 128 位的数据流单指令序列扩展(stream SIMD extentions, SSE)指令, RECTANGLE 的位片实现对于 3000 字节左右的消息达到大约 3.9 周期/字节的平均加密速度。最后, RECTANGLE 的 S 盒的设计准则很新颖, 由于对 S 盒的仔细选择和排列层的不对称设计, RECTANGLE 在安全性能方面取得了很好的折中。

  8) Midori 算法[135]

  Midori 算法是一种典型的 SPN 结构的轻量级分组密码, 有 Midori-64 和 Midori-128 两个版本, 分组长度分别为 64 位和 128 位, 迭代轮数分别为 16 轮和 20

轮，密钥长度均为 128 位，因 Midori-64 密钥较简单，吸引了很多学者的研究。分组密码 Midori 算法是根据加密或解密操作中电路每位所消耗的能量进行优化的。在能量方面进行优化的密码有着广泛的应用，特别是在医疗植入物等功率/能量预算紧张的受限环境中，通过对电路进行小的调整，使加密和解密功能都可用，而不会产生显著的面积或能量开销。该密码还具有一个额外的特性，即一个同时提供加密和解密功能的电路，保证了算法在面积和能量方面的开销很小。将该算法与其他具有类似特性的密码进行比较，发现与 PRINCE 和 NOEKEON 等密码相比，Midori-64 和 Midori-128 的能耗要低得多。

9）Kalyna 算法[136]

Kalyna 分组密码是在乌克兰国家公开密码竞赛中选出的，在对其进行微小的修改后于 2015 年被批准为乌克兰的加密标准。Kalyna 的主要目的是在通用 64 位 CPU 上实现高安全性和高性能的软件加密。该密码具有基于 SPN 的结构，增加了 MDS 矩阵的大小，设计一组四个新的不同的 S 盒，使用模数 2^{64} 加法进行前白化和后白化处理，并采用了新的密钥调度结构。Kalyna 支持 128 位、256 位和 512 位的分组大小和密钥长度（密钥长度可以等于分组长度或是分组长度的两倍）。

10）SKINNY 算法和 MANTIS 算法[137]

可调整的分组密码家族 SKINNY，其目标是在硬件/软件性能方面与 NSA 最新设计的 SIMON 竞争，同时证明了它在差分和线性攻击方面有更强大的安全保证。与 SIMON 的不同之处在于，算法的提出者为所有版本提供了强边界，包括单密钥模型以及相关密钥或相关调整模型。SKINNY 具有灵活的分组/密钥调整长度，还可以从非常有效的阈值实现中受益，以实现侧通道保护。在性能方面，它优于基于专用集成电路（application specific integrated circuit，ASIC）设计轮次实现的所有已知密码，同时仍然达到了串行实现的极小面积以及软件和微控制器实现的非常高的效率。

MANTIS 算法是一种专门用于低延迟实现的 SKINNY 变体，它构成了一个非常有效的解决方案，其设计适用于内存加密，可根据需求调整分组长度。MANTIS 基本上重用了人们熟知的、以前研究过的已知组件，通过一种新的方式将这些组件组合在一起，获得了一个在延迟和面积上具有竞争力的密码，同时通过调整输入增强了密码的安全性。

11）BORON 算法[138]

BORON 是一个基于 SPN 的超轻量、紧凑和低功耗的分组密码，其分组长度为 64 位，密钥长度为 128 位或 80 位。BORON 具有紧凑的结构，包括移位算子、轮置换层和异或运算。它独特的设计有助于在更少的回合内生成大量的活动 S 盒，从而阻止对密码的线性和差分攻击。BORON 在硬件和软件平台上都显示出良好的性能。BORON 是一种非常适用于小面积和低功耗场景的密码，与轻量级密码 LED 相比，BORON 消耗更少的功率，与其他现有的 SPN 密码相比，BORON 具有更高的吞吐量。

12) TANGRAM 算法[139]

TANGRAM 由张文涛等在 2019 年提出[139]，包含三个版本：TANGRAM128/128，分组长度和密钥长度均为 128 位；TANGRAM128/256，分组长度为 128 位，密钥长度为 256 位；TANGRAM256/256，分组长度和密钥长度均为 256 位。TANGRAM 分组密码采用 SPN 结构，通过对其 S 盒的选取以及线性层移位参数的选取进行深入研究，使 TANGRAM 尽可能达到最高的安全性，并在高性能实现时具备性价比。TANGRAM 针对差分、线性、不可能差分、积分、相关密钥等重要密码分析方法具有足够的安全冗余。得益于位切片方法，TANGRAM 在多种软件和硬件平台上都具有很好的表现，可以灵活地适用于多种应用场景。

13) SEPAR 算法[140]

SEPAR 是一种分组长度为 16 位和初始向量为 128 位的混合加密算法，提出于 2020 年，适用于物联网设备。该算法的设计思想结合了伪随机置换和伪随机生成函数。对算法和结果使用 NIST 统计测试套件进行安全性分析，证明了其对常见密码攻击的抵抗能力，如线性和差分密码分析。与 BORON 密码相比，SEPAR 在 32 位高级精简指令集处理器(advanced RISC machine，ARM)上提高了 42.22%的吞吐量。对于 8 位和 16 位微控制器，SEPAR 的性能分别提高了 87.91%和 98.01%。

基于 SPN 结构的分组密码是分组密码的主流，目前广泛应用于相关安全领域。基于 SPN 结构的密码算法汇总结果如表 1.7 所示。

表 1.7　基于 SPN 结构的密码算法

名称	年份	密钥长度/位	分组长度/位	轮数	轻量级
SAFERE K-64	1994	64	64	6	否
SERPENT	1998	128,192,256	128	32	否
NOEKEON	2000	128	128	16	否
Khazad	2000	128	64	8	否
AES	2001	128,192,256	128	10,12,14	否
ARIA	2003	128,192,256	128	10,12,14	否
ICEBERG	2004	128	64	16	否
mCrypton	2005	64,96,128	64	13	是
PRESENT	2007	80,128	64	31	是
PUFFIN-2	2009	80	64	34	是
Hummingbird	2010	256	16	20	是
PRINTcipher	2010	80,160	48,96	48,96	是
Hummingbird-2	2011	128 (64 IV)	16	——	是
LED	2011	64,80,96,128	64	32,48	是
EPCBC	2011	96	48,96	32	是

续表

名称	年份	密钥长度/位	分组长度/位	轮数	轻量级
Klein	2012	64,80,96	64	12,16,20	是
PRINCE	2012	128	64	12	是
Zorro	2013	128	128	24	是
PRIDE	2014	128	64	20	是
RECTANGLE	2014	80,128	64	25	是
I-PRESENTTM	2014	80,128	64	30	是
Midori	2015	128	64,128	16,20	是
Kalyna	2015	128,256/256,512/512	128,256,512	10,14,18	否
LowMC	2015	80,128	256	11,12	否
MANTIS	2016	128+64（可调整）	64	14	是
SKINNY	2016	64/128/192,128/256/384	64,128	32/36/40,40/48/56	是
SPARX	2016	128,128/256	64,128	24,32/40	是
GIFT	2017	128	64,128	28,40	是
BORON	2017	128/80	64	25	是
FlexAE	2018	128,256,512,1024	64,128,256,512	10,12,14,16	是
DoT	2019	80/128	64	31	是
TANGRAM	2019	128,256,256	128,128,256	44,50,82	是
uBlock	2019	128,256,256	128,128,256	16,24,24	是
FESH	2019	128,192,256,256,384,512	128,128,128,256,256,256	16,20,20,24,28,28	是
SPRING	2019	128,256,256	128,128,256	10,14,18	是
Hbcipher	2019	64,128	64	32,40	是
SEPAR	2020	256	16	8	是

3. 基于 Lai-Massey 结构的分组密码算法

Lai-Massey 使用模加、模乘和异或（其变种 ARX 使用模加、循环移位和异或），没有 S 盒，从而产生了紧凑软硬件结构和快速实现过程。基于 Lai-Massey 结构的密码算法如图 1.9 所示。

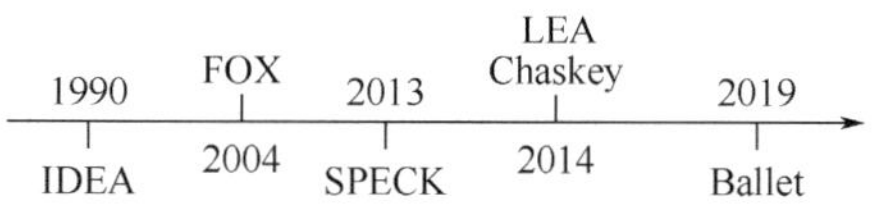

图 1.9　基于 Lai-Massey 结构的密码算法

1）IDEA[141]

IDEA（international data encryption algorithm）是 1990 年由瑞士联邦技术学院的

Lai 和 Massey 提出的 PES(proposed encryption standard)经过改进、强化抗差分能力后得来的分组密码算法[141]。IDEA 是一种专利密码，其专利于 2011 年 5 月到期，是使用最广泛的分组密码之一。该密码基于"不同代数群的混合运算"的设计思想，其潜在的 Lai-Massey 构造不涉及 S 盒或代替置换网络。相反，它将来自三个不同组的 16 位字的数学运算交错以建立安全性，如加法模 2^{16}、乘法模 $2^{16}+1$ 和 $GF(2^{16})$(XOR)中的加法。IDEA 有 128 位密钥和 64 位输入/输出，密钥调度需要预先计算并存储在内存中，其构造的一个主要缺点是在解密过程中逆密钥调度需要使用复杂的扩展欧几里得算法。

2) FOX 算法[142]

FOX 是一种基于 Lai-Massey 方案设计的分组密码。该算法在各种平台上具有很高的安全级别。每一个分组密码允许不同的轮数和最大 256 位的可变密钥长度，而轮函数由代替 S 盒的置换网络组成。此外，FOX 可抵抗线性和差分密码分析。

3) SPECK 算法[118]

在 SPECK 中，一个块中有两个字，这些字可以是 16 位、24 位、32 位、48 位或 64 位。SPECK 有一个 ARX 设计，它具有非线性的模块化加法，使用异或和线性混合循环移位。SPECK 主方案中包含了一个阻止滑动攻击和循环移位攻击的计数器。SPECK 的目的是满足对安全、灵活和可分析的轻量级块密码的需求。SPECK 对软件进行了优化，在软件平台上有出色的性能，足够灵活，可以在给定的平台上接受各种实现，并且可以使用现有技术进行分析。

4) LEA 算法[143]

LEA 是一种用于通用处理器的快速加密的分组密码，它具有 128 位块长度和 128 位、192 位或 256 位密钥长度。它在通用处理器上提供高速软件加密。LEA 在 Intel、超威半导体公司(Advanced Micro Devices，AMD)、ARM 和 ColdFire 平台上的速度比 AES 快。LEA 可以用很小的代码规模来实现。它的硬件实现的吞吐量较大，并且不受所有现有的对分组密码的攻击。

5) Chaskey 算法[144]

Chaskey 是一种高效的 32 位微控制器消息认证码算法。它适用于需要 128 位安全性，但由于对速度、能耗或代码大小的严格要求，无法实现标准 MAC 算法的应用程序。Chaskey 是一种基于置换的 MAC 算法，使用 ARX 设计方法。它基于一个潜在的 Even-Mansour 分组密码的安全性，安全性较高。基准测试表明，在 ARM Cortex-M3/M4 上，Chaskey 比 AES 具有更快的软件实现速度。

6) Ballet 算法[145]

Ballet 算法共有三个版本：Ballet-128/128/46、Ballet-128/256/48 和 Ballet-256/256/74。所有版本采用相同的轮函数，无 S 盒和复杂线性层，仅由模加、异或和循环移位操作组成，即 ARX 结构算法。因而该算法灵活性和延展性强，并能够轻量化实现。除此之外，Ballet 算法在 Lai-Massey 结构的基础上进行简化设计而成，并采用 4 分支的近似对称 ARX 结构，利于软件实现。其在 32 位和 64 位平台环境下均有很好的表现，即使采用单路实现方式依然具有很大的优势。在安全性方面，Ballet 算法能够抵抗现有的差分分析和线性分析等已知攻击方法，且因采用 ARX 结构、无 S 盒的使用，防护侧信道攻击的代价小。

基于 Lai-Massey 结构的密码算法不仅有利于硬件实现，而且有利于软件实现。基于 Lai-Massey 结构的密码算法信息汇总如表 1.8 所示。

表 1.8　基于 Lai-Massey 结构的密码算法

名称	年份	密钥长度/位	分组长度/位	轮数	结构	轻量级
IDEA	1990	128	64	8.5	Lai-Massey	否
FOX	2004	128,256	64,128	16	Lai-Massey	否
SPECK	2013	64,72,96,128,144,192,256	32,48,64,96,128	22,23,26 27,28,29 32,33,34	ARX	是
LEA	2014	128,192,256	128	24,28,32	ARX	是
Chaskey	2014	128	128	8	ARX	否
Ballet	2019	128,256,256	128,128,256	46,48,74	Lai-Massey	是

4. 基于 Stream-cipher-like 结构的密码算法

此结构密码利用流密码的构造块，它们主要用于硬件实现，其内部构件的安全性是基于流密码的，如 KATAN 算法和 KTANTAN 算法就是基于 Stream-cipher-like 结构的密码算法[146]。

KATAN 和 KTANTAN 是基于 CHES 2009 提出的流密码设计的两个分组密码。它们都以 80 位密钥下的 32 位、48 位或 64 位作为输入块，在 254 个循环中迭代一种由两个 LFSR 和非线性运算组成的流密码。KATAN 和 KTANTAN 的区别在于密钥调度。KTANTAN 的用途是为每个设备使用一个密钥，然后将密钥烧入设备中。这允许 KTANTAN 在硬件实现中实现更小的占用空间。KATAN64 是该系列中最灵活的候选方案，使用 1054 等效门，吞吐量为 25.1Kbit/s（100kHz）。KTANTAN 算法家族中最小的密码 KTANTAN32 可以在 462 等效门中实现。KTANTAN48 是作者推荐的 RFID 标签版本，使用 588 等效门。

1.3.2　分组密码研究现状

分组密码在信息安全等领域具有非常重要的作用，特别是随着 5G 时代的到来，分组密码将会更加重要。如今主要从密码设计和密码分析两个方面对分组密码进行研究。一方面，研究人员希望设计出可以抵抗目前已知的所有密码分析方法的密码算法；另一方面，又希望通过分析已经设计出的密码算法来找到某些安全缺陷，从而发现新的密码分析方法。因此，分组密码设计和密码分析之间既相互独立，又相互统一，它们共同推动了分组密码的发展。

Feistel 网络的最大好处是可以使用相同的结构进行加密和解密，这就使 Feistel 网络在硬件实现方面具有一定的优势。自从 Feistel 结构被提出以后，基于 Feistel 的分组密码算法就生机勃勃地向前发展，距今已有 50 多年。近年来有许多非常优秀的基于 Feistel 结构的算法被提出，如 2019 年以来的 Raindrop 和 LRBC。伴随着 5G 时代的到来，大量的物联网设备需要进行加密运算，但是物联网设备的硬件资源或软件资源是比较少的，因此基于 Feistel 结构的分组密码算法将会在保证不降低安全性的前提下向着越来越轻量化的方向发展。

SPN 结构具有加密和解密过程不同的缺点，而且在实现过程中 SPN 结构需要消耗更多的资源。而 SPN 结构的好处是能够实现水平扩散，它的轮函数能够在一轮迭代中改变所有块的消息，因此安全性相对较高。像 2019 年以来提出的 uBlock、FESH 和 SEPAR 等算法，都是基于 SPN 结构的优秀算法。基于 SPN 结构的算法越来越趋向于在保证适中安全性的前提下在性能和成本之间实现一个良好的折中，同时越来越轻量化，以适应硬件或软件资源较少的设备。

分组密码最初从安全性、性能和成本三个方面进行全面设计，而如今是在保证合适的安全性的同时，着力在性能和成本之间实现一个折中设计。而且因为较多应用分组密码的设备对于软硬件资源的要求比较严格，如 RFID、智能卡、无线传感器的网络节点、物联网设备等，所以总体上它向着越来越轻量化的方向发展，如目前美国 NIST 正在进行的 LWC 项目就是为了选择一个轻量级密码标准。结合最新的一些分组密码来看，分组密码在密码结构的选择上，越来越趋向于使用两种结构的结合，例如，将 Feistel 和 Lai-Massey 或者 Stream-cipher-like 结构结合起来，如 CHAM、HIGHT 和 ANT 等算法，既提高了安全性，而且其硬件实现复杂度很低；将 SPN 和 Stream-cipher-like 结合起来，如著名的 Hummingbird 算法；还可以将 SPN 和 Feistel 网络结构结合起来，这样不但保证了安全性，而且其实现成本也很乐观，如 QTL、LRBC 和 μ^2 等算法。

1.4　哈希函数发展历史与现状

1.4.1　哈希函数发展历史

哈希函数在现代密码学中起着重要作用，它可以将任意长度的消息压缩成固定长度的摘要。最早的哈希函数来源于 1953 年国际商业机器公司（International Business Machines Corporation，IBM）的历史性讨论，其思想就是把消息的关键字打乱，并且使用这部分信息作为查找的索引，通过构造哈希表进行存储和查找。1979 年，Merkle 第一次给出了单向哈希函数的实质性定义，包含安全属性：抗原像和第二原像，以提供安全、可靠的认证服务[147]。1980 年，Davies 和 Price 将哈希函数用于电子签名，用于抵抗 RSA 等数字签名中的存在性伪造攻击，这标志着密码哈希函数的开始[148]。1987 年，Damgård 首次给出抗碰撞的哈希函数的正式定义，指出了抗碰撞性和抗第二原像性，并用于设计安全的电子签名方案[149]。由于哈希函数的高效性和无代数结构特性，它常被用作伪随机数生成器，成为可证明安全密码体制的一项核心技术。

哈希函数主要用于数据的完整性校验、基于口令的身份认证、提高数字签名的有效性和安全性、密钥推导、构造基于密码哈希函数的消息认证码和构造确定性随机比特生成器等，对哈希函数进行研究对理论和实际是有重要意义的。哈希函数的分类如图 1.10 所示。

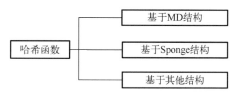

图 1.10　哈希函数的分类

1. 基于 MD 结构的哈希函数

基于 MD（Merkle-Damgård）结构的哈希函数的分类如图 1.11 所示。

图 1.11　基于 MD 结构的哈希函数的分类

为了更加合理地叙述基于 MD 结构的哈希函数的历史发展，以及它与各个函数之间的替代关系，本节采取分类进行描述。

1）MDx 系列

在 CRYPTO 1989 上，Damgård 给出了构造哈希算法的迭代结构，后被称为 MD 结构[150]。1989 年，Rivest 开发了 MD2 消息摘要算法，为 8 位机器设计并且加强了算法的安全性[151]。1990 年，Rivest 设计了哈希函数 MD4，它是较早出现的专用函数，使用了基本的加法、移位、布尔运算和布尔函数，其运算效率高，它是专门为 32 位平台上的软件实现而设计的。在 MD4 算法公布后，许多函数算法相继被提出来，大多数算法也是基于 MD4 算法的设计，包括 MD5、HAVAL、RIPEMD 等[152]。但 MD4 很快遭到碰撞攻击，因此 MD4 已经被证实不再安全[153]。1992 年，Rivest

改进了 MD4, 设计了增强的版本 MD5。MD5 在 MD4 的基础上增加了一轮, 所以速度比 MD4 稍慢一些, 但却更为安全[154]。1993 年, Boer 和 Baseliners 发现了 MD5 压缩函数的"伪冲突", 尽管伪冲突数量有限[155], 但仍会威胁 MD5 算法的安全。1992 年, Zheng 等提出了 HAVAL 算法, 该算法结构上与 MD4、MD5 非常相似, 不同的是 HAVAL 的哈希值可以为 128 位、160 位、192 位、224 位和 256 位[156]。此外, 当处理 1024 位的输入消息块时, 还提供了控制传递次数的参数。HAVAL 的规范允许通过一个参数来权衡效率和安全裕度, 即通过的次数, 可以选择 3 轮、4 轮或 5 轮, 每轮 32 步。2003 年的亚密会上, Van Rompay 等在这次会议上给出了一个对 HAVAL-128 的攻击, 该攻击可以找到对 HAVAL-128 算法的消息碰撞[157]。1988 年, 欧盟发起密码征集工程, 通过公开征集的方式开发一些基本的密码算法, 为欧盟宽带通信信息进行完整性保护并提供认证服务, 主要征集身份识别算法、哈希算法、消息认证算法和数字签名算法, 由 RIPE 进行评估。第一次征集共有 31 个提交方案, 经过两个阶段的评估, 最终有 7 个方案获选。RIPE 在此基础上启动了第二次征集, 并于 1992 年结束, 确定了哈希算法 RIPEMD。1996 年, Dobbertin 等在 MD4、MD5 的基础上提出了用于替代 RIPEMD 算法的 RIPEMD-160[158]。

2)安全哈希算法(secure hash algorithm, SHA)系列

1993 年, NIST 提出了 SHA-0 作为哈希函数的标准, 发布后不久就被美国国家安全局撤回。在 1995 年, 修订的版本 SHA-1 代替了 SHA-0。SHA-1 与 SHA-0 的区别只是在其压缩函数的消息调度中进行了一次按位的旋转。据美国国家安全局所述, 这样做是为了纠正原算法中的一个漏洞, 该漏洞降低了算法的加密安全性。在 2002 年, NIST 发布了安全哈希标准, 其中详细介绍了三种新的安全哈希算法 SHA-256、SHA-384 和 SHA-512。2004 年, SHA-224 被添加到标准中, 形成了 SHA-2 哈希函数家族, 至此 SHA-2 取代了 SHA-1 算法[159]。

2005 年, 王小云等在美密会和欧密会公布 SHA-1 的碰撞实例, 引发了密码学界的震动, 掀起了哈希函数研究的热潮。NIST 在 2007～2012 年开展了公开征集新一代哈希算法标准的 SHA-3 竞赛。2007 年, NIST 开始了新一代哈希函数标准征集计划 SHA-3[160]。BLAKE 是 Philippe 等学者设计的 SHA-3 的候选算法, 成为 SHA-3 最后五个候选算法之一, 在 2008 年被这几位学者首次提交, 被评估后, 于 2011 年 1 月提交修正版[161]。2011 年, Wu 提出 JH 哈希函数作为 NIST SHA-3 哈希函数比赛中的一项。JH 算法在硬件使用上是有效的, 因为它们的硬件结构相对简单。它们在单指令多数据流(single instruction multiple data, SIMD)(128 位 SSE 和 256 位 AVX)指令的软件中也是有效的, 因为简单的组件可以并行计算, 因此适合位片实现[162]。

3)其他系列

1996 年, Anderson 和 Biham 设计了 TTH(tiger tree hash)函数, 该函数主要用于 64 位平台。由于其必须使用大型 S 盒, 所以非常适合在软件中使用而很难在硬件或

小型微控制器中使用，因此许多客户端都使用 TTH[163]。2012 年,国家密码管理局公布了 SM3 密码哈希算法为密码行业标准。2016 年，国家标准化管理委员会公布了 SM3 密码哈希算法为国家标准[164]。

表 1.9 展示了基于 MD 结构的哈希函数的汇总信息。

表 1.9 基于 MD 结构的哈希函数

名称	年份	基本信息	特点
MD4	1990	Rivest 设计 MD4，替代 MD2 算法	由 MD2 八位升级为 32 位，比 MD2 安全，不具有抗冲突性
MD5	1992	Rivest 设计 MD5,是改进版的 MD4	比 SHA-1 快但比 MD4 慢，比 MD4 安全
HAVAL	1992	Zheng 等在 1992 年提出，此算法基于 MD4	比 MD5 快，HAVAL 可变长度散列，更高安全级别
RIPEMD	1996	Dobbertin 等在 MD4、MD5 的基础上提出来的	比 MD5 更能抵抗碰撞攻击，密码分析比 SHA-1 算法更难
SHA-1	1995	NIST，在 MD5 基础上发展而来	比 MD5 安全性高，不易受到蛮力攻击，比 MD5 速度慢
SHA-2	2002	NIST，取代 SHA-1	算法具有很强的抗碰撞能力，但算法输出长度是固定的
Tiger	1996	快速软件加密算法	32 位计算机与 SHA-1 一样快，64 位计算机速度比 SHA-1 快 2.5 倍
BLAKE	2008	NIST SHA-3 哈希函数比赛	利用已有算法，便于实现
JH	2011	NIST SHA-3 哈希函数比赛	设计简单，安全性分析相对容易执行，防撞效率高，在 SHA-2 应用程序中，JH 可替换 SHA-2，生成消息验证码效率不高
SM3	2012	国家商用密码管理局公布 SM3	高效地避免高概率的局部碰撞，有效地抵抗强碰撞性的差分分析、弱碰撞性的线性分析和位追踪法等密码分析

2. 基于 Sponge 结构的哈希函数

基于 Sponge 结构的哈希函数分类如图 1.12 所示。

在 CHES 2010 上，Aumasson 等提出了一种新型轻量级哈希函数 Quark[165]。在迭代结构上，由于 Keccak 在 SHA-3 竞赛中体现出来的优势，Quark 也采用了 Sponge 结构对置换函数进行迭代。出于轻量化的考虑，Quark 的置换函数大量借鉴了流密码 Grain 和轻量级分组密码 KATAN 的构造方法。在 CHES 2011 上，Bogdanov 采用类似于 PRESENT 轻量级分组密码的置换函数，设计出轻量级哈希函数 SPONGENT。由于与 Keccak 一样采用了 Sponge 构造，SPONGENT 也可以通过不同的速率和容量的组合来实现五种不同输出长度的实例应用[166]。在 CRYPTO 2011 上，南洋理工

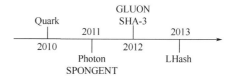

图 1.12 基于 Sponge 结构的哈希函数分类

大学的 Guo 等基于类似 AES 的轮函数设计和 Sponge 结构,设计出轻量级哈希函数 Photon[167]。Photon 支持 80 位/128 位/160 位/224 位/256 位输出长度。Photon 的特点在于其置换函数采用 4 位 S 盒,并通过选择迭代式矩阵将行移位和列混合步骤改为 4 位的分块操作,这样的做法与 AES 面向字节的设计相比虽然在速度上有所降低,但大大减少了算法的硬件实现开销。根据 Photon 置换函数与 AES 轮函数类似的特点,Guo 等也对 Photon 进行了差分、线性、反弹、超级 S 盒和代数攻击等密码学分析,分析结果表明 Photon 具有较高的安全边界。在 Quark 的启发之下,Berger 等在非洲密码会议 2012 年会上提出了 GLUON 系列轻量级哈希函数[168]。该系列函数由 GLUON-64/80/112 三个子函数组成,分别对应 128 位/160 位/224 位的输出长度。GLUON 系列的设计思路也是采用流密码作为轮函数来达到降低算法的硬件开销的目的,同时采用 Sponge 结构作为轮函数的迭代方式。在第九届信息、安全与密码学国际会议(Inscrypt 2013)上,中国科学院的 Wu 等也基于置换函数和 Sponge 结构设计出轻量级哈希函数 LHash。LHash 所采用的置换函数基于 4 位 S 盒和 Feistel 结构,其置换函数支持 96 位和 128 位两种不同的内部分组长度[169]。

2012 年,Keccak 最终成为新的哈希函数标准 SHA-3。2012 年,NIST 在 FIPS 180-4 中对 SHA-512 的两个截断变种 SHA-512/224 和 SHA-512/256 进行了标准化[170]。

将基于 Sponge 结构的哈希函数信息汇总后如表 1.10 所示。

表 1.10　基于 Sponge 结构的哈希函数信息

序号	名称	年份	来源	特点	应用领域
1	SHA-3	2012	NIST 启动 SHA-3 竞选比赛	具有较大的安全余量,被攻击概率低	消息认证,数字签名,密钥产生电路
2	Quark	2010	CHES	与具有相同安全级别的经典设计相比,将内存需求降低了 50%,轮数是 Photon 的 2 倍,减小并行性以提高扩散速度	RFID,WSN
3	SPONGENT	2011	CHES	硬件中占用空间小,针对 6 轮 SPONGENT-88 和 SPONGENT-128 的半自由起始碰撞攻击无效	RFID,WSN
4	Photon	2011	CRYPTO	速度上有所降低,大大降低了算法的硬件实现开销,具有较高的安全边界	RFID,WSN
5	GLUON	2012	AfricaCrypt,基于流密码	GLUON 与 Quark 的硬件开销十分相近,在软件实现性能上要优于 Quark	RFID,WSN
6	LHash	2013	Inscrypt 基于 4 位 S 盒和 Feistel 结构	与 Photon、Quark 和 SPONGENT 等轻量级哈希函数相比,LHash 在软硬件性能和实现开销上均有一定优势	RFID,WSN

注:WSN 表示无线传感器网络(wireless sensor network)。

3. 基于其他结构的哈希函数

除了 MD 结构和 Sponge 结构两类比较主流的哈希函数外，还有一些研究者也提出了独特的哈希函数，其发展过程如图 1.13 所示。

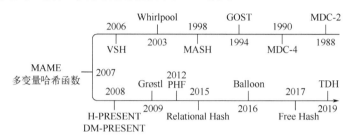

图 1.13 基于其他结构的哈希函数

1）Hiorse 结构

MDC-2 是一种从块密码构造哈希函数的方法，其中哈希函数的输出大小是块密码大小的两倍[171]。MDC-2 是 20 世纪 80 年代后期由 IBM 开发的。IBM 的研究人员 Meyer 和 Schilling 于 1988 年发表的一篇会议论文描述了这种结构[172]，他们于 1987 年 8 月提交了专利，1990 年 3 月被授予了专利[173]，1994 年，该结构在 ISO／IEC 10118-2 中标准化[174]。MDC-4 由 Meyer 和 Schilling 在 1990 年由 IBM 开发，是通过将两个 MDC-2 压缩功能互连而创建的，但仅将一个消息块与它们进行哈希运算而不是对两个消息进行哈希运算，与 MDC-2 相比，MDC-4 的开发人员旨在提供更高的安全裕度，但 MDC-4 在实际用途中仍能提供足够快的速度[175]。在 CHES 2008 上，Bogdanov 等采用 Davis-Meyer（简称 DM）单倍分组长度和 Hiorse 的双倍分组长度等基于分组密码的通用构造方式，基于 PRESENT 给出了满足 RFID 资源限制的轻量级哈希函数 DM-PRESENT 和 H-PRESENT[176]。

2）DM 结构

1994 年 GOST 哈希函数在俄罗斯被广泛使用，并在俄罗斯国家标准 GOST 34.11-94 中被指定[177]。该标准由俄罗斯标准化研究所制定。GOST 哈希函数是唯一可以在俄罗斯数字签名算法 GOST 34.10-94 中使用的哈希函数。因此，它也用在多个 RFC 中，并在各种加密应用程序（如 OpenSSL）中实现[178]。

3）Miyaguchi-Preneel 结构

2003 年 1 月，Barreto 和 Rijmen 提出 Whirlpool 哈希函数[179]。新的欧洲签名完整性和加密方案（NESSIE）项目负责引入具有类似 SHA-2 安全级别的哈希函数，Whirlpool 为 ISO/IEC 10118-3 标准所采用。

4）MMO 结构

2010 年，Ferguson 等提出 Skein 哈希函数作为 NIST SHA-3 哈希函数比赛中的一项，旨在取代 SHA-1 和 SHA-2 的 SHA-3 标准，该算法基于三重可调整分组密码[180]。2009 年，Gauravaram 和 Knudsen 提出 Grøstl 哈希函数，它也是 SHA-3 决赛候选算法，它的压缩功能所使用的 S 盒与分组密码 AES 中使用的 S 盒相同，并且以与 AES 相似的方式构造扩散层[181]。在 CHES 2007 上，Yoshida 等提出轻量级压缩函数 MAME[182]。MAME 是基于 4 分支型广义 Feistel 结构的轻量级分组密码，函数的线性部分依赖于异或和移位运算，再通过 Matyas-Meyer-Oseas（简称 MMO）模式作为压缩函数的整体构造。

5）MASH 算法

MASH[183]算法有 MASH-1 和 MASH-2，MASH-1 和 MASH-2 都已包含在 ISO / IEC 10118 的第 4 部分中，MASH-1 使用像 RSA 中那样的大数 M，M 的位长度影响它的安全性。M 很难进行因子分解。如果不知道 M 的因子，那么安全性依赖于计算模平方根的困难程度。M 的位长度决定着处理的消息的分组的长度和哈希结果的长度。MASH-1 和 MASH-2 是未加密的加密哈希函数，它们被设计成具有以下特性：原像抵抗、第二原像抵抗和碰撞抵抗。

6）可编程哈希函数

2012 年，Hofheinz 和 Kiltz 介绍了一种新的信息理论原语，称为可编程哈希函数（programmable hash function，PHF）。PHF 可以用于对哈希函数的输出进行编程，使其以一定的概率包含已求解或未求解的离散对数。这是最初用于随机 Oracle 模型中的安全性证明的技术，PHF 的可编程性使其成为在考虑自适应攻击时获得密码协议黑盒证明的合适工具[184]。2016 年，Zhang 等研究了基于格的 PHF 的形式化，并通过使用多种技术给出了两种类型的构造，表明任何（非平凡的）基于格的 PHF 都具有抗碰撞性，从而可以直接应用此新基元[185]。2015 年，Catalano 等介绍了非对称可编程哈希函数（asymmetrical PHF，APHF）的概念[186]。

7）其他函数

2006 年，Contini 等引入了 VSH（very smooth hash）。VSH 可用于构造快速、可证明安全的随机陷门哈希函数，用于加速可证明安全签名方案和指定验证者签名[187]。

2015 年，Mandal 和 Roy 开发了一种关系哈希（ralational hash）方案[188]。该方案用于发现位向量和 F_p 向量之间的线性关系，利用线性关系哈希方案，开发了基于汉明距离的关系哈希。使用它可以确定原始明文是否相关，形式化了关系哈希原语的各种自然安全概念：单向性、孪生关系性、不可伪造性和 Oracle 模拟性。邻近关系哈希方案可以适用于保护隐私的生物特征识别方案、保护隐私的生物特征认证方案，用于验证关系、防止伪造等。

2016 年，Boneh 等提出了 Balloon 密码哈希算法[189]。这是第一个实用的加密哈希函数：①在随机预言模型中已证明内存硬度特性；②使用密码独立访问模式；③达到或超过最佳启发式安全密码哈希算法的性能。内存硬函数需要大量的工作空间才能有效地进行计算，并且当用于密码哈希时，它们会显著增加脱机字典攻击的成本。

2017 年，Fan 等介绍了一种新的生成混淆电路(garbled circuit，GC)哈希的方法 Free Hash[190]。GC 哈希是基于 GC 的安全函数评估(secure function evaluation，SFE)的裁剪选择技术的核心。主要思想是将哈希生成/验证与 GC 生成和评估结合起来。GC 哈希兼容自由异或和半门混淆，并且可以与许多剪切和选择的 SFE 协议一起工作。由于当今的网络速度高于硬件辅助的固定密钥混淆吞吐量，因此消除 GC 哈希开销将显著提高 SFE 性能。

2019 年，Dottling 等引入了一个新的原语，称为陷门哈希函数(trapdoor hash function，TDH)[191]。它是一个具有类似陷门函数性质的哈希函数 $H:\{0,1\}n\rightarrow\{0,1\}\lambda$。具体地说，给定索引 i，TDH 允许对编码键 ek(隐藏 i)以及相应的陷门进行采样。此外，给定 $H(x)$、提示值 $E(\text{ek}, x)$ 和对应于 ek 的陷门，可以有效地恢复 x 的 i 位。因此这个原语为低通信安全计算的应用打开了大门。

基于多变量非线性方程组的哈希函数(multivariate hash functions,简称多变量哈希函数)最早在 ACISP 2007 中被提出。从多变量哈希函数的实现结果来看，其性能和实现开销强于以往所提出的基于数学困难性问题的哈希函数，所以在某些文献中也称其具有轻量级特性。但其在性能和实现代价上仍远远高于基于特定设计或分组密码的构造，难以在实际中得到应用。

对上述信息进行汇总可得表 1.11。

表 1.11　基于其他结构的哈希函数信息

名称	年份	结构	描述(首发会议/协议/用于替代什么算法)	优缺点	应用领域
MDC-2	1988	Hirose	IBM, 1994 年在 ISO/IEC 10118-2 中标准化	兼容性高,但其运算速度较慢, 输出长度比较短	完整性校验, 数字签名
MDC-4	1990	Hirose	IBM, 在 MDC-2 的基础上设计的	算法相对简单,但发生哈希碰撞概率很高	完整性校验, 数字签名
GOST	1994	DM	俄罗斯国家标准 GOST 34.11-94	适用于多工作环境	完整性校验, 数字签名, 加密
Whirlpool	2003	Miyaguchi–Preneel	NESSIE 认可哈希函数 Whirlpool	可伸缩性强,不需要过多的存储空间, 与 SHA-2 安全级别类似	完整性校验, 数字签名, 身份认证, 伪随机数生成器
Skein	2010	MMO	NIST SHA-3 哈希函数比赛	速度很快, 可达 SHA-512 的两倍和 SHA-256 的三倍	消息认证码, 数字签名, 密钥派生函数

续表

名称	年份	结构	描述(首发会议/协议/用于替代什么算法)	优缺点	应用领域
Grøstl	2009	MMO	NIST SHA-3 哈希函数比赛	抵抗多类密码分析攻击	消息认证码，数字签名，身份认证
MAME	2007	MMO	CHES 基于 4 分支型广义 Feistel 结构	结构简单，易于实现	RFID，WSN
H-PRESENT	2008	DM 和 Hirose	CHES 基于 PRESENT	轻量化，易于实现	RFID，WSN
DM-PRESENT	2008	DM 和 Hirose	CHES 基于 PRESENT	轻量化，易于实现	RFID，WSN
MASH	1998	模算数	CRYPTO	速度慢	消息认证码，数字签名
VSH	2006	模算数	CRYPTO	抗冲突，效率高	数字签名
PHF	2012	模算数	CRYPTO	基于格，抗量子攻击	数字签名，基于身份的格加密
APHF	2015	模算数	CRYPTO	比可编程哈希函数多了可编程伪随机性的替代特性	数字签名
Relational Hash	2015	模算数	CRYPTO	验证相等性时必须提供明文	身份认证
Balloon	2016	模算数	CRYPTO	实用安全性高	身份认证
Free Hash	2017	模算数	CRYPTO	面积小	数字签名，身份认证
TDH	2019	模算数	CRYPTO	为低通信安全计算的应用打开大门	数字签名，身份认证
多变量哈希函数	2007	模算数	ACISP	性能和实现开销上强于基于模算数的哈希函数	RFID，WSN

1.4.2　哈希函数研究现状

从哈希函数的发展过程可以看到，一些主流的哈希函数依然在广泛使用。与此同时，一些研究方向也逐渐成为当下研究较为热门的方向，比较有代表性的是基于混沌映射的哈希函数、格上的哈希函数和轻量级哈希函数。

1. 基于混沌映射的哈希函数

传统的单向哈希方法有 MD2、MD5、SHA 等，多采用基于异或等逻辑运算的复杂方法或采用 DES 等分组加密方法通过多次迭代得到哈希结果，后面的方法运算量很大，难以找到快速并且可靠的加密方法，而前面方法中由于异或运算中固有的缺陷，虽然每步运算很简单，但计算轮数即使在被处理的文本很短的情况下也很大。针对以上问题，利用混沌系统的确定性和对初值的敏感性来构造密码算法已成为国内外的研究热点。

2000 年，刘军宁等提出一种基于混沌映射的哈希函数构造思想，并给出利用两个不同的混沌模型构造的单向哈希函数，初步分析了其作为单向哈希函数的不可逆性、防伪造性、初值敏感性和混沌映射应用于单向哈希函数构造的优点与潜力。这种构造方法实现简单，对初值有高度敏感性，具有很好的单向哈希性能。同时，该方法也易于改造为并行实现，并且迭代的步数与原始文本成正比[192]。之后陆续有基于耦合帐篷映射的时空混沌单向哈希函数构造[193]、基于混沌映射的并行键哈希函数[194]、一种快速高效的基于混沌的键控哈希函数[195]、基于函数动态查找表的键控哈希函数[196]、基于混沌交换网络的并行混沌哈希函数[197]和基于混沌映射的并行密钥哈希函数的安全性改进[198]等使用一系列简单的混沌图、高维混沌图的哈希函数被提出。2019年，Lin 等用离散分子迭代将伪随机数生成和哈希函数结合起来设计混沌迭代哈希函数[199]。

总之，由于混沌的复杂特性，设计基于混沌的哈希函数成为加强网络传输数据信息安全的一个新的研究方向[199]。

2. 格上的哈希函数

近年来，基于格的新型密码系统因为具有抵抗量子攻击、计算简单(仅涉及小整数运算，而且主要使用模乘和模加运算)、存在最坏情况下的随机实例等特点，成为研究者又一个研究重点，取得了一系列的研究成果，已经建立的基于格的公钥密码体制包括 AD 体制、GGH 体制、NTRU(number theory research unit)体制等。基于格的密码算法的安全性依赖于格上的困难问题，因此，将所设计的哈希函数应用到格上，就可以把证明函数的安全性问题规约到格上的困难性问题，从而增强了函数的安全性。

2008 年，Hofheinz 和 Kiltz 在美密会上提出了可编程哈希函数的概念[200]。作为刻画了分割证明技术的密码原语，可编程哈希函数是构造标准模型下可证明安全密码方案的有力工具。由于受到传统可编程哈希函数的启发，2016 年张江在美密会上提出了格上可编程哈希函数的概念，之后继续研究基于格的可编程哈希函数，并利用格上的伪交换性给出新的可编程哈希函数的实例化构造。进一步通过将新的可编程哈希函数与传统有限猜测证明技术结合，构造了基于格上困难问题可证明安全的数字签名方案[201]。在技术上，签名方案突破了 Ducas 和 Micciancio 基于理想格的签名方案[202](2014 年美密会)对于底层代数结构可交换性的依赖，并揭示了 Ducas 和 Micciancio 的证明技术可以无缝地平移到一般格上，用于构造在标准模型下可证明安全的高效数字签名方案，从而在某种程度上解决 Ducas 和 Micciancio 遗留的公开问题。

由于后量子密码的大力发展，利用格上可编程哈希函数设计较短的验证密钥和签名的数字签名方案是未来研究的一大方向，而哈希函数作为签名方案的重要组成部分，格上哈希密码算法的需求必然会得到更多关注。

3. 轻量级哈希函数

随着物联网技术及其相关应用的快速发展，信息安全性和隐私性也得到了业界的高度重视。由于制造成本和便携性的限制，物联网硬件的计算能力、存储能力和功耗仍然受到非常大的限制，并且目前常用的哈希函数对于物联网应用而言仍然负担较大，因此研究与分析资源受限环境下安全高效的轻量级哈希函数，近年来逐渐成为对称密码学研究方向上广泛关注的问题。近几年研究人员对轻量级哈希函数进行了大量研究，当前研究存在以下基础性工作需要研究和探索。

在基于置换函数的轻量级哈希函数方向上，由于 Sponge 结构与传统的 MD 结构在迭代方式上有本质的不同，同时置换函数的设计也不再需要考虑压缩的性质，这对相应的哈希函数的安全性分析提出了新的要求。以 Keccak 为例，综合 Keccak-f 设计者和第三方所给出的安全性分析来看，12 轮迭代已经具有非常高的安全边界，在密码学分析上具有很高的难度，能否通过深入分析 Keccak 的代数和高阶差分性质，在提高攻击轮数的同时将复杂度降到理想界以下，将会是基于置换函数的轻量级哈希函数方向的关键研究问题之一。

在基于分组密码构造的轻量级哈希函数上，尽管分组密码能直接用于构造哈希函数来实现数据完整性和认证性，但由于轻量级分组密码的分组长度大都只有 64 位，而采用分组密码构造实现抗碰撞的哈希函数需要 160 位以上的分组长度，如何直接或间接通过轻量级分组密码来设计轻量级哈希函数也需要进一步研究。在基于分组密码的轻量级哈希函数的研究上，首先需要解决在基于特定分组密码构造的压缩函数安全性分析中，如何将特定分组密码分析方法与成果转化为压缩函数安全性分析的问题，再通过面向轻量级分组密码的哈希函数构造方法，对其安全性给出新的结论。在上述步骤中，给出压缩函数的安全性分析结果尤为重要，基于特定分组密码构造的压缩函数在设计上大量使用和借鉴了已有分组密码算法，因此除了可以通过针对特定设计的方法，也可借鉴分组密码算法分析的研究成果对该类压缩函数进行安全性分析。基于 ARX 结构的哈希函数(如 SHA 系列、商密 SM3 算法等)由于具有运算速度快、算法实现简单等优点，在标准算法中具有非常重要的地位。在现有基于 ARX 的轻量级分组密码算法当中，前期的 TEA 算法与 NSA 最近提出的 SIMON 和 SPECK 算法最具有代表性。通过参考 TEA、SIMON 和 SPECK 的设计来构造置换函数，或直接基于这些 ARX 结构的分组密码来构造轻量级哈希函数，给出基于 ARX 结构的轻量级哈希函数的设计与分析方法，将会是轻量级哈希函数研究工作的重要补充。

综上所述，由于设计和分析哈希函数本身就是密码学当中的基础性问题之一，如果能在轻量级哈希函数研究中解决若干关键性基础问题，探索出安全、高效、实用性强的设计与分析方法，从而为物联网等资源受限环境下的信息安全保障提供相应的密码学基础算法，将具有重要的理论研究意义和应用价值[152]。

1.5　公钥密码算法发展历史与现状

1.5.1　公钥密码算法发展历史

现代加密技术大体分为两种制度，一种是对称密码体制，另一种是非对称密码体制。非对称密码体制，也称为公钥密码体制。1976 年，美国的密码学家 Diffie 和 Hellman 提出第一个公钥密码学模型——DH 密钥交换[203]，奠定了公钥密码学的基础。公钥密码体制的原理是将加密密钥和解密密钥分开使用，用户需要生成一个密钥对，密钥对包含两个密钥，其中的加密密钥可公开，解密密钥保密存放，这样加密密钥称为公开密钥，解密密钥称为私密密钥。公钥密码体制与对称密码体制相比，它的优点是面向大众的公钥不再需要在安全通道中传递，简化了密钥的管理。而对称密码体制需要交换密钥的秘密通道，传递过程中害怕泄露密钥并且密钥需要定期更换。同时由于对称密码体制的局限性，其无法提供数字签名这类功能，而公钥密码体制就可以提供这一功能。

1994 年，Shor 发明了 Shor 算法[204]，该算法可以有效地求解整数分解等数学问题，因为密码学家将其视为威胁并大力研发可以对抗该攻击的密码算法，这些密码算法可以在量子计算和以后的时代存活下来，因此被称为后量子密码，其他不能对抗该算法的密码称为传统公钥密码。

公钥密码算法的安全性依赖于数学难题，由于这些难题目前没有较好的方法能快速解出答案，因此将其应用到公钥密码系统中，根据其所依赖的数学难题并考虑后量子密码的特殊性，将公钥密码体制分为如图 1.14 所示的几类，其中双线性映射将在第 6 章介绍。

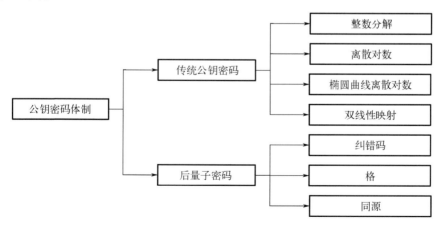

图 1.14　公钥密码分类图

1. 传统公钥密码

1)基于整数分解的公钥密码体制

基于整数分解的公钥密码发展历程如图 1.15 所示。RSA 是最早提出的基于整数分解的公钥密码,其他几种基于整数分解的公钥密码都是由 RSA 改进的,又或者像基于身份的签名(identity-based signature,IBS)一样引用 RSA 算法实现。

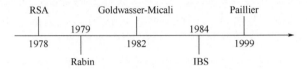

图 1.15　基于整数分解的公钥密码发展历程

1976 年 DH 公钥密码思想提出后,世界各国的学者开始努力研发公钥密码体制。在 1978 年,三位 MIT 的学者 Rivest、Shamir 和 Adleman 设计出第一个公钥密码体制 RSA 算法[205]。除了加密算法,针对 E-mail 的广泛应用,他们提出对信息签名以表明发送人的身份,在电子邮件和电子资金转账上有明显用处。1978 年,RSA 算法被公布,目前 RSA 依然是应用最广泛的公钥密码,但其密钥越来越长,需要不断提升设备的存储和计算能力。1979 年,MIT 的 Rabin 基于 RSA 密码体制提出了 Rabin 加密算法和数字签名方案[206],这是第一个可证明安全的加密方案,不是以一一对应的单项陷门函数为基础,而是同一密文有对应的 4 个明文,其中真正的明文需要验证码对应。1982 年,加利福尼亚大学伯克利分校的 Goldwasser 和 Micali 针对 RSA 和 Rabin 加密方案的部分明文信息可能泄露的问题提出了一种新型的概率加密方法:Goldwasser-Micali 算法,该算法消除了公开密码系统引起的信息泄露,且具有加法同态性,其安全性基于二次剩余问题(二次剩余问题也是整数分解的一种)[207]。1984 年,Shamir 采用 RSA 算法构造了 IBS 体制[208]。1999 年,Paillier 基于合数阶剩余类的问题提出 Paillier 概率公钥密码系统[209]。该体制同样具有加法同态性,密钥生成和加解密效率低于 RSA 和椭圆曲线密码学(ellipse curve cryptography,ECC)等,具有可证明安全性。虽然在首个基于大数分解的公钥密码 RSA 提出后又有其他同样数学原理的公钥密码被提出,但其他公钥密码没有 RSA 应用广泛。

将几种基于整数分解的公钥密码总结为表 1.12 所示。

表 1.12　基于整数分解的公钥密码信息

名称	年份	用途	特点	应用
RSA	1978	加密,签名	密钥短且便于管理,但分配简单,产生密钥较麻烦,难以做到一次一密,速度太慢	电子安全、网络安全等各领域

续表

名称	年份	用途	特点	应用
Rabin	1979	加密，签名	一个密文对应四个明文，需要额外识别真正的明文	
Goldwasser-Micali	1982	加密	避免明文信息泄露。密文是明文的数倍，选择密文在攻击方面比较脆弱	
Paillier	1999	加密	证明安全性，密钥生成和加解密效率较低	云计算，数据隐私保护

2）基于离散对数的公钥密码体制

基于离散对数的公钥密码发展历程如图 1.16 所示。基于离散对数的公钥密码主要包括：只完成数字签名的 Schnorr 和 DSA（digital signature algorithm）方案，只完成密钥协商协议的 MQV、HMQV 和 FHMQV 方案以及既有底层加密部分又有数字签名或密钥协商协议部分的 ElGamal 和 XTR 方案。

图 1.16　基于离散对数的公钥密码发展历程

1985 年，ElGamal 基于 DH 密钥交换提出了 ElGamal 公钥密码体制[210]，该体制包含加解密部分和数字签名部分，其安全性基于有限域上离散对数求解的困难性，它的安全长度与 RSA 一致，但生成密文长度是明文的两倍，其数字签名方案备受关注，使用相同的私钥对一个密文进行加密，每次加密后得到的签名也各不相同，有效避免了网络中可能出现的重复攻击的问题。ElGamal 签名具有高度的安全性和实用性，目前很多数字签名方案就是 ElGamal 数字签名的变种及其扩展。1994 年，Harn 和 Xu 对 ElGamal 和与其类似的方案进行总结，共提出 18 种可行方案，将其称为广义 ElGamal 数字签名方案[211]。2000 年，Lenstra 和 Verheul 首次提出 XTR 公钥密码体制的概念与算法[212]，XTR 公钥密码体制建立在三阶 LFSR 序列的基础上，其安全性依赖于在有限域中解决迹函数离散对数问题的困难性。与 ElGamal 和 RSA 相比，XTR 运算速度是其三倍，密钥长度、信息传输量和存储量是其三分之一。XTR 可应用于任何基于离散对数的密码体制中，加密方案 XTR-ElGamal、签名方案 XTR-Nyberg-Rueppel 以及密钥交换协议 XTR-DH 均可实现。相比于有限域离散对数加密方案的发展，XTR 专注于数字签名和密钥协商协议。

1989 年，法兰克福大学的 Schnorr 根据 ElGamal 签名方案提出了一种设计身份认证的方案：Schnorr 签名方案[213]，提出了高效的随机数求幂的预处理算法，该方案使签名所需的大部分计算可以在预处理阶段完成，加快签名速度。在相同安全等级下，Schnorr 签名长度是 RSA 的一半，同时也比 ElGamal 签名长度短得多。很多密码学家认为它是比较完美的签名方案，后来的很多签名算法都是基于它提出的，如椭圆曲线数字签名算法。Schonrr 没有得到大范围推广是专利问题导致的。在 1991 年，NIST 在 ElGamal 数字签名算法的基础上提出基于离散对数求解的 DSA，并于 1994 年将其制定为数字签名标准（digital signature standard，DSS），由于 DSA 的签名短、运算速度快，因此得到了广泛使用[214]。

1995 年，Menezes 等基于 DH 密钥协议提出了 MQV 协议[215]，该协议使用灵活、适应性强且具有抗攻击性，已被广泛地标准化并且被美国国家安全局的部分项目采用。其安全性依赖于离散对数问题求解的困难性。2005 年，IBM 沃森研究中心的 Krawczyk 针对 MQV 协议中密钥交换不安全的问题进行改进，分析在 Canetti-Krawczyk 模型中不能抵抗的各种攻击，并在其基础上提出了 HMQV[216]，HMQV 的设计和证明基于挑战-应答签名（challenge-response signatures），该协议源自 Schnorr 识别方案。2009 年，法国的 Augustin 等基于 HMQV 提出了信息泄露问题。对于这些模拟性的攻击，他们提出了全指数挑战响应（full exponential challenge response，FXRC）和全双指数挑战响应（full dual exponential challenge response，FDCR）签名方案，通过这些方案定义了完全散列的 MQV（fully hashed MQV，FHMQV）协议[217]。

我们对几种基于离散对数的公钥密码体制进行了总结，如表 1.13 所示。

表 1.13　基于离散对数的公钥密码信息

名称	年份	用途	特点	应用
ElGamal	1985	加密，签名	安全性较高，计算量大，密文是明文的两倍长，加密效率低	
XTR	2000	加密，签名，密钥交换	运算速度快，资源占有量少，易编程	智能卡，网络协议，无线协议
Schnorr	1989	签名	具有证明安全性，无延展性问题，验证速度快，耗费空间小，支持多重签名。尚未标准化	数字货币
DSA	1991	签名	签名生成快，解密快。验证速度慢，加密速度慢	
MQV	1995	密钥交换	灵活，适应性强，抗攻击性强	网络通信

3）基于椭圆曲线离散对数的公钥密码体制

椭圆曲线理论是代数几何和数论等多个数学分支的交叉点，Koblitz 和 Miller 将椭圆曲线和密码学结合提出了椭圆曲线密码体制，并在其中提出了加密算法和密钥交换协议[218,219]。与 RSA 相比其优势是：抗攻击性强、同等安全强度所需密钥小、功耗低和实现快速。其安全性依赖于椭圆曲线群上的离散对数问题求解的困难性。椭圆曲线密码体制应用广泛，很多公钥密码方案都是基于它提出的，而且很多基于离散对数的公钥密码也可以转换为基于椭圆曲线离散对数的密码。基于椭圆曲线离散对数公钥密码的发展历程如图 1.17 所示。

图 1.17 基于椭圆曲线离散对数公钥密码的发展历程

关于椭圆曲线的研究历史已经超过一百年，但其在密码学上的使用最早为 1985 年，Koblitz 和 Miller 分别提出使用椭圆曲线来设计公钥密码系统。素数域 F_p 上的椭圆曲线都可以定义为二元组的集合，任何椭圆曲线都可以用魏尔斯特拉斯 (Weierstrass) 等式表示。1991 年，Koblitz 提出了用于椭圆曲线加密的 Koblitz 曲线[220]，也称为反常二元曲线，该曲线与二元 Weierstrass 曲线相比具有标量乘速度快的优点，且该类曲线易找到。1987 年，Montgomery 提出一类使用特殊的曲线族来加速整数分解的算法。这类曲线通常被称为 Montgomery 曲线[221]，其特性是点乘算法只用坐标 x 即可实现，且运算速率比 Weierstrass 的公式运算速率显著提高。2007 年，Edwards 提出 Edwards 椭圆曲线[222]，Edwards 椭圆曲线的运算速度很快，且在特定的定义中安全级别更高。2008 年，Daniel 和 Tanja 将其推广至二进制域，提出椭圆曲线新形式，称为二元 Edwards 曲线[223]。使用该曲线来实现标量乘可以达到很快的速率。同年，Bernstein 等对 Edwards 曲线进行推广，提出 Twisted Edwards 曲线[224]。该曲线囊括有限域上更多的曲线，若曲线可以表示成 Edwards 曲线形式，则该曲线上的运算可以节约更多时间。研究者发现的椭圆曲线族的种类有很多，本书仅叙述一些应用比较多的种类。

1985 年，Miller 在美密会上提出了椭圆曲线应用于密钥交换的协议[225]，此协议基于 DH 密钥交换协议进行改进且比 DH 更快，被称为 ECDH (elliptic curve Diffie-Hellman)，其安全性依赖于椭圆曲线离散对数问题求解的困难性，是椭圆曲线体制中最常用的密钥协商方案之一，它能较好地防止被动攻击，已被列入 IEEE 1363-2000 和 ANSI X9.63 等标准之中。1986 年，日本学者 Matsumoto 等对 DH 密钥协商协议进行修改，提出其变体认证密钥协商协议 MTI，MTI 协议的安全性也依赖于椭圆曲线离散对数问题[226]。该协议通过两次信息传递，传递过程不需要签名，为双方产生可以抗攻击的隐式认证的会话密钥。Law 等对 MTI 的缺陷进行分析并对 MQV 进行了修改，把椭圆曲线应用于身份验证的密钥协议中，并称其为椭圆曲线 MQV (elliptic curve MQV，ECMQV)[227]。

1992 年，Vanstone 应 NIST 的要求在 DSA 的基础上提出了椭圆曲线数字签名算法 ECDSA[228]，1998 年该算法被国际标准化组织采纳，1999 年成为美国国家标准学会 (American National Standards Institute，ANSI) 标准，并于 2000 年成为电气与电子工程师协会(Institute of Electrical and Electronics Engineers，IEEE)和 FIPS 标准。目前比特币使用的签名算法就是 ECDSA，其椭圆曲线为 Secp256k1[229]。

2001 年，我国开始组织研究自主知识产权的椭圆曲线密码算法，2004 年研制完成 SM2 算法，2010 年美国"棱镜门"事件爆出 RSA 有后门，所以我国 SM2 椭圆曲线公钥密码算法(简称 SM2 算法)于 2010 年 12 月首次被公开发布，2012 年成为中国商用密码标准，2016 年成为中国国家密码标准，被我国密码管理部门用来替换 RSA 算法。此算法是 ECC 椭圆曲线密码机制，但签名和密钥交换不同于 ECDSA 和 ECDH，采用了更为安全的机制[230]。

我们对以上所提到的几种基于椭圆曲线离散对数的公钥密码体制进行了总结，如表 1.14 所示。

表 1.14 椭圆曲线离散对数公钥密码信息表

名称	年份	用途	特点	应用
ECC	1985	加解密	计算量小，处理速度快，存储空间占用小，更安全；复杂，更昂贵	政府通信，银行应用，数码版权管理，网络安全
ECDSA	1992	签名验签	适合应用在资源受限和特定处理器的环境	银行应用，无线协议，数字货币
ECDH	1985	密钥交换		
SM2	2004	加解密，签名验签，密钥交换	比 RSA 安全性更高，速度更快	国内通信，国产操作系统和公钥体制，软硬件加密等

2. 后量子密码

1)基于纠错码的公钥密码体制

基于纠错码的公钥密码发展历程如图 1.18 所示。

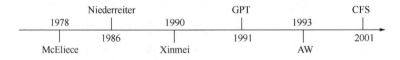

图 1.18 基于纠错码的公钥密码发展历程

基于纠错码的公钥加密方式很多，本节总结最常见的三种加密方式。首先，1978 年 McEliece 根据一般线性码的译码问题是一个非确定性多项式(non-deterministic polynomial，NP)完全问题和 Goppa 码具有快速译码的特点，提出了第一个基于纠错码(error-correcting code)的 McEliece 方案[231]。该方案是最早的公钥密码体制之一，与 RSA 相比，McEliece 加解密每信息位所需的二元运算数小于 RSA，因此加解密速度更快。1986 年，Niederreiter 利用里德-所罗门(Reed-Solomon)码的校验矩阵加密提出了另一个基于纠错码的 Niederreiter 公钥密码体制[232]，该体制是一个背包型公钥密码体制，其公钥密码体制是 McEliece 公钥密码体制的对偶体制并解决了 McEliece 公钥密码体制公钥体积过大的缺点，二者同样基于 NP 完全问题。不过，1992 年 Sidelnikov 和 Shestakov 证明了 Niederreiter 方案是不安全的[233]，但依然有许多基于编码的公钥方案使用 Niederreiter 加密方式。还有一种常见的基于编码的公钥密码，其加密方案使用类似于 ElGamal 型的加密方式[234]。1991 年，Gabidulin 等提出一种新的 McEliece 公钥密码体制的改进方案[235]，该方案使用最大秩距离码代替 Goppa 码，改进后方案的密码分析函数比原方案大得多，并且考虑了秩度量的扩张，该方案称为 GPT 公钥密码体制。

在纠错码的数字签名方面，1990 年，Wang 提出了首个基于纠错码构造的数字签名方案的 Xinmei 方案[236]；1992 年，Alabhadi 和 Wieker 提出了选择性明文攻击[237]，1993 年，他们针对 Xinmei 方案的缺点进行了改进并且提出了可以抵抗选择性明文攻击的方案[238]。2001 年，Courtois 等提出首个严格意义上安全的基于纠错码的签名方案，称为 CFS 方案[239]，该方案基于原始的 Niederreiter 加密算法提出。

我们对以上所提到的几种基于纠错码的公钥密码体制进行了总结，如表 1.15 所示。

表 1.15　纠错码公钥密码信息表

名称	年份	用途	优点	缺点
McEliece	1978	加密	抗量子攻击，加解密简单，安全性较高	公钥过长
Niederreiter	1986	加密	公钥短，安全性较高	加解密的效率较低
CFS	2001	数字签名	具有严格安全性证明	签名效率低

2）基于格的公钥密码体制

基于格的公钥密码发展历程如图 1.19 所示。

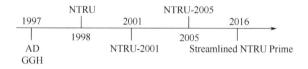

图 1.19　基于格的公钥密码发展历程

1996 年，Ajtai 在他的开创性论文中给出了一种方法来构造一类随机格，证明了格问题在最坏情况下的困难性可以归约为一类随机格中问题的困难性，从而使安全特性可证明。基于这种结论，1997 年，Ajtai 和 Dwork 提出了第一个基于格的 AD 公钥密码方案[240]，该方案被证明是第一个解决系统任意实例的难度等价于解决系统最难实例难度的密码方案，作为首个在最坏复杂性假设下有安全性证明的加密方案，Ajtai-Dwork 密码体制具有里程碑意义，但其实用性不强。1997 年，Goldreich 等受到 AD 公钥密码方案的启发，改进了 AD 公钥密码并提出了一种新的基于格的公钥加密和签名方案，叫作 GGH 密码体制[241]。该方案包括公钥加密方案和数字签名方案，直接应用格上的困难问题且易于理解，将公钥计算复杂度从 $O(n^3)$ 降到 $O(n^2)$，但该密码体制的安全性没被证明。1996 年，布朗大学三位数学家 Hoffstein、Pipher、Silverman 在 CRYPTO 上提出 NTRU 公钥密码算法，这是第一个使用多项式环的密码学方案，加解密速度很快并且密钥尺寸紧凑，正式发表于 1998 年[242]。该算法至今未找到量子求解方法，其在 2001 年和 2005 年进行了两次较大的改进，分别是 NTRU-2001 和 NTRU-2005（加密算法是 RSA 和 ECC 基于格的替代方法，签名方法是基于 GGH 的数字签名方案）[94]。NTRU-2001 版本在解密过程中不需要另外计算多项式逆元 F_p，也不用进行与 F_p 相关的乘积操作，提高了 NTRU 算法的运行效率，但 NTRU-2001 版本中的 NTRU 平均加密次数为 $2^{12}\sim2^{35}$ 时，会出现一次解密错误[243]。而 NTRU-2005 版本修复了这一问题，在解密过程中可以完全避免解密错误[244]。2016 年，Bernstein 等对其算法深度进行改进并且提出了 Streamlined NTRU Prime 算法 [245]，该算法抵抗了针对 NTRU 的代数攻击，如子域攻击。Bernstein 等证明该算法在自适应性选择密文攻击下依然安全。

我国王小云团队针对格密码有大量的研究，其团队在 2011 年对一般格上的最短向量问题的 Nguyen-Vidick 启发式筛选算法进行了改进，提出了一种求解最短向量的算法，该算法降低了时间复杂度指数[246]。在 2015 年，Ding 等提出一种求解最短向量问题的遗传算法，该算法基于格中短向量的稀疏整数表示，对 BKZ 约简进行了预处理，并证明在马尔可夫链分析下能找到最短格向量。该算法超越了最短向量问题（Shortest Vector Problem，SVP）挑战赛上的枚举、BKZ 和筛子等算法[247]。

我们对以上所提到的几种基于格的公钥密码体制进行了总结，如表 1.16 所示。

表 1.16　格公钥密码信息表

名称	年份	用途	优点	缺点
AD	1997	加密	具有可证明安全性	效率低，不实用
GGH	1997	加密，签名	方案简单、直观，较 AD 效率提高	有安全缺陷，不实用
NTRU	1998	加密，签名	超高效，实用，极快，不需要较高的计算能力和较复杂的硬件设备	安全性未证明

3）基于椭圆曲线同源的公钥密码体制（通常称为同源密码）

基于椭圆曲线同源的公钥密码发展历程如图 1.20 所示。同源密码包括具有签名算法和密钥协商协议但被部分破解的 Stolbunov 公钥方案，以及在其基础上进行改进且运用超奇异椭圆曲线同源问题提出的密钥协商协议超奇异同源 DH（supersingular isogeny Diffie-Hellman，SIDH）和交换的超奇异同源 DH（commutative supersingular isogeny Diffie-Hellman，CSIDH）。

为了应对来自量子计算机的量子攻击，2010 年，Stolbunov 基于 DH 思想提出了一种基于普通椭圆曲线之间的同源问题的 DH 系统，其目的是获得抗量子密码协议[248]，后被 Childs 等部分破

图 1.20　基于椭圆曲线同源的公钥密码发展历程

解（密钥交换基于 DH，加密基于 ElGamal）。2011 年，Jao 和 De Feo 提出了 SIDH 密钥交换协议[249]，该协议基于超奇异椭圆曲线之间寻找同源的困难度，SIDH 的公钥比基于格和纠错码等其他后量子密码的密钥长度明显更短。2017 年，他们又提出了用于 SIDH 协议的高效密钥压缩方案，该方案缩短了密钥长度。在国内也有相关研究，2018 年，徐秀等利用孪生 DH 问题提出基于超奇异同源的可证明安全的两轮认证密钥协议，该协议是 MQV 型的密钥交换协议并继承了 HMQV 协议的属性，密钥长度比格上的方案更短，但计算量更大[250]。同年，Castryck 等依据 CRS（Couveignes-Rostovtsev-Stolbunov）密码系统设计，将其应用于大素数域 F_p 上定义的超奇异椭圆曲线，分组操作产生的 DH 方案进行公钥验证，成本低、速度快、公钥短，该方案称为 CSIDH 密钥交换[251]。2019 年，Beullens 等计算了位于 CSIDH-512 密码系统核心的假想二次场的类组，并利用关于格的知识实例化了第一个有效的基于同源的签名方案，称为 CSI-FiSh[252]。2020 年，Luca 和 Michael 在公钥加密年会上提出 CSIDH 的阈值版本，其基于硬齐次空间[253]。可以看出近几年关于同源密码的研究也是热点之一，但同源密码算法设计理论与技术起步较晚，目前尚不成熟，其最大的优势在于参数尺寸小，但是计算效率相对较低，大约比格密码慢两个数量级。

我们对以上所提到的几种基于椭圆曲线同源的公钥密码体制进行了总结，如表 1.17 所示。

表 1.17　椭圆曲线同源公钥密码信息表

名称	年份	用途	优点	缺点
Stolbunov	2010	加密	抗量子攻击	已被部分攻破
SIDH	2011	密钥交换	公钥比基于格和纠错码的更小	难以实现
CSIDH	2018	密钥交换	速度快，公钥短，成本低	难以实现

1.5.2　公钥密码算法研究现状

传统公钥密码发展了几十年且研究者对其进行了大量研究和发展，其体系结构近乎完善，所以目前针对其某方面的弱点进行重点发展，并且主要实现该类型密码。例如，基于整数分解的 RSA 是最早开始发明以及最早开始商用的公钥密码，并且是目前应用最广泛的一种非对称加密算法。随着计算机计算能力的提升以及大数分解

的算法改进，RSA 的安全性在近些年也需要大幅度提升。另外，由于大数据时代的到来，数据所需的加密长度呈指数增长，传统的加密速度已不再适合处理海量信息。因此，RSA 的加密速度也成为其目前发展的重要问题[254]，在量子计算机问世前，提升其密钥长度依然能保障安全度，并且其运算速度的提升也依然是未来所需要发展的方向[255]。

　　基于离散对数的公钥密码体制是公钥密码的一个重要的分支，如 ElGamal 也是应用最广泛的公钥密码系统之一，但相对其加密方案，基于离散对数的数字签名方案应用更加广泛，如基于 ElGamal 签名部分改进得到的 DSA 早已应用于互联网上众多需要签名的地方，其安全性与 RSA 一致，因此也需要增强其安全性，并且 ECDSA 安全性强于 DSA，因此发展形势更好，即使备受关注的 Schnorr 也趋于使用椭圆曲线方式来实现。因此，未来 DSA 等基于离散对数的公钥密码算法将被椭圆曲线离散对数公钥密码算法替代。可以看出，椭圆曲线离散对数的密码 ECC 目前被视为最强大的公钥密码，被视为替换 RSA 的下一代公钥密码，目前也得到了广泛应用。例如，美国政府用它来保护内部通信，其签名方案 ECDSA 被用于比特币机制中，苹果公司也使用其对 iMessage 进行签名服务，同时也是 SSL/TLS 协议认证安全网页浏览的首选方法，可以说应用范围相当广泛。目前针对 ECC 的研究主要是改进其底层运算来增强性能，如运算速度和硬件面积等，并且 ECC 本身具有密钥较短的优点，因此更适合使用在受限设备中，所以未来也可能发展轻量级密码体制的 ECC[256]。

　　传统公钥密码还有两种基于椭圆曲线构造的双向性映射的身份密码和属性密码，这两种密码是目前公钥密码发展的热点。关于身份密码，由于其使用身份信息作为密钥并且大大简化了公钥体制流程，因此研究较多，这一部分在第 6 章还会进行讨论。目前的研究大多集中在高效、严格且安全的密码方案方面，如数字签名、公钥加密、基于身份的加密方案以及经过身份验证的密钥协商协议，除此之外也有一些身份密码的实现上的进展[257]。近些年，由于身份密码研究较为成熟，未来的身份密码将集中于方案的实现上，以提升其性能，如安全性、高效性以及紧密性等。属性密码的热点和成果集中在其高效性加密方案的构造、实用性的改进、基于格的属性加密方案的构造以及属性签名和安全协议等方面。未来针对属性密码的一些不足，会发展其密钥和属性撤销、隐藏加密策略、优化密文策略的属性加密方案，以及最重要的实用性发展[258]。可以看出，目前传统公钥密码的发展主要体现在性能的提升和应用于现实中等方面，在实用性量子计算机出现前该趋势依然保持不变。

　　为了应对量子计算机的出现，人们开始针对性地研究后量子密码，其中基于格的公钥密码体制是发展最好的，其 NTRU 公钥加密体制是最具有吸引力的后量子密码算法之一。虽然目前格密码体制有很大开发潜力，但很多问题依然不够明朗，需要密码学家去研究，如密码所需参数选取的 LLL 算法在具体实现中比理论结果要好、理想格问题应比普通格问题更简单等。在密码体制方面其运算效率和实用性与目前应用的传统公钥密码相差较大，如签名长度过长就是格密码体制的签名部分的一大弱点，但目前密码学家也在努力去缩短其签名长度[259]。未来的格密码依然会是研究热点，并且密码学家会针对其理论的完善与实用价值的发展做出努力[260,261]。

基于编码的公钥密码体制也是后量子密码的重要组成部分，截至 2017 年，NIST 征集抗量子计算机攻击的加密算法、密钥交换算法和数字签名算法进入第一轮评估，共 69个，其中基于格的方案有 29 个，基于编码的方案有 20 个。进入第二轮的共有 17 个方案，其中 7 个是基于编码的，可以看到在后量子密码的选取中，基于编码的密码被寄予厚望，其具有加解密简单、易于操作的优点，因此是后量子密码方案的候选者之一。由于编码密码的 McEliece 加密体制不可逆，不能直接用于签名或认证，因此基于编码的签名体制很少，近些年针对其签名体制有很多研究，如我国的王众和韩益亮于 2020 年提出了基于编码的抗量子广义签密方案[262]，未来基于编码的密码体制依然有很大的潜力。

同源密码是种新兴且有潜力的后量子密码，与其他后量子密码相比，其密钥长度更短，因此具有研究价值。有很多种关于超奇异同源的签名方案和密钥交换方案被提出，但由于其数学原理特性，同源密码的计算量较大，效率较低，所以同源密码未来会针对其缺点继续进行改进和优化。零知识证明用于对区块链进行匿名保护，目前针对量子计算的威胁，很多关于抗量子计算的零知识证明方案被提出，但都是基于格的[263,264]，基于同源的零知识证明也在逐步提出[265]。

后量子密码的标准化已经取得了一些成效。NIST 启动了抗量子公钥密码算法进行标准化进程，有多个候选算法被提交给 NIST 进行标准化考虑。2023 年 8 月 25日，NIST 发布了三项标准，即基于模格的密钥封装机制标准(module-lattice-based key-encapsulation mechanism standard，ML-KEM)、基于无状态哈希的数字签名标准(stateless hash-based digital signature standard，SLH-DSA)、基于模格的数字签名标准(module-lattice-based digital signature standard，ML-DSA)。ML-KEM 的安全性与带有错误的模块学习问题的计算差异性有关，即使是对抗拥有量子计算机的对手，目前也认为是安全的。这个标准为 ML-KEM 指定了三个参数集来应对不同的应用场景，分别是 ML-KEM-512、ML-KEM-768 和 ML-KEM-1024。SLH-DSA 基于 SPHINCS$^+$，它被选为NIST 后量子密码学标准化过程的一部分进行标准化。ML-DSA 是一套可用于生成和验证数字签名的算法，它基于模块学习的错误问题，被认为是强不可伪造的。标准给出了ML-DSA 密钥生成、签名和验证以及它们所使用的算法。可以预见，后量子密码的标准化必将持续进行，我国也势必会面临后量子密码标准化问题。

1.6　密码芯片面临的挑战

考虑到密码基础设施升级时间与我国核心数据保密需求，抗量子攻击密码芯片及其软件的研究工作成为研究热点。相比于传统密码芯片，抗量子攻击密码芯片设计面临着算法多样性(国内外多个标准体系)、计算架构复杂(多种数学难题)、物理安全性(侧信道防护开销大)等难题。如何设计出兼顾能量效率(速度功耗比)、功能灵活性(可编程性)和物理安全性这三大核心技术指标的抗量子攻击密码芯片解决方案是目前密码芯片面临的一大挑战。

随着后摩尔时代的到来，传统用 PPAC，即功率(power)、性能(performance)、面积(area)和成本(cost)四个维度来衡量芯片设计指标的设计范式将不再适用于新的制造工艺和设计方法。Chiplet(芯粒或小芯片)等先进技术的出现为集成电路设计开拓了新的发展路径，也催生了新的设计范式。密码芯片设计如何在后摩尔时代新的设计范式下形成公认、科学、高效的设计方法学也是目前密码芯片面临的一大挑战。

密码算法的轻量化实现为资源受限环境下的信息安全提供了安全保障，但由于其固有属性，极易受到侧信道攻击，存在潜在的安全问题。现有抗侧信道攻击的方法都是以牺牲芯片的性能和面积为代价的，探索兼顾安全性和高性能的密码芯片轻量化设计方法是目前信息安全领域亟须解决的问题。可重构计算可以有效解决 ASIC 设计周期长和一次性工程费用(non-recurring engineering，NRE)成本高的问题，但仍有一系列关键性的技术问题没有解决。

目前数字化浪潮方兴未艾，以人工智能、云计算、大数据为代表的新一代信息技术蓬勃发展，系统自主安全可控、基于新型计算架构的安全算力提升、密码算法国产替代等成为研究热点，与之密切相关的密码芯片是关键和核心。虽然同一类型的国产密码算法与国际密码算法在数学困难问题、构造方法和硬件实现等方面有类似的地方，但通常国产密码相对于国际密码更注重安全性，算法设计更为复杂，如何在同等性能指标下实现国产替代也是目前密码芯片应用面临的一个挑战。

参 考 文 献

[1] Shannon C E. Communication theory of secrecy systems[J]. Bell System Technical Journal, 1949, 28(4): 656-715.

[2] 谷利泽, 郑世慧, 杨义先. 现代密码学教程[M]. 2 版. 北京: 北京邮电大学出版社, 2015.

[3] Briceno M, Goldberg I, Wagner D. A pedagogical implementation of the GSM A5/1 and A5/2 "voice privacy" encryption algorithms[EB/OL]. [2023-06-22]. https://cryptome.org/gsm-a512.htm.

[4] Rose G. A stream cipher based on linear feedback over GF(28)[C]//Boyd C, Dawson E. Information Security and Privacy. Berlin, Heidelberg: Springer, 1998: 135-146.

[5] Hawkes P, Rose G. Primitive specification and supporting documentation for Sober-t16[R]// Heverlee: First Open NESSIE Workshop, 2000.

[6] Hawkes P, Rose G. Primitive specification and supporting documentation for Sober-t32[R]//

Heverlee: First Open NESSIE Workshop, 2000.

[7] Rose G G, Hawkes P. Turing: A fast stream cipher[C]//Fast Software Encryption. Berlin, Heidelberg: Springer, 2003: 290-306.

[8] Hawkes P, Rose G. Primitive specification for SOBER-128[J]. IACR Cryptology ePrint Archive, 2003: 81.

[9] Bluetooth. Specification of bluetooth system-version 4.0[EB/OL]. [2023-03-25]. https://www. bluetooth.com/specifications/specs.

[10] 张斌, 徐超, 冯登国. 流密码的设计与分析: 回顾、现状与展望[J]. 密码学报, 2016, 3(6): 527-545.

[11] Ekdahl P, Johansson T. SNOW—A new stream cipher[C]//Proceedings of First Open NESSIE Workshop, KU-Leuven, 2000: 167-168.

[12] Ekdahl P, Johansson T. A new version of the stream cipher SNOW[C]//International Workshop on Selected Areas in Cryptography, Berlin, 2002: 47-61.

[13] ETSI/SAGE. Specification of the 3GPP confidentiality and integrity algorithms UEA2 & UIA2. Document 2: SNOW 3G specification, version 1.1[EB/OL].[2023-02-21]. http://www.3gpp. org/ftp.

[14] Biryukov A, Priemuth-Schmid D, Zhang B. Multiset collision attacks on reduced-round SNOW 3G and SNOW 3G ⊕ [C]//Zhou J Y, Yung M. Applied Cryptography and Network Security. Berlin, Heidelberg: Springer, 2010: 139-153.

[15] Ekdahl P, Johansson T, Maximov A, et al. A new SNOW stream cipher called SNOW-V[J]. IACR Transactions on Symmetric Cryptology, 2019: 1-42.

[16] Dawson E, Clark A, Golic J, et al. The LILI-128 keystream generator[C]//Proceedings of first NESSIE Workshop, Waterloo, 2000:1-21.

[17] Clark A, Dawson E, Fuller J, et al. The LILI-II keystream generator[C]//Batten L, Seberry J. Information Security and Privacy. Berlin, Heidelberg: Springer, 2002: 25-39.

[18] Driscoll K. BeepBeep: Embedded real-time encryption[C]//Daemen J, Rijmen V. Fast Software Encryption. Berlin, Heidelberg: Springer, 2002: 164-178.

[19] NIST Information Technology Laboratory, CSRC. Lightweight Cryptography, Round1 Candidate[EB/OL]. [2023-05-25]. https://csrc.nist.gov/projects/lightweight-cryptography/round-1-candidates.

[20] Nawaz Y, Gong G. WG: A family of stream ciphers with designed randomness properties[J]. Information Sciences, 2008, 178(7): 1903-1916.

[21] Luo Y Y, Chai Q, Gong G, et al. A lightweight stream cipher WG-7 for RFID encryption and authentication[C]//2010 IEEE Global Telecommunications Conference GLOBECOM, Miami, 2010: 1-6.

[22] Fan X X, Mandal K, Gong G. WG-8: A lightweight stream cipher for resource-constrained smart devices[C]//Singh K, Awasthi A K. Lecture Notes of the Institute for Computer Sciences, Social Informatics and Telecommunications Engineering. Berlin, Heidelberg: Springer, 2013: 617-632.

[23] Fan X, Gong G. Specification of the stream cipher WG-16 based confidentiality and integrity algorithms[D]. Waterloo:University of Waterloo, 2013.

[24] Fan X X, Wu T, Gong G. An efficient stream cipher WG-16 and its application for securing 4G-LTE networks[C]// Proceedings of Mechanical Design and Power Engineering 2014, Jeju Island, 2014: 1436-1450.

[25] Gong G, Aagaard M D, Fan X. Lightweight stream cipher cryptosystems: US2013108039A1[S]. U.S. Patent. 2015-2-10.

[26] Joseph M, Sekar G, Balasubramanian R. Distinguishing attacks on (ultra-)lightweight WG ciphers[C]//International Workshop on Lightweight Cryptography for Security and Privacy, Aksaray, 2016: 45-59.

[27] Aagaard M D, Sattarov M, Zidaric N. Hardware design and analysis of the ACE and WAGE ciphers[J]. arXiv preprint arXiv: 2019,1909:12338.

[28] Berbain C, Billet O, Canteaut A, et al. Decim—a new stream cipher for hardware applications[R]. Aarhus: ECRYPT Stream Cipher Project Report, 2005.

[29] Wu H, Preneel B. Cryptanalysis of the stream cipher DECIM[C]// Fast Software Encryption - 13th International Workshop, FSE 2006 Revised Selected Papers, Graz, 2006: 30-40.

[30] Berbain C, Billet O, Canteaut A, et al. DECIM v2[R]. ECRYPT Stream Cipher Project Report, 2007.

[31] Babbage S, Dodd M. The stream cipher MICKEY (version 1)[R]. ECRYPT Stream Cipher Project Report, 2005.

[32] Babbage S, Dodd M. The stream cipher MICKEY-128(version 1)[R]. ECRYPT Stream Cipher Project Report, 2005.

[33] Babbage S, Dodd M. The stream cipher MICKEY 2.0[R]. ECRYPT Stream Cipher Project, 2006.

[34] Babbage S, Dodd M. The stream cipher MICKEY-128 2.0[R]. ECRYPT Stream Cipher Project, 2006.

[35] Babbage S, Dodd M. The MICKEY stream ciphers[C]//Lecture Notes in Computer Science. Berlin, Heidelberg: Springer, 2008: 191-209.

[36] Berbain C, Billet O, Canteaut A, et al. Sosemanuk, a fast software-oriented stream cipher[C]// Robshaw M, Billet O. New Stream Cipher Designs. Berlin, Heidelberg: Springer, 2008: 98-118.

[37] Kiyomoto S, Tanaka T, Sakurai K. K2 stream cipher[C]// 4th International Conference, ICETE 2007, Barcelona, 2007:214-226.

[38] 冯秀涛. 祖冲之序列密码算法[J]. 信息安全研究, 2016, 2(11): 1028-1041.

[39] 冯秀涛. 3GPP LTE 国际加密标准 ZUC 算法[J]. 信息安全与通信保密, 2011, 9 (12): 45-46.

[40] ZUC 算法研制组. ZUC-256 流密码算法[J]. 密码学报, 2018, 5 (2): 167-179.

[41] Wu H J. ACORN: A lightweight authenticated cipher（v1）[EB/OL]. [2023-01-22]. https:// competitions.cr.yp.to/round1/acornv1.pdf.

[42] Wu H J. ACORN: A lightweight authenticated cipher（v2）[EB/OL]. [2023-01-22]. https:// competitions.cr.yp.to/round2/acornv2.pdf.

[43] Wu H J. ACORN: A lightweight authenticated cipher（v3）[EB/OL]. [2023-01-22]. https:// competitions.cr.yp.to/round3/acornv3.pdf.

[44] Zhang F, Liang Z Y, Yang B L, et al. CAESAR 竞赛认证加密算法设计分析与安全性评估进展 [J].Frontiers of Information Technology & Electronic Engineering, 2018, 19 (12): 1475-1500.

[45] Blocher U, Dichtl M. Fish: A fast software stream cipher[C]// Fast Software Encryption - Cambridge Security Workshop Proceedings, Cambridge, 1993: 41-44.

[46] Anderson R. On Fibonacci keystream generators[C]//International Workshop on Fast Software Encryption. Berlin, Heidelberg: Springer, 1994: 346-352.

[47] Zhang M, Carroll C, Chan A. The software-oriented stream cipher SSC2[C]// Fast Software Encryption - 7th International Workshop, FSE 2000 Proceedings, New York, 2000: 31-48.

[48] Cid C, Kiyomoto S, Kurihara J. The Rakaposhi stream cipher[C]//International Conference on Information and Communications Security, Beijing, 2009: 32-46.

[49] Feng D, Feng X, Zhang W, et al. Loiss: A byte-oriented stream cipher[C]// Coding and Cryptology - Third International Workshop, Qingdao, 2011: 109-125.

[50] Kuznetsov O, Lutsenko M, Ivanenko D. Strumok stream cipher: Specification and basic properties[C]//2016 Third International Scientific-Practical Conference Problems of Infocommunications Science and Technology（PIC S&T）, Kharkiv, 2016: 59-62.

[51] Ashouri M. LRC-256, an efficient and secure LFSR based stream cipher[C]//Damaševičius R, Vasiljevienė G. International Conference on Information and Software Technologies. Cham: Springer, 2019: 221-242.

[52] NIST Information Technology Laboratory, CSRC. Lightweight Cryptography, Round1 Candidate[EB/OL]. [2022-12-11]. https://csrc.nist.gov/projects/lightweight-cryptography/round-1-candidates.

[53] Chen K, Henricksen M, Millan W, et al. Dragon: A fast word based stream cipher[C]// Information Security and Cryptology - ICISC 2004: 7th International Conference, Revised Selected Papers, Seoul, 2004: 33-50.

[54] Hell M, Johansson T, Meier W. Grain: A stream cipher for constrained environments[J]. International Journal of Wireless and Mobile Computing, 2007, 2 (1): 86-93.

[55] Hell M, Johansson T, Maximov A, et al. A stream cipher proposal: Grain-128[C]//2006 IEEE

International Symposium on Information Theory, Seattle, 2006: 1614-1618.

[56] Ågren M, Hell M, Johansson T, et al. Grain-128a: A new version of Grain-128 with optional authentication[J]. International Journal of Wireless and Mobile Computing, 2011, 5(1): 48-59.

[57] ISO and IEC. Information technology-automatic identification and data capture techniques-part 13: Crypto suite Grain-128A security services for air interface communications: ISO/IEC 29167-13[S]. Seattle, 2015.

[58] Hell M, Johansson T, Meier W, et al. Grain-128AEAD: A lightweight AEAD stream cipher[R]. NIST Lightweight Cryptography, Round, 2019.

[59] De Canniere C, Preneel B. Trivium specifications[R]//eSTREAM, ECRYPT Stream Cipher Project, 2005.

[60] De Canniere C, Preneel B. Trivium[M]// New Stream Cipher Designs—The eSTREAM Finalists. Berlin, Heidelberg: Springer, 2008: 244-266.

[61] Tian Y, Chen G L, Li J H. Quavium—A new stream cipher inspired by trivium[J]. Journal of Computers, 2012, 7(5): 1278-1283.

[62] Chakraborti A, Chattopadhyay A, Hassan M, et al. TriviA: A fast and secure authenticated encryption scheme[C]//International Workshop on Cryptographic Hardware and Embedded Systems. Berlin, Heidelberg: Springer, 2015: 330-353.

[63] Chakraborti A, Nandi M. TriviA-ck-v2[R]. CAESAR Submission, 2015.

[64] Canteaut A, Carpov S, Fontaine C, et al. Stream ciphers: A practical solution for efficient homomorphic-ciphertext compression[J]. Journal of Cryptology, 2018, 31(3): 885-916.

[65] Dubrova E, Hell M. Espresso: A stream cipher for 5G wireless communication systems[J]. Cryptography and Communications, 2015, 9(2): 273-289.

[66] 章佳敏, 戚文峰. Espresso 算法等价模型的密码分析[J]. 密码学报, 2016, 3(1): 91-100.

[67] Armknecht F, Mikhalev V. On lightweight stream ciphers with shorter internal states[C]// International Workshop on Fast Software Encryption. Berlin, Heidelberg: Springer, 2015: 451-470.

[68] Lallemand V, Naya-Plasencia M. Cryptanalysis of full Sprout[C]// Advances in Cryptology - CRYPTO 2015 - 35th Annual Cryptology Conference Proceedings Part I, Santa Barbara, 2015: 663-682.

[69] Mikhalev V, Armknecht F, Müller C. On ciphers that continuously access the non-volatile key[J]. IACR Transactions on Symmetric Cryptology, 2017: 52-79.

[70] Hamann M, Krause M, Meier W. LIZARD—A lightweight stream cipher for power-constrained devices[J]. IACR Transactions on Symmetric Cryptology, 2017: 45-79.

[71] Ghafari V A, Hu H, Chen Y. Fruit-v2: Ultra-lightweight stream cipher with shorter internal state[J]. Cryptology ePrint Archive, 2016.

[72] Ghafari V A, Hu H G. Fruit-80: A secure ultra-lightweight stream cipher for constrained environments[J]. Entropy, 2018, 20(3): 180.

[73] Jenkins Jr R J. ISAAC[C]// Fast Software Encryption - 3rd International Workshop Proceedings, Cambridge, 1996: 41-49.

[74] Nawaz Y, Gupta K, Gong G. A 32-bit RC4-like keystream generator[J]. Cryptology ePrint Archive, 2005: 175.

[75] Chang D, Gupta K C, Nandi M. RC4-Hash: A new hash function based on RC4[C]// Progress in Cryptology: INDOCRYPT 2006 - 7th International Conference on Cryptology Proceedings, Kolkata, 2006: 80-94.

[76] Keller N, Miller S D, Mironov I, et al. MV3: A new word based stream cipher using rapid mixing and revolving buffers[C]//Proceedings of the 7th Cryptographers' Track at the RSA Conference on Topics in Cryptology, San Francisco, 2007: 1-19.

[77] Maitra S, Paul G. Analysis of RC4 and proposal of additional layers for better security margin[C]//Chowdhury D R, Rijmen V, Das A. International Conference on Cryptology in India. Berlin, Heidelberg: Springer, 2008: 27-39.

[78] Kherad F J, Naji H R, Malakooti M V, et al. A new symmetric cryptography algorithm to secure e-commerce transactions[C]//Proceedings of 2010 International Conference on Financial Theory and Engineering, Dubai, 2010: 234-237.

[79] Paul G, Maitra S, Chattopadhyay A. Quad-RC4: Merging four RC4 states towards a 32-bit stream cipher[J]. Cryptology ePrint Archive, 2013: 572.

[80] Lv J, Zhang B, Lin D. Distinguishing attacks on RC4 and a new improvement of the cipher[J]. Cryptology ePrint Archive, 2013:176.

[81] Rivest R L, Schuldt J C N. Spritz—A spongy RC4-like stream cipher and hash function[J]. Cryptology ePrint Archive, 2016: 856.

[82] Banik S, Isobe T. Cryptanalysis of the full spritz stream cipher[C]//International Conference on Fast Software Encryption. Berlin, Heidelberg: Springer, 2016: 63-77.

[83] Rogaway P, Coppersmith D. A software-optimized encryption algorithm[J]. Journal of Cryptology, 1998, 11(4): 273-287.

[84] Wu H J. A new stream cipher HC-256[C]// FSE 2004 Revised Selected Papers, Delhi, 2004(3017): 226-244.

[85] Wu H J. The stream cipher HC-128[C]//Robshaw M, Billet O. New Stream Cipher Designs. Berlin, Heidelberg: Springer, 2008: 39-47.

[86] Fei X L, Zhang S W, Sun W L. New analysis on security of stream cipher HC-256[C]//2013 International Conference on Computational and Information Sciences, Shiyang, 2013: 1766-1769.

[87] Biham E, Seberry J. Py (Roo): A fast and secure stream cipher[J]. Cryptology ePrint Archive,

2005.

[88] Ferguson N, Whiting D, Schneier B, et al. Helix: Fast encryption and authentication in a single cryptographic primitive[C]// FSE 2003 Revised Papers, Sweden, 2003: 330-346.

[89] Whiting D, Schneier B, Lucks S, et al. Phelix-fast encryption and authentication in a single cryptographic primitive[R]. eSTREAM, ECRYPT Stream Cipher Project, Report 2005/020, 2005.

[90] Bernstein D J. The Salsa20 family of stream ciphers[C]//Robshaw M, Billet O. New Stream Cipher Designs. Berlin, Heidelberg: Springer, 2008: 84-97.

[91] Bernstein D J. ChaCha, a variant of Salsa20[J].Workshop Record of SASC, 2008, 8: 3-5.

[92] Henzen L, Carbognani F, Felber N, et al. VLSI hardware evaluation of the stream ciphers Salsa20 and ChaCha, and the compression function Rumba[C]// 2008 2nd International Conference on Signals, Circuits and Systems, Nabeul, 2008: 1-5.

[93] Biryukov A. A new 128-bit key stream cipher LEX[R]. eSTREAM ECRYPT Stream Cipher Project, 2005.

[94] Wu H J, Huang T. The authenticated cipher MORUSV2[D]. Singapore: Singapore Nanyang Technological University, 2016.

[95] 张沛, 关杰, 李俊志, 等. MORUS 算法初始化过程的混乱与扩散性质研究[J]. 密码学报, 2015, 2(6): 536-548.

[96] Daemen J, Clapp C. Fast hashing and stream encryption with PANAMA[C]//International Workshop on Fast Software Encryption. Berlin, Heidelberg: Springer, 1998: 60-74.

[97] Watanabe D, Furuya S, Yoshida H, et al. A new keystream generator MUGI[C]// FSE(Fast Software Encryption) 2002 Revised Papers, Leuven, 2002: 179-194.

[98] Watanabe D, Kaneko T. A construction of light weight Panama-like keystream generator[R]. IEICE Technical Report, 2007.

[99] Muto K, Watanabe D, Kaneko T. Strength evaluation of Enocoro-128 against LDA and its improvement[C]//The 2008 Symposium on Cryptography and Information Security, Honmachi, 2008:1-15.

[100]Watanabe D, Owada T, Okamoto K, et al. Update on Enocoro stream cipher[C]//2010 International Symposium on Information Theory & its Applications, Taichung, 2010: 778-783.

[101]Boesgaard M, Vesterager M, Pedersen T, et al. Rabbit: A new high-performance stream cipher[C]//International Workshop on Fast Software Encryption. Berlin, Heidelberg: Springer, 2003: 307-329.

[102]Boesgaard M, Vesterager M, Zenner E. The rabbit stream cipher[C]//Robshaw M, Billet O. New Stream Cipher Designs. Berlin, Heidelberg: Springer, 2008: 69-83.

[103]Sarkar P. Hiji-bij-bij: A new stream cipher with a self-synchronizing mode of operation[C]// Johansson T, Maitra S. International Conference on Cryptology in India. Berlin, Heidelberg:

Springer, 2003: 36-51.

[104]Berbain C, Gilbert H, Patarin J. QUAD: A practical stream cipher with provable security[C]// Advances in Cryptology - EUROCRYPT 2006. Berlin, Heidelberg: Springer, 2006: 109-128.

[105]Berbain C, Gilbert H, Patarin J. QUAD: A multivariate stream cipher with provable security[J]. Journal of Symbolic Computation, 2009, 44(12): 1703-1723.

[106]Méaux P, Journault A, Standaert F X, et al. Towards stream ciphers for efficient FHE with low-noise ciphertexts[C]//Annual International Conference on the Theory and Applications of Cryptographic Techniques. Berlin, Heidelberg: Springer, 2016: 311-343.

[107]Feistel H, Notz W A, Smith J L. Some cryptographic techniques for machine-to-machine data communications[J].Proceedings of the IEEE, 1975, 63(11):1545-1554.

[108]Leander G, Paar C, Poschmann A, et al. New lightweight DES variants[C]//International Workshop on Fast Software Encryption. Berlin, Heidelberg: Springer, 2007: 196-210.

[109]Knudsen L R, Rijmen V, Rivest R L, et al. On the design and security of RC2[C]//Proceedings of 5th International Workshop FSE '98, Paris, 1998: 206-221.

[110]Rivest R L. The RC5 encryption algorithm[C]// Proceedings of Second International Workshop, Leuven, 1995:86-96.

[111]Rivest R L, Robshaw M J, Sidney R, et al. The RC6^{TM} block cipher[C]// First Advanced Encryption Standard (AES)Conference, Ventura, 1998:1-9.

[112]NIST. SKIPJACK and KEA algorithm specification[EB/OL]. [2023-03-05]. http://csrc.nist.gov/ groups/STM/cavp/documents/skipjack/skipjack.pdf.

[113]KISA A. Design and analysis of SEED[EB/OL]. [2022-10-18]. https://www.kisa.or.kr/ technology/subl/128-seed.pdf.

[114]Aoki K, Ichikawa T, Kanda M, et al. Camellia: A 128-bit block cipher suitable for multiple platforms—Design and analysis[C]//Selected Areas in Cryptography. Berlin, Heidelberg: Springer, 2001: 39-56.

[115]国家密码管理局. SM4 分组密码算法: GM/T 0002—2012[S]. 北京: 中国标准出版社, 2012.

[116]Taizo S, Kyoji S, Toru A, et al. The 128-bit blockcipher CLEFIA[C]//14th International Workshop, FSE 2007 Revised Selected Papers, Luxembourg, 2007:181-195.

[117]Ojha S K, Kumar N, Jain K. TWIS—A lightweight block cipher[C]//Proceedings of 5th International Conference, Kolkata, 2009:280-291.

[118]Beaulieu R, Shors D, Smith J, et al. The SIMON and SPECK families of lightweight block ciphers[J]. IACR Cryptology ePrint Archive, 2013: 404.

[119]Yang G, Zhu B, Suder V, et al. The Simeck family of lightweight block ciphers[C]// CHES 2015, Saint-Malo, 2015: 307-329.

[120]Li L, Liu B, Wang H. QTL: A new ultra-lightweight block cipher[J]. Microprocessors and

Microsystems, 2016, 45: 45-55.

[121]Koo B, Roh D, Kim H, et al. CHAM: A family of lightweight block ciphers for resource-constrained devices[C]//Kim H, Kim D C. International Conference on Information Security and Cryptology. Cham: Springer, 2018: 3-25.

[122]陈师尧, 樊燕红, 付勇, 等. ANT 系列分组密码算法[J]. 密码学报, 2019, 6(6): 748-759.

[123]冯秀涛, 曾祥勇, 张凡, 等. 轻量级分组密码算法 FBC[J]. 密码学报, 2019, 6(6): 768-785.

[124]Barreto P, Rijmen V. The Khazad legacy-level block cipher[J]. Primitive Submitted to NESSIE, 2000, 97(106): 1-20.

[125]National Institute of Standards and Technology (NIST). Advanced Encryption Standard (AES): FIPS 197. National Institute of Standards and Technology[EB/OL]. [2023-08-05]. http://csrc.nist.gov/publications/fips/fips197/fips-197.pdf.

[126]Kwon D, Kim J, Park S, et al. New block cipher: ARIA[C]// International Conference on Information Security and Cryptology. Berlin, Heidelberg: Springer, 2003: 432-445.

[127]Lim C H, Korkishko T. mCrypton—A lightweight block cipher for security of low-cost RFID tags and sensors[C]// International Workshop on Information Security Applications. Berlin, Heidelberg: Springer, 2005: 243-258.

[128]Bogdanov A, Knudsen L R, Leander G, et al. PRESENT: An ultra-lightweight block cipher[C]// International Workshop on Cryptographic Hardware and Embedded Systems. Berlin, Heidelberg: Springer, 2007: 450-466.

[129]Yap H, Khoo K, Poschmann A, et al. EPCBC—A block cipher suitable for electronic product code encryption[C]//Lin D, Tsudik G, Wang X. International Conference on Cryptology and Network Security. Berlin, Heidelberg: Springer, 2011: 76-97.

[130]Z'aba M R, Jamil N, Rusli M E, et al. I-PRESENT[TM]: An involutive lightweight block cipher[J]. Journal of Information Security, 2014, 5(3): 114-122.

[131]Banik S, Pandey S K, Peyrin T, et al. GIFT: A small present: Towards reaching the limit of lightweight encryption[C]// Cryptographic Hardware and Embedded Systems-CHES 2017 - 19th International Conference Proceedings, Taipei, 2017: 321-345.

[132]Engels D, Fan X X, Gong G, et al. Hummingbird: Ultra-lightweight cryptography for resource-constrained devices[C]//International Conference on Financial Cryptography and Data Security. Berlin, Heidelberg: Springer, 2010: 3-18.

[133]Engels D, Saarinen M J O, Schweitzer P, et al. The Hummingbird-2 lightweight authenticated encryption algorithm[C]//Juels A, Paar C. International Workshop on Radio Frequency Identification: Security and Privacy Issues. Berlin, Heidelberg: Springer, 2012: 19-31.

[134]Zhang W T, Bao Z Z, Lin D D, et al. RECTANGLE: A bit-slice lightweight block cipher suitable for multiple platforms[J]. Science China Information Sciences, 2015, 58(12): 1-15.

[135] Banik S, Bogdanov A, Isobe T, et al. Midori: A block cipher for low energy[C]//International Conference on the Theory and Application of Cryptology and Information Security. Berlin, Heidelberg: Springer, 2015: 411-436.

[136] Oliynykov R, Gorbenko I, Kazymyrov O, et al. A new encryption standard of Ukraine: The Kalyna block cipher[J]. Cryptology ePrint Archive, 2015.

[137] Beierle C, Jean J, Kölbl S, et al. The SKINNY family of block ciphers and its low-latency variant MANTIS[C]//Annual International Cryptology Conference. Berlin, Heidelberg: Springer, 2016: 123-153.

[138] Bansod G, Pisharoty N, Patil A. BORON: An ultra-lightweight and low power encryption design for pervasive computing[J]. Frontiers of Information Technology & Electronic Engineering, 2017, 18(3): 317-331.

[139] 张文涛, 季福磊, 丁天佑, 等. TANGRAM: 一个基于比特切片的适合多平台的分组密码[J]. 密码学报, 2019, 6(6): 727-747.

[140] Vahi A, Jafarali Jassbi S. SEPAR: A new lightweight hybrid encryption algorithm with a novel design approach for IoT[J]. Wireless Personal Communications, 2020, 114(3): 2283-2314.

[141] Lai X, Massey J L. A proposal for a new block encryption standard[C]// Advances in Cryptology — EUROCRYPT 1990 - Workshop on the Theory and Application of Cryptographic Techniques, Brighton, 1991:389-404.

[142] Junod P, Vaudenay S. FOX: A new family of block ciphers[C]//Selected Areas in Cryptography: 11th International Workshop, SAC 2004 Revised Selected Papers 11, Waterloo, 2005: 114-129.

[143] Hong D, Lee J K, Kim D C, et al. LEA: A 128-bit block cipher for fast encryption on common processors[C]//Information Security Applications: 14th International Workshop, Revised Selected Papers, Jeju Island, 2014: 3-27.

[144] Mouha N, Mennink B, Van Herrewege A, et al. Chaskey: An efficient MAC algorithm for 32-bit microcontrollers[C]//Selected Areas in Cryptography—SAC 2014 Revised Selected Papers 21, Montreal, 2014: 306-323.

[145] 崔婷婷, 王美琴, 樊燕红, 等. Ballet: 一个软件实现友好的分组密码算法[J]. 密码学报, 2019, 6(6): 704-712.

[146] De Canniere C, Dunkelman O, Knežević M. KATAN and KTANTAN—A family of small and efficient hardware-oriented block ciphers[C]//Proceedings of Cryptographic Hardware and Embedded Systems-CHES 2009-11th International Workshop, Lausanne, 2009: 272-288.

[147] Merkle R C. Information systems laboratory[D]. Stanford: Stanford University, 1979.

[148] Davies P, Price H. The urographic signs of acute on chronic obstruction of the kidney[J]. Clinical Radiology, 1980,31(2):205-213.

[149] Damgård I B. Collision free hash functions and public key signature schemes[C]//Workshop on

the Theory and Application of of Cryptographic Techniques, Berlin, 1987:203-216.

[150] Damgård I B. A design principle for hash functions[C]//Conference on the Theory and Application of Cryptology, New York, 1989: 416-427.

[151] Muller F. The MD2 hash function is not one-way[C]//Proceedings of 10th International Conference on the Theory and Application of Cryptology and Information Security, Jeju Island, 2004:214-229.

[152] 王小云, 于红波. 密码杂凑算法综述[J]. 信息安全研究, 2015, 1(1): 19-30.

[153] 张绍兰. 几类密码 Hash 函数的设计和安全性分析[D]. 北京: 北京邮电大学, 2011.

[154] 杨波. 密码学 Hash 函数的设计和应用研究[D]. 北京: 北京邮电大学, 2008.

[155] 黎琳. Hash 函数 RIPEMD-128 和 HMAC-MD4 的安全性分析[D]. 济南: 山东大学, 2007.

[156] Zheng Y, Pieprzyk J, Seberry J. HAVAL—A one-way hashing algorithm with variable length of output[C]//Advances in Cryptology—AUSCRYPT'92: Workshop on the Theory and Application of Cryptographic Techniques Gold Coast, Queensland, 1992: 81-104.

[157] Van Rompay B, Biryukov A, Preneel B, et al. Cryptanalysis of 3-pass HAVAL[C]//International Conference on the Theory and Application of Cryptology and Information Security. Berlin, Heidelberg: Springer, 2003: 228-245.

[158] Dobbertin H, Bosselaers A, Preneel B. RIPEMD-160: A strengthened version of RIPEMD[C]//Fast Software Encryption. Berlin, Heidelberg: Springer, 1996: 71-82.

[159] McEvoy R P, Crowe F M, Murphy C C, et al. Optimisation of the SHA-2 family of hash functions on FPGAs[C]//IEEE Computer Society Annual Symposium on Emerging VLSI Technologies and Architectures (ISVLSI'06), Karlsruhe, 2006: 317-322.

[160] 毕文泉. 几个基于 Keccak 的认证加密算法的(条件)立方分析[D]. 济南: 山东大学, 2018.

[161] Sobti R, Geetha G. Cryptographic hash functions: A review[J]. International Journal of Computer Science Issues, 2012, 9(2):461-479.

[162] Wu H. The hash function JH[R]. Submission to NIST (round 3), 2011.

[163] Anderson R, Biham E. Tiger: A fast new hash function[C]//Gollmann D. Fast Software Encryption. Berlin, Heidelberg: Springer, 1996: 89-97.

[164] 王小云, 于红波. SM3 密码杂凑算法[J]. 信息安全研究, 2016, 2(11): 983-994.

[165] Aumasson J P, Henzen L C, Meier W, et al. Quark: A lightweight hash[C]//International Workshop on Cryptographic Hardware and Embedded Systems. Berlin, Heidelberg: Springer, 2010: 1-15.

[166] Bogdanov A. Spongent: A lightweight hash function[C]//Proceedings of 13th International Workshop, Nara, 2011:312-325.

[168] Guo J, Peyrin T, Poschmann A. The PHOTON family of lightweight hash functions[C]//Annual Cryptology Conference. Berlin, Heidelberg: Springer, 2011: 222-239.

[168] Berger T P, D'Hayer J, Minier M. The GLUON family: A lightweight hash function family based on FCSRs[C]//Proceedings of 5th International Conference on Cryptology in Africa, Ifrane, 2012:306-323.

[169] Wu W, Wu S, Zhang L, et al. LHash: A lightweight hash function[C]// International Conference on Information Security and Cryptology. Cham: Springer, 2013:291-308.

[170] Dobraunig C, Eichlseder M, Mendel F. Analysis of SHA-512/224 and SHA-512/256[C]// International Conference on the Theory and Application of Cryptology and Information Security. Berlin, Heidelberg: Springer, 2015: 612-630.

[171] Knudsen L R, Mendel F, Rechberger C, et al. Cryptanalysis of MDC-2[C]//Annual International Conference on the Theory and Applications of Cryptographic Techniques. Berlin, Heidelberg: Springer, 2009: 106-120.

[172] Meyer C H, Schilling M. Secure program load with manipulation detection code[C]//Proceedings of SECURICOM 88, Paris, 1988:111-130.

[173] Brachtl B O, Coppersmith D, Hyden M M, et al. Data authentication using modification detection codes based on a public one way encryption function: US Patent no. 4,908,861[P]. 1987-08-28.

[174] International Organization for Standardization. Information technology Security techniques Hash functions Part 2: Hash-functions using an n-bit block cipher algorithm: ISO/IEC 10118-2[S]. Seattle, 1994.

[175] Fleischmann E, Forler C, Lucks S. The collision security of MDC-4[C]//Mitrokotsa A, Vaudenay S. International Conference on Cryptology in Africa. Berlin, Heidelberg: Springer, 2012: 252-269.

[176] Bogdanov A, Leander G, Paar C. Hash functions and RFID tags: Mind the gap[C]// Cryptographic Hardware and Embedded Systems–CHES 2008,Washington D.C., 2008: 283-299.

[177] Dolmatov V, Degtyarev A. Hash Function Algorithm: GOST R 34.11-94[S]. Russian, 1994.

[178] Mendel F, Pramstaller N, Rechberger C, et al. Cryptanalysis of the GOST hash function[C]//Proceedings of the 28th Annual conference on Cryptology: Advances in Cryptology, Santa Barbara, 2008: 162-178.

[179] Barreto P S L M, Rijmen V. The Whirlpool hashing function[R]. Submitted to NESSIE, 2003.

[180] Ferguson N, Lucks S, Schneier B, et al. The Skein hash function family[J]. Submission to NIST (round 3), 2010, 7(7.5): 3.

[181] Gauravaram P, Knudsen L R.Matusiewicz K, et al. Grøstl - a SHA-3 candidate[C]//Dagstuhl Seminar Proceedings, Denver, 2009:1-33.

[182] Yoshida H, Watanabe D, Okeya K. MAME: A compression function with reduced hardware requirements[C]//Cryptographic Hardware and Embedded Systems-CHES 2007: 9th International Workshop, Vienna, 2007:148-165.

[183] Grądzki M. Implementation and parallel cryptanalysis of MASH hash function family[J]. Biuletyn Wojskowej Akademii Technicznej, 2011, 60(3): 365-377.

[184] Hofheinz D, Kiltz E. Programmable hash functions and their applications[J]. Journal of Cryptology, 2012, 25(3): 484-527.

[185] Zhang J, Chen Y, Zhang Z F. Programmable hash functions from lattices: Short signatures and IBEs with small key sizes[C]//Advances in Cryptology – CRYPTO 2016. Berlin, Heidelberg: Springer, 2016: 303-332.

[186] Catalano D, Fiore D, Nizzardo L. Programmable hash functions go private: Constructions and applications to (homomorphic) signatures with shorter public keys[C]//Lecture Notes in Computer Science. Berlin, Heidelberg: Springer, 2015: 254-274.

[187] Contini S, Lenstra A K, Steinfeld R. VSH, an efficient and provable collision-resistant hash function[C]//Proceedings of 25th International Conference on the Theory and Applications of Cryptographic Techniques, St. Petersburg, 2006: 165-182.

[188] Mandal A, Roy A. Relational hash: Probabilistic hash for verifying relations, secure against forgery and more[C]//35th Annual Cryptology Conference, Proceedings Part I, Santa Barbara, 2015: 518-537.

[189] Boneh D, Corrigan-Gibbs H, Schechter S. Balloon hashing: A memory-hard function providing provable protection against sequential attacks[C]//Proceedings of 22nd International Conference on the Theory and Application of Cryptology and Information Security, Hanoi, 2016: 220-248.

[190] Fan X, Ganesh C, Kolesnikov V. Hashing garbled circuits for free[C]//Annual International Conference on the Theory and Applications of Cryptographic Techniques. Cham: Springer, 2017: 456-485.

[191] Dottling N, Garg S, Ishai Y, et al. Trapdoor hash functions and their applications[C]//39th Annual International Cryptology Conference, Proceedings Part III, Santa Barbara, 2019: 3-32.

[192] 刘军宁, 谢杰成, 王普. 基于混沌映射的单向 Hash 函数构造[J]. 清华大学学报 (自然科学版), 2000, 40(7): 55-58.

[193] 刘建东, 付秀丽. 基于耦合帐篷映射的时空混沌单向 Hash 函数构造[J]. 通信学报, 2007, 28(6): 30-38.

[194] Guo W, Wang X M, He D K, et al. Cryptanalysis on a parallel keyed hash function based on chaotic maps[J]. Physics Letters A, 2009, 373(36): 3201-3206.

[195] Kanso A, Ghebleh M. A fast and efficient chaos-based keyed hash function[J]. Communications in Nonlinear Science and Numerical Simulation, 2013, 18(1): 109-123.

[196] Li Y T, Xiao D, Deng S J. Keyed hash function based on a dynamic lookup table of functions[J]. Information Sciences, 2012, 214: 56-75.

[197] Teh J, Samsudin A, Akhavan A. Parallel chaotic hash function based on the shuffle-exchange

network[J]. Nonlinear Dynamics, 2015, 81: 1067-1079.

[198] Xiao D, Liao X F, Wang Y. Improving the security of a parallel keyed hash function based on chaotic maps[J]. Physics Letters A, 2009, 373(47): 4346-4353.

[199] Lin Z S, Guyeux C, Yu S M, et al. On the use of chaotic iterations to design keyed hash function[J]. Cluster Computing, 2019, 22: 905-919.

[200] Hofheinz D, Kiltz E.Programmable hash functions and their applications[C]//Advances in Cryptology–CRYPTO 2008: 28th Annual International Cryptology Conference, Santa Barbara, 2008: 21-38.

[201] 张江. 格上可编程杂凑函数的新构造[J]. 密码学报, 2016, 3(5): 419-432.

[202] Ducas L, Micciancio D. Improved short lattice signatures in the standard model[C]//Advances in Cryptology–CRYPTO 2014: 34th Annual Cryptology Conference, Santa Barbara, 2014:335-352.

[203] Diffie W, Hellman M. New directions in cryptography[J]. IEEE Transactions on Information Theory,1976,22(6):644-654.

[204] Shor P. Algorithms for quantum computation: Discrete logarithms and factoring[C]//Proceedings-Annual IEEE Symposium on Foundations of Computer Science, Denver, 1994:124-134.

[205] Rivest R L, Shamir A, Adleman L. A method for obtaining digital signatures and public-key cryptosystems[J]. Communications of the ACM, 1978, 21(2): 120-126.

[206] Rabin M. Digitalized signatures and public-key functions as intractable as factorization[R]. Cambridge: MIT Technology Report,1979.

[207] Goldwasser S, Micali S. Probabilistic encryption & how to play mental poker keeping secret all partial information[C]//Proceedings of the fourteenth Annual ACM Symposium on Theory of Computing, San Francisco, 1982: 365-377.

[208] Shamir A. Identity-based cryptosystems and signature schemes[C]//Advances in Cryptology: Proceedings of CRYPTO. Berlin, Heidelberg: Springer, 1984: 47-53.

[209] Pailler P. Public-key cryptosystems based on composite degree residuosity classes[C]// International Conference on the Theory and Applications of Cryptographic Techniques. Berlin, Heidelberg: Springer, 1999: 223-238.

[210] ElGamal T. A public key cryptosystem and a signature scheme based on discrete logarithms[J]. IEEE Transactions on Information Theory, 1985, 31(4): 469-472.

[211] Harn L, Xu Y. Design of generalised ElGamal type digital signature schemes based on discrete logarithm[J]. Electronics Letters, 1994, 30(24): 2026.

[212] Lenstra A K, Verheul E R. The XTR public key system[C]//Proceedings of 20th Annual International Cryptology Conference, Santa Barbara, 2000:1-19.

[213] Schnorr C P. Efficient identification and signatures for smart cards[C]//Proceedings of CRYPTO'89, New York, 1989: 239-252.

[214] National Institute of Standards and Technology.Digital Signature Standard: NIST FIPS PUB 186[S]. Department of Commerce, 1994.

[215] Menezes A J, Qu M, Vanstone S A. Some new key agreement protocols providing mutual implicit authentication[C]// Selected Areas in Cryptology-SAC, Nashville, 1995:22-32.

[216] Krawczyk H. A high-performance secure Diffie-Hellman protocol[C]//Proceedings of 25th Annual International Cryptology Conference, Santa Barbara, 2005: 546-566.

[217] Sarr A P, Elbaz-Vincent P, Bajard J. A secure and efficient authenticated Diffie-Hellman protocol[C]// Public Key Infrastructures, Services and Applications: 6th European Workshop, EuroPKI 2009, Pisa, 2009:83-98.

[218] Koblitz N. Elliptic curve cryptosystems[J]. Mathematics of Computation, 1987, 48(177): 203-209.

[219] Miller V S. Use of elliptic curve in cryptography[C]//Proceedings of CRYPTO '85, Santa Barbara, 1985:417-426.

[220] Koblitz N. CM-curves with good cryptographic properties[C]// Proceedings of CRYPTO '91, Santa Barbara, 1991:279-287.

[221] Montgomery P L. Speeding the pollard and elliptic curve methods of factorization[J]. Mathematicals of Computation, 1987, 44(3): 393-422.

[222] Edwards H M. A normal form for elliptic curves[J]. Bulletin of the American Mathematical Society, 2007, 44(3):392-422.

[223] Daniel J, Tanja L, Farashahi R. Binary edwards curves[C]//Proceedings of the 10th International Workshop on Cryptographic Hardware and Embedded Systems, Washington D.C., 2008:244-265.

[224] Bernstein D J, Birkner P, Joye M. Twisted Edwards curves[C]//Proceedings of AFRICACRYPT 2008, Casablanca, 2008:389-405.

[225] Miller V S. Use of elliptic curves in cryptography[C]//Lecture Notes in Computer Science 218 on Advances in Cryptology-CRYPTO '85. Berlin, Heidelberg: Springer, 1986: 417-426.

[226] Matsumoto T, Takashima Y, Imai H. On seeking smart public-key distribution systems[J]. Transactions of the IECE of Japan, 1986, 69(2): 99-106.

[227] Law L, Menezes A, Qu M H, et al. An efficient protocol for authenticated key agreement[J]. Designs, Codes and Cryptography, 2003, 28(2): 119-134.

[228] Vanstone S. Responses to TIST proposal[J]. Communications of the ACM,1992,35: 50-52.

[229] Johnson D, Menezes A, Vanstone S. The elliptic curve digital signature algorithm (ECDSA)[J]. International Journal of Information Security, 2001, 1(1): 36-63.

[230] 国家密码管理局. SM2 椭圆曲线公钥密码算法: GM/T0003—2012[S]. 北京: 中国标准出版社, 2012.

[231] McEliece R J. A Public-key cryptosystem based on algebraic coding theory[R]. Pasaden:

California Institute of Technology,1978.

[232] Niederreiter H. Knapsack-type cryptosystems and algebraic coding theory[J]. Problems of Control and Information Theory, 1986, 15(2): 159-166.

[233] Sidelnikov V M, Shestakov S O. On insecurity of cryptosystems based on generalized Reed-Solomon codes[J]. Discrete Mathematics and Applications, 1992, 2(4): 439-444.

[234] 王丽萍, 戚艳红. 基于编码的后量子公钥密码研究进展[J]. 信息安全学报, 2019, 4(2): 20-28.

[235] Gabidulin E M, Paramonov A V, Tretjakov O V. Ideals over a non-commutative ring and their application in cryptology[C]//Workshop on the Theory and Application of Cryptographic Techniques, Brighton,1991: 482-489.

[236] Wang X M. Digital signature scheme based on error-correcting codes[J]. Electronics Letters, 1990, 26(13): 898-899.

[237] Alabbadi M, Wicker S. Security of Xinmei digital signature scheme[J]. Electronics Letters, 1992, 28(9): 890-891.

[238] Alabbadi M, Wicker S. Digital signature schemes based on error-correcting codes[J]. IEEE International Symposium on Information Theory, 1993: 199.

[239] Courtois N T, Finiasz M, Sendrier N. How to achieve a McEliece-based digital signature scheme[C]//Proceedings of 7th International Conference on the Theory and Application of Cryptology and Information Security, Gold Coast, 2001:157-174.

[240] Ajtai M, Dwork C. A public-key cryptosystem with worst-caes/average-case equivalence[C]// Proceedings of the 29th Annual ACM Symposium on Theory of Computing, New York, 1997: 284-293.

[241] Goldreich O, Goldwasser S, Halevi S. Public-key cryptosystems from lattice reduction problems[C]// Proceedings of Advances in Cryptology-CRYPTO '97, Santa Barbara, 1997:112-131.

[242] Hoffstein J, Pipher J, Silverman J H. NTRU: A ring-based public key cryptosystem[C]// Proceedings of Third International Symposium, Portland, 1998: 267-288.

[243] Hoffstein J, Silverman J. Optimizations for NTRU[C]//Proceedings of the Conference on Public-Key Cryptography and Computational Number Theory,Warsaw, 2000: 77-88.

[244] Howgrave G N, Silverman J, Whyte W. Choosing parameter sets for NTRUEncrypt with NAEP and SVES-3[C]//Proceedings of the Cryptographers' Track at the RSA Conference 2005, San Francisco, 2005: 118-135.

[245] Bernstein D J, Chuengsatiansup C, Lange T, et al. NTRU Prime[J].IACR Cryptology ePrint Archive, 2016:461.

[246] Wang X Y, Liu M J, Tian C L, et al. Improved Nguyen-Vidick heuristic sieve algorithm for shortest vector problem[C]//Proceedings of the 6th ACM Symposium on Information, Computer

and Communications Security, Hong Kong, 2011: 1-9.

[247] Ding D, Zhu G Z, Wang X Y. A genetic algorithm for searching the shortest lattice vector of SVP challenge[C]//Proceedings of the 2015 Annual Conference on Genetic and Evolutionary Computation, New York, 2015:823-830.

[248] Stolbunov A. Constructing public-key cryptographic schemes based on class group action on a set of isogenous elliptic curves[J]. Advances in Mathematics of Communications, 2010, 4(2): 215-235.

[249] Jao D, De Feo L. Towards quantum-resistant cryptosystems from supersingular elliptic curve isogenies[C]//Proceedings of the 4th International Conference on Post-Quantum Cryptography, Taipei, 2011: 19-34.

[250] 徐秀, 李宝, 王鲲鹏, 等. 基于超奇异同源的认证密钥交换[J]. 密码学报, 2018, 5(6): 695-704.

[251] Castryck W, Lange T, Martindale C, et al. CSIDH: An efficient post-quantum commutative group action[C]// Proceedings of 24th International Conference on the Theory and Application of Cryptology and Information Security, Brisbane, 2018:395-427.

[252] Beullens W, Kleinjung T, Vercauteren F. CSI-FiSh: Efficient isogeny based signatures through class group computations[C]// Proceedings of 25th International Conference on the Theory and Application of Cryptology and Information Security, Kobe,2019:227-247.

[253] Luca D F, Michael M. Threshold schemes from isogeny assumptions[C]//Proceedings of 23rd IACR International Conference on Practice and Theory of Public-Key Cryptography, Edinburgh, 2020:187-212.

[254] Xu Y, Wu S, Wang M, et al. Design and implementation of distributed RSA algorithm based on Hadoop[J]. Journal of Ambient Intelligence and Humanized Computing, 2020,11(3):1047-1053.

[255] Cao N, O'Neill A, Zaheri M. Toward RSA-OAEP without random Oracles[C]// Proceedings of 23rd IACR International Conference on Practice and Theory of Public-Key Cryptography, Edinburgh, 2020:279-308.

[256] Lara-Nino C A, Diaz-Perez A, Morales-Sandoval M. Elliptic curve lightweight cryptography: A survey[J]. IEEE Access, 2018, 6: 72514-72550.

[257] Langrehr R, Pan J. Hierarchical identity-based encryption with tight multi-challenge security[C]// Proceedings of 23rd IACR International Conference on Practice and Theory of Public-Key Cryptography, Edinburgh, 2020: 153-183.

[258] Chen J, Gong J. ABE with tag made easy: Concise framework and new instantiations in prime-order groups[C]// Proceedings of 23rd International Conference on the Theory and Applications of Cryptology and Information Security, Hong Kong, 2017: 35-65.

[259] 张平原, 蒋瀚, 蔡杰, 等. 格密码技术近期研究进展[J]. 计算机研究与发展, 2017, 54(10):

2121-2129.

[260] Alamati N, Peikert C, Stephens-Davidowitz N. New（and old）proof systems for lattice problems[C]// Proceedings of 21st IACR International Conference on Practice and Theory of Public-Key Cryptography, Rio de Janeiro, 2018: 619-643.

[261] Bai S. MPSign: A signature from small-secret middle-product learning with errors[C]// Proceedings of 23rd IACR International Conference on Practice and Theory of Public-Key Cryptography, Edinburgh, 2020（12111）: 66-93.

[262] 王众, 韩益亮. 基于编码的抗量子广义签密方案[J]. 密码学报, 2020, 7(1): 37-47.

[263] Torres W, Steinfeld R, Sakzad A, et al. Post-quantum one-time linkable ring signature and application to ring confidential transactions in blockchain（Lattice RingCT v1.0）[C]// Proceedings of 23rd Australasian Conference, ACISP 2018, Wollongong, 2018: 558-576.

[264] Baum C, Bootle J, Cerulli A, et al. Sub-linear-based zero-knowledge arguments for arithmetic circuits[C]// Proceedings of 38th Annual International Cryptology Conference, Santa Barbara, 2018: 669-699.

[265] 林齐平, 高胜. 基于超奇异同源的鉴别方案[J]. 密码学报, 2018, 5(5): 510-515.

第 2 章　流密码算法

流密码由状态更新函数和输出函数组成，流密码的状态序列在加密期间不断更新，输出函数根据状态序列生成密钥流序列，使被加密信息在不同位置的位信息以不同的密钥执行加密和解密。状态更新的基本要求是应以足够大的周期生成状态，利用流密码的构建块可以设计状态更新函数生成状态序列，然后利用非线性构建块提高状态序列的复杂度，以生成高安全级别的密钥流序列。

目前流密码主流的设计结构有基于反馈移位寄存器的设计(包括线性反馈移位寄存器和非线性反馈移位寄存器)、基于状态表驱动的设计、基于现有其他密码结构的设计(如基于现行常见分组密码结构以及哈希函数中的海绵结构等)。此外，流密码的设计方法灵活多变，设计结构也趋于多样化，在满足生成无序化的比特序列这一前提下，可以设计一些其他结构的流密码，如基于混沌映射的流密码、基于置换滤波生成器的流密码等。

本章将选取流密码中的典型算法进行原理分析，并提取多种流密码算法的特征算子，进行流密码的可重构架构设计并完成硬件实现。

2.1　基于反馈移位寄存器设计的流密码

反馈移位寄存器是较早应用在流密码中的器件。基于反馈移位寄存器设计的流密码需要设计反馈移位寄存器的结构，使其能够满足流密码对生成序列的要求。反馈移位寄存器包括线性反馈移位寄存器和非线性反馈移位寄存器两大类，现阶段的流密码关注点主要在于非线性结构的无序性。

2.1.1　算法核心原理

基于反馈移位寄存器的流密码算法都包含一个或多个线性/非线性反馈移位寄存器，反馈移位寄存器用来生成比特序列，此外还需要非线性结构使生成的序列更为无序。

1. 线性反馈移位寄存器

从 20 世纪 60 年代 LFSR 就被广泛应用于流密码密钥流生成器的设计。LFSR 的反馈函数是寄存器中某些位的简单异或，称为抽头，也叫斐波那契(Fibonacci)配置[1]。LFSR 结构如图 2.1 所示，基于 LFSR 的流密码的总体结构基本上由有限域上的线性驱动器和非线性有限状态机(finite-state machine，FSM)组成，最常见的一种结构就是采用一个或多个 LFSR 作为驱动部件来生成基础源序列。经过设计后的 LFSR 能够生成极大长度的 LFSR 序列，即 m-序列，m-序列具有非常大的周期及良好的统计性质。这类流密码已有成熟的理论分析结果，并且在软件和硬件上实现起来都能达到很高的效率[2]。但从流密码安全性角度来看，m-序列不适合直接作为密钥流来使用，因为它很容易被捕获并受到攻击。所以，密钥流生成器只有 LFSR 是不够的，还需要非线性结构部分。

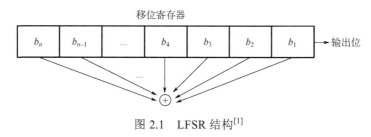

图 2.1　LFSR 结构[1]

2. 非线性结构

通常有三种方法来实现源序列的非线性化：非线性组合生成器、非线性滤波生成器和钟控生成器。非线性组合生成器通常由多个 LFSR 和一个非线性组合部件构成，如图 2.2 所示。密钥流是通过一个非线性函数 f 作用于多个 LFSR 的输出生成的，其中函数 f 称为非线性组合函数[2]。这种设计方法可以增加序列的周期和提升线性复杂度，其中并行使用的各个 LFSR 负责状态的变换，提供随机性优良的序列，非线性组合函数 f 破坏 $LFSR_i$ 序列的线性，产生输出的密钥流。

非线性滤波生成器结构由一个 LFSR 和一个滤波函数构成，如图 2.3 所示。密钥流是通过一个非线性滤波函数 f 作用于 LFSR 的某些内部状态直接产生的[2]。非线性滤波生成器使用一个 LFSR 为滤波部分提供周期大且随机性良好的序列。采用非线性滤波生成器这类结构设计的流密码算法很多，如 ISO/IEC 国际标准加密算法 SNOW 2.0、3GPP LTE 国际加密标准算法 SNOW 3G 和 ZUC、

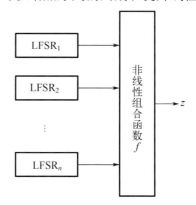

图 2.2　非线性组合生成器[2]

eSTREAM 计划面向软件的最终胜选算法 SOSEMANUK 等。

使用钟控生成器构造的流密码设计至少使用一个 LFSR，通过对 LFSR 进行不规则的时钟控制来引入非线性[2]，如图 2.4 所示。钟控生成器的设计要避免不规则钟控带来的输出效率降低的问题。在非线性组合生成器和非线性滤波生成器中，所有

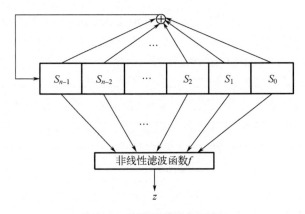

图 2.3　非线性滤波生成器

的 LFSR 都是由相同的时钟信号控制的，而钟控生成器是由一个或多个 LFSR 作为采样序列寄存器，由钟控序列控制采样序列寄存器的移动。控制序列和采样序列可以源于一个 LFSR，称为自控型；也可以分别源于多个不同的 LFSR，称为它控型；还可以相互控制，称为互控型。钟控类流密码中最著名的是用于 GSM 加密的 A5/1 算法，此外还有欧洲 eSTREAM 计划中面向硬件的胜选算法 MICKEY v2 等。MICKEY v2 虽然采用了钟控结构，但采用的是两个寄存器之间相互控制、相互影响的方式[2]，和以前的钟控流密码算法结构截然不同。

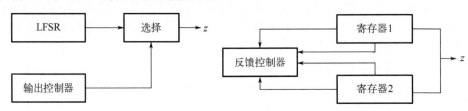

图 2.4　钟控生成器[3]

2.1.2　典型算法分析

基于反馈移位寄存器设计的流密码算法种类众多，本节选取其中具有代表性的六种算法，分别是 A5/1 算法、E0 算法、ZUC 算法、MICKEY v2 算法、Grain v1 算法和 Trivium 算法，介绍这六种算法的计算架构。

1. A5/1 算法[4]

A5 系列算法是 GSM 系统中使用的加密算法，其中 A5/1 算法已经通过逆向工程得到算法计算架构，如图 2.5 所示。

A5/1 算法的主体包含三个 LFSR，分别称为 LFSR_1、LFSR_2 和 LFSR_3，分别包含

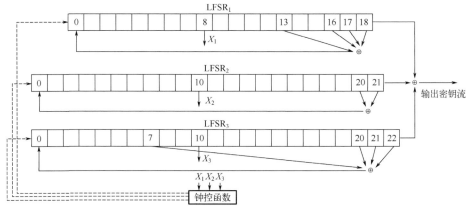

图 2.5 A5/1 算法结构图

19 位、22 位和 23 位，组成一个集互控和停走于一体的钟控模型，三个 LFSR 的移位方式是由低位向高位移动，最高有效位的异或值作为 A5/1 算法的最终输出。A5/1 算法的钟控函数是从三个 LFSR 中抽取三个位来生成的，第一个 LFSR 抽取第 9 位，第二个和第三个 LFSR 都抽取第 11 位，按择多原则进行控制，即三个位中 0 和 1 值哪个多，相应的 LFSR 就进行移动，详细移动的情况如表 2.1 所示。

表 2.1 A5/1 算法移动情况

LFSR	(X_1, X_2, X_3)							
	000	001	010	011	100	101	110	111
LFSR$_1$	动	动	动	不动	不动	动	动	动
LFSR$_2$	动	动	不动	动	动	不动	动	动
LFSR$_3$	动	不动	动	动	动	动	不动	动

A5/1 算法分为初始状态、加密和解密三个步骤。在初始状态下，利用会话密钥、帧序号等信息，对三个移位寄存器完成初始化操作，此阶段不输出密钥流。在加密阶段和解密阶段各输出两个 114 位的密钥流，分别用于加密和解密操作。

2. E0 算法[5,6]

E0 算法主要由 4 个 LFSR 和 1 个 4 位的 FSM 组成，计算架构如图 2.6 所示。FSM 中包含求和组合逻辑与混合器，其中混合器中 T_1 和 T_2 为线性变换网络，Z^{-1} 为延迟网络。4 个 LFSR 的长度分别为 25 位、31 位、33 位和 39 位。E0 的内部状态规模为 132 位，其中 4 个 LFSR 共 128 位，FSM 中的内部记忆单元 C_t、C_{t-1} 各 2 位。E0 的初始化使用 128 位的加密密钥 K_c（K_c 由 E3 算法产生）、48 位的主设备蓝牙地址和 26 位的主设备时钟作为输入参数，完成 E0 的初始化过程，进入密钥流生成过程。LFSR 的输出位与 FSM 的一个输出位进行异或运算，从而产生密钥流位。然后，将 4 个 LFSR 的输出位相加，所得 3 位和的两个最高有效位用于更新 FSM 的状态。

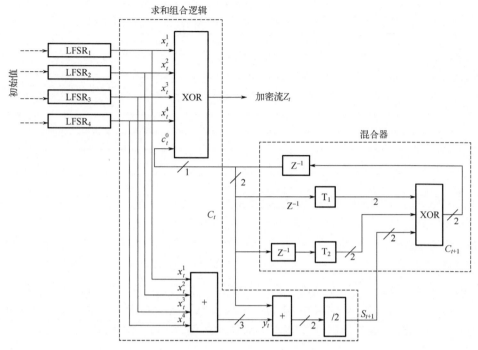

图 2.6　E0 算法计算架构

3. ZUC 算法[7-9]

ZUC 算法包含三层结构：LFSR 层、比特重组（bit-reorganization，BR）层和非线性函数层。最上层是定义在素域 $GF(2^{31}-1)$ 上的 LFSR，素域 $GF(2^{31}-1)$ 上的加法在二元域 $GF(2)$ 上是非线性的，素域 $GF(2^{31}-1)$ 上本原序列可视作二元域 $GF(2)$ 上的非线性序列。中间层是 BR，BR 采用取半合并技术，实现 LFSR 数据单元到非线性函数 F 和密钥输出的数据转换，将上层 31 位数据合并转化为 32 位数据以供下层非线性函数 F 使用。BR 采用软件实现友好的移位操作和字符串连接操作，其主要目的是破坏在素域 $GF(2^{31}-1)$ 上的线性结构。下层是非线性函数 F，在非线性函数 F 的设计上，ZUC 算法设计充分借鉴了分组密码的设计技巧，采用 S 盒和高扩散特性的线性变换。F 基于 32 位的字设计，采用异或、循环移位、模 2^{32} 加、S 盒等不同代数结构上的运算，彻底打破由 LFSR 生成的源序列在素域 $GF(2^{31}-1)$ 上的线性结构。

ZUC 算法分为初始化流程和工作流程。初始化流程的运算结构如图 2.7 所示。LFSR 中每一个 S_i 都是 31 位的寄存器，初始化流程首先要把 128 位的密钥和初始向量加载到 LFSR 中，然后循环执行 32 遍 BR 和非线性函数部分的运算，每次将所得的 W 右移一位来作为 LFSR 的新输入。

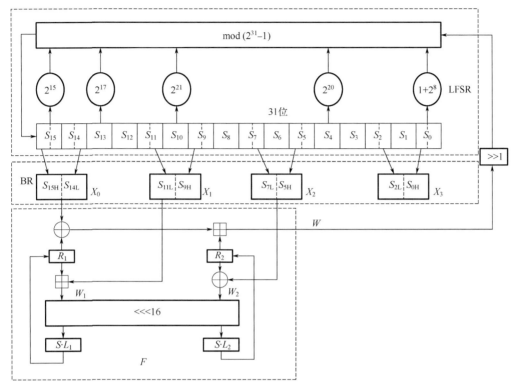

图 2.7　ZUC 算法初始化流程

初始化后进入工作流程，此时 LFSR 不接收新的数据，所有序列均由 LFSR 本身生成。除此之外，BR 和非线性函数的功能保持不变，依然进行与初始化流程相同的函数操作。但原本反馈回 LFSR 的数据 W 在工作流程中会与 BR 中的 X_3 做异或操作，产生的结果作为 ZUC 算法的输出流密码，每次输出长度为 32 位，方便汉语使用。整个密钥流生成的过程如图 2.8 所示。

在上层 LFSR 部分所做的操作是模 $2^{31}-1$ 的加法操作，中间层 BR 部分所做的是简单的拼接操作，下层的非线性函数部分的计算过程为

$$F(X_0, X_1, X_2)$$
$$\{$$
$$(1)W = (X_0 \oplus R_1) \boxplus R_2;$$
$$(2)W_1 = R_1 \boxplus X_1;$$
$$(3)W_2 = R_2 \oplus X_2;$$
$$(4)R_1 = S[L_1(W_{1L} \| W_{2H})];$$
$$(5)R_2 = S[L_2(W_{2L} \| W_{1H})]。$$
$$\}$$

其中，$\oplus$ 表示按位逐位异或运算；$\boxplus$ 表示模 2^{32} 加法运算；$\|$ 表示字节串连接；S 是对 L 线性操作之后的结果做 S 盒查找。

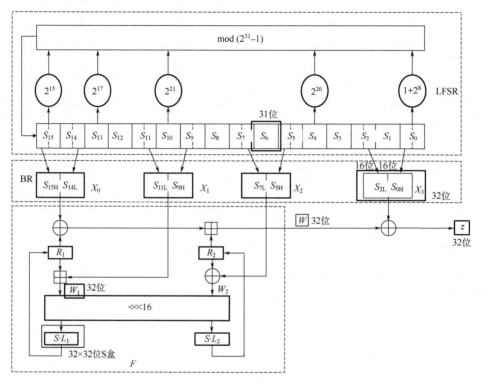

图 2.8　ZUC 算法密钥流生成阶段

4. MICKEY v2 算法[10,11]

MICKEY v2 算法输入 80 位初始密钥 K 和 0~80 位初始向量，使用两个 100 位的钟控移位寄存器 R(线性)和 S(非线性)，分别用 $r_0, r_1, \cdots, r_{99}$ 和 $s_0, s_1, \cdots, s_{99}$ 表示两个寄存器的状态，算法结构如图 2.9 所示。

在密钥初始化阶段，寄存器 R 和寄存器 S 初始为 0，并依次载入初始向量、密钥和预钟控循环，得到初始化的寄存器数据。在密钥流生成阶段，运行钟控函数对两个移位寄存器的数据进行更迭，把 r_0 和 s_0 的异或值作为输出的密钥流。钟控函数的运算为

CLOCK_KG$(R, S, \text{MIXING}, \text{INPUT\_BIT})$
{
CONTROL_BIT_R $= s_{34} \oplus r_{67}$
CONTROL_BIT_S $= s_{67} \oplus r_{33}$

若MIXING = TRUE，则INPUT_BIT_R = INPUT_BIT $\oplus s_{50}$

若MIXING = FALSE，则INPUT_BIT_R = INPUT_BIT

INPUT_BIT_S = INPUT_BIT

CLOCK_R$(R,$INPUT_BIT_R,CONTROL_BIT_R$)$

CLOCK_S$(R,$INPUT_BIT_S,CONTROL_BIT_S$)$

}

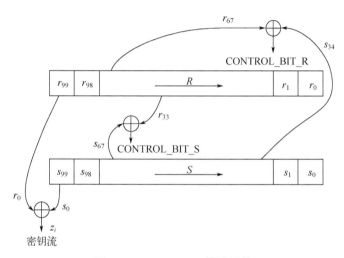

图 2.9　MICKEY v2 算法结构

5. Grain v1 算法[12]

Grain v1[12]算法结构包括三个组件：一个 80 位的 LFSR、一个 80 位的 NFSR 和一个非线性过滤函数 h。两个寄存器经非线性输出函数过滤产生密钥序列。Grain v1 将 LFSR 和 NFSR 相互结合，将 LFSR 最左边的输出参与到 NFSR 的输入反馈中，从而构成一个级联模型，使两个移位寄存器之间产生联系。

Grain v1 算法的非线性过滤函数公式为

$$z_i = H(B_i, S_i) = \sum_{j \in A} b_{i+j} \oplus h(s_{i+3}, s_{i+25}, s_{i+46}, s_{i+64}, b_{i+63}) \tag{2-1}$$

其中，$A = \{1, 2, 4, 10, 31, 43, 56\}$。

Grain v1 算法主要包括初始化和密钥流生成两个阶段。在初始化阶段，首先用 80 位密钥填充 NFSR，然后用 64 位初始向量填充 LFSR，不足部分全部补 1。整个结构空跑 160 节拍，并将算法输出位分别反馈回 LFSR 和 NFSR。Grain v1 算法初始化阶段如图 2.10 所示。

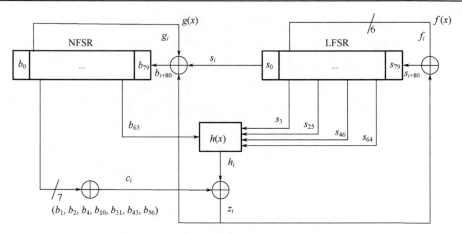

图 2.10　Grain v1 算法初始化阶段[12]

在密钥流生成阶段，算法的输出不再反馈给 LFSR 和 NFSR，而是直接输出作为密钥流，其结构如图 2.11 所示。

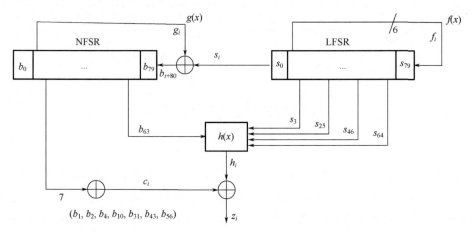

图 2.11　Grain v1 算法密钥流生成阶段[12]

6. Trivium 算法[13-15]

Trivium 算法用了三个 NFSR 相互串联来构成内部状态，并经过简单异或操作来产生密钥流。三个寄存器的长度分别为 93、84、111，表示为 $s_1, s_2, \cdots, s_{93}, s_{94}, \cdots, s_{177}, s_{178}, \cdots, s_{288}$。Trivium 算法结构如图 2.12 所示。

在初始化阶段，密钥和初始向量会转化为 Trivium 的内部状态向量。首先用 80 位密钥和 80 位初始向量分别填充前两个 NFSR，同时将 s_{286}、s_{287} 和 s_{288} 置为 1，剩余所有位置零，然后，在不输出位的情况下内部状态更新 1152 轮。

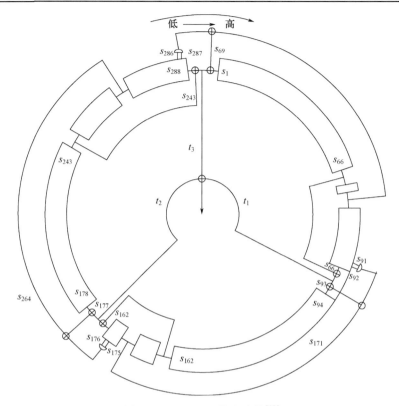

图 2.12 Trivium 算法结构[13]

在密钥流生成阶段,每次迭代,在 288 位的内部状态($s_1, s_2, \cdots, s_{288}$)中提取 15 位,用它们更新 3 个内部状态位,并计算 1 位的密钥流 z_i,若需要 n 位密钥则迭代过程重复 n 次后停止($n \leqslant 264$)。

2.2 其他典型流密码算法分析

由于流密码算法的设计相对其他算法较为宽泛,可以从多种结构得到所需的序列流。本节介绍比较经典的基于状态表驱动的流密码算法 RC4 和基于分组密码结构的流密码算法 Salsa20、ChaCha20。

1. RC4 算法[16]

RC4 算法是一个典型的基于非线性数组变换的流密码。它以一个足够大的数组为基础,对其进行非线性变换,产生密钥序列,一般把这个大数组称为 S 盒或初始化矢量 S。RC4 的 S 盒大小随参数 n 值的变化而变化,理论上来说,S 盒长度为 $N = 2^n$ 个元素,每个元素 n 位。通常 $n = 8$,此时生成共有 $2^8 = 256$ 个元素的数组 S。

　　RC4 包含两个处理过程：一个是密钥调度算法（key scheduling algorithm，KSA），用来打乱 S 盒的初始排列；另一个是伪随机序列生成算法（pseudo-random generation algorithm，PRGA），用来输出随机序列并修改 S 盒的当前排列顺序，在这一阶段利用 KSA 所导出的置换产生伪随机字节，每一轮迭代产生一个输出值，S 盒被重新置换一次，接着用于下一轮的密钥流的产生，将输出值和明文异或就得到了密文。图 2.13 总结了 RC4 的逻辑结构。

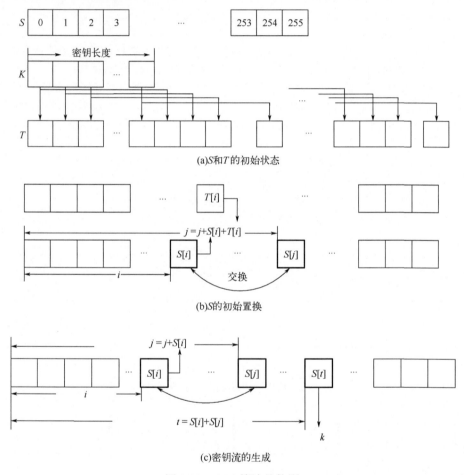

图 2.13　RC4 算法结构图

2. Salsa20 算法[17,18]

　　Salsa20 的核心是一个 16 字输入、16 字输出的哈希函数，算法主要以字为单位进行运算（一个字为一个 32 位的二进制数），初始输入、输出和内部状态都为 16 个字。该哈希函数采用计数器工作模式，先对密钥、初始向量、分组标号进行哈希处理，哈希输出值异或一个 16 字的明文分组就得到了对该明文分组加密后的密文。

Salsa20 的加密过程如图 2.14 所示，共需进行 20 轮的行列变换，最后得到共 16 个字、每个字 4 字节的阵列，将阵列与明文 P 进行异或即可得到密文输出。

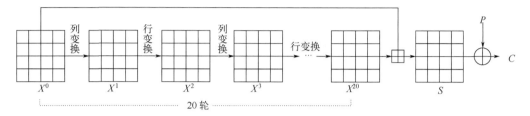

图 2.14 Salsa20 的加密过程[19]

行列变换是基于 Salsa20 的轮函数，只是每次将输入的数据切换成行输入或列输入即可。Salsa20 的轮函数如图 2.15 所示。其中 $\oplus$ 表示逐位异或，$\boxplus$ 表示模 2^{32} 加，<<<表示左循环移位。

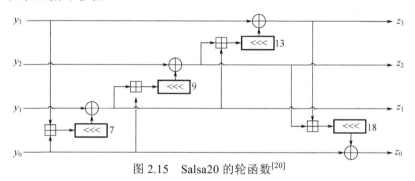

图 2.15 Salsa20 的轮函数[20]

3. ChaCha20 算法[21,22]

ChaCha20 和 Salsa20 的轮函数结构非常相似，在细节处有所修改，目的是增加每轮的扩散量，ChaCha20 轮函数结构如图 2.16 所示。

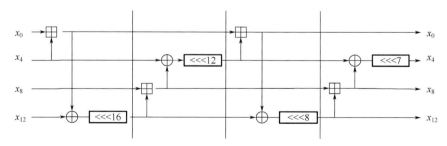

图 2.16 ChaCha20 轮函数结构

ChaCha20 的四分之一轮函数 $QR(a,b,c,d)$ 公式整理为

$$a = a + b,\ d = d \oplus a,\ d = d <<< 16$$
$$c = c + d,\ b = b \oplus c,\ b = b <<< 12$$
$$a = a + b,\ d = d \oplus a,\ d = d <<< 8 \tag{2-2}$$
$$c = c + d,\ b = b \oplus c,\ b = b <<< 7$$

在 ChaCha20 算法运行过程中，首先将常量值、初始密钥、计数器初始值和初始向量填充到 16 个 32 位字的阵列中，再经过与 Salsa20 相似的轮函数变换，最终得到的阵列与初始密钥进行模加，生成 512 位的密钥流，如图 2.17 所示。

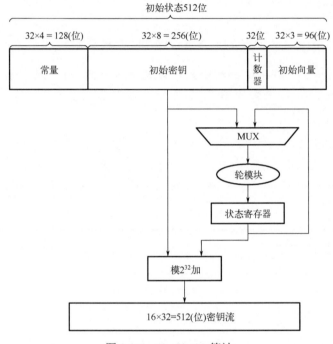

图 2.17　ChaCha20 算法

2.3　流密码算法对比(特征)分析

虽然根据设计结构可以将流密码细分为很多类，但很多流密码算法都有类似的操作类型，因此不同种类的流密码算法之间存在许多共性逻辑。本节主要对基于反馈移位寄存器和基于分组密码的流密码算法进行可重构架构的设计与实现，根据前面对流密码相关算法结构的描述以及其他流密码算法的分析，对流密码算法的结构特征和数据流特征进行研究。

从硬件复用的算法相似性角度，近 30 种流密码算法被分析并研究，主要是广泛应用于安全协议、应用、密码库以及 ISO/IEC 标准化或各种密码算法征集评估项目中的流密码算法，包括 A5/1、E0、Grain、Trivium、ZUC、SNOW 3G、ChaCha20 等典型流密码算法，对算法的结构特征和数据流特征进行分析归纳，其中数据流特征主要包括操作位宽和操作类型。操作位宽决定了流密码算法可重构架构数据流的计算粒度，主要包括流密码算法输入/输出数据的位宽以及参与计算数据的位宽；操作类型决定了流密码算法可重构架构中处理单元(processing element，PE)需要实现的功能，主要包括异或、与等逻辑操作，模加等算术运算，逻辑右移、循环左移等移位操作，查找表操作，有限域 $GF(2^n)(n=8, 16, 32, 64)$ 上的乘法运算等；基于 LFSR 和基于 NFSR 设计的流密码算法的核心结构包括 LFSR 和 NFSR，LFSR 和 NFSR 都属于反馈移位寄存器(feedback shift register，FSR)，在进行可重构架构设计时，FSR 的个数和级数也在设计范围之内。

　　表 2.2 对流密码算法的特征进行了汇总，其中操作位宽和输出位宽均以位为单位，nXOR 表示 n 位按位逻辑异或，nAND 表示 n 位按位逻辑与，nOR 表示 n 位按位逻辑或，nNAND 表示 n 位按位与非，"S 盒"一列中 $n \times m$ 表示 n 位输入、m 位输出的查找表运算。

表 2.2　流密码算法的特征

流密码算法	操作位宽/位	FSR	FSR 级数	逻辑运算	模加	乘法	移位	S 盒	输出位宽/位
A5/1	1	3LFSR	19、22、23	1XOR	—	—	—	—	1
LILI-128	1	2LFSR	128、127	1XOR	—	—	—	—	1
Decim v2	1	1LFSR	192	1XOR	—	—	—	—	1
Grain v1	1	1LFSR + 1NFSR	80、80	1XOR 1AND	—	—	—	—	1
Grain-128	1	1LFSR + 1NFSR	128、128	1XOR 1AND	—	—	—	—	1
Trivium	1	3NFSR	93、84、111	1XOR 1AND	—	—	—	—	1
MICKEY 2.0	1	2FSR	100、100	1XOR 1AND	—	—	—	—	1
MICKEY-128	1	2FSR	160、160	1XOR 1AND	—	—	—	—	1
A2U2	1	1LFSR + 2NFSR	17、9、7	1XOR 1NAND	—	—	—	—	1
Espresso	1	1NFSR	256	1XOR 1AND	—	—	—	—	1
Sprout	1	1LFSR + 1NFSR	40、40	1XOR 1AND	—	—	—	—	1
LIZARD	1	2NFSR	90、31	1XOR 1AND	—	—	—	—	1
Plantlet	1	1LFSR + 1NFSR	61、40	1XOR 1AND	—	—	—	—	1

续表

流密码算法	操作位宽/位	FSR	FSR 级数	逻辑运算	模加	乘法	移位	S 盒	输出位宽/位
Fruit-80	1	1LFSR + 1NFSR	43、37	1XOR 1AND	—	—	—	—	1
E0	1	4LFSR	25、31、33、39	1XOR	2^4	—	—	—	1
WG-16	1	1LFSR	32	16XOR 16AND	—	$GF(2^{16})$	—	—	1
SOBER	8	1LFSR	17	8XOR 8AND	2^8	$GF(2^8)$	—	—	8
SOBER-t16	16	1LFSR	17	16XOR 8XOR	2^{16}	$GF(2^{16})$	—	8×16	16
SOBER-128	32	1LFSR	17	32XOR 24XOR	2^{32}	$GF(2^{32})$	>>>	8×32	32
SOSEMANUK	32	1LFSR	10	32XOR	2^{32}	$GF(2^{32})$	<<<	4×4	32
Loiss	8	1LFSR	32	32XOR 8XOR	—	$GF(2^8)$	<<< >>	8×8	8
Strumok	64	1LFSR	16	64XOR	2^{64}	$GF(2^{64})$	—	8×8	64
SNOW 2.0	32	1LFSR	16	32XOR	2^{32}	$GF(2^{32})$	—	8×8	32
SNOW 3G	32	1LFSR	16	32XOR	2^{32}	$GF(2^{32})$	—	8×32	32
SNOW-V	128	2LFSR	16、16	128XOR 16XOR	2^{32}	$GF(2^{16})$	—	8×8	128
ZUC	32	1LFSR	16	32XOR	2^{32}、$2^{31}-1$	—	>> <<<	8×8	32
ZUC-256	32	1LFSR	16	32XOR 7OR	2^{32}、$2^{31}-1$	—	>> <<<	8×8	32
RC4	8	—	—	—	2^8	—	—	—	8
ChaCha20	32	—	—	32XOR	2^{32}	—	<<<	—	32

注：>>>为循环右移；<<<为循环左移；>>为逻辑右移。

通过对典型流密码算法的结构特征和数据流特征进行研究，可以将流密码算法的共性逻辑分为有限域 GF(2) 和 GF(2^n) 两种情况进行讨论：GF(2) 上流密码算法的数据操作位宽一般为 1 位，一次产生 1 位密钥，主要计算算子为逻辑操作。GF(2^n) 上流密码算法的数据操作位宽一般为字节或字节的整数倍，这些流密码算法的非线性部分一般由多种非线性变换相互结合，涉及的计算算子较复杂，包括逻辑操作、算术运算、移位、查找表等。

整体来看，基于 LFSR 和基于 NFSR 的流密码算法的 FSR 的个数和级数不同，FSR 个数大多不超过 4，位数大多不超过 160 位，FSR 总容量不超过 1024 位；流密码算法中的逻辑操作和算术运算的操作位宽大多为单个位、字节或字节的整数倍，大多数属于 1～32 位；很多流密码算法使用了逻辑移位和循环移位，移位的位数一般不超过 32 位；不同流密码算法中的 S 盒的输入、输出位宽不同，输入位宽以 8 位居多，输出位宽差别较大，主要包括 4 位、8 位、16 位、32 位四种。

2.4　流密码算法计算架构设计

根据上述对流密码算法特征的统计分析，我们利用可重构计算的思想面向流密码算法设计了一种可重构架构，该架构主要针对可重构数据通路设计，通过配置信息对可重构数据通路进行配置，利用配置的切换来支持多种流密码算法的数据流处理，从而产生密钥流。图 2.18 所示为所设计的面向流密码算法的可重构架构总体结构框图。

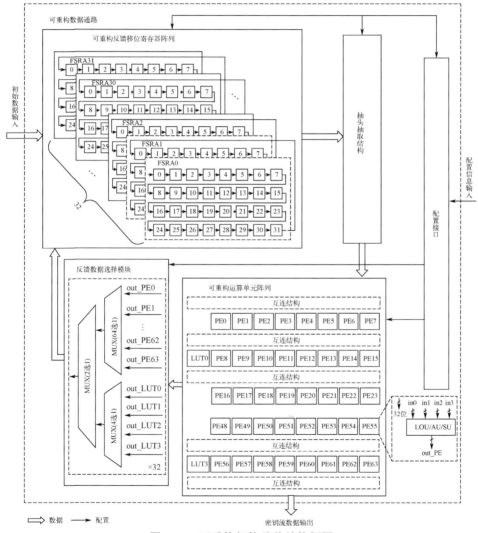

图 2.18　可重构架构总体结构框图

MUX 为多路选择器；FSRA 为反馈移位寄存器阵列（feedback shift register array）；LUT 为查找表（look up table）；LOU 为逻辑运算单元（logic operation unit）；AU 为算术运算单元（arithmetic operation）；SU 为移位单元（shift unit）

可重构数据通路的设计主要包括可重构反馈移位寄存器阵列(reconfigurable feedback shift register array，RFSRA)、抽头抽取结构(tap extraction structure，TES)、可重构运算单元阵列、反馈数据选择模块和配置接口。RFSRA 主要针对基于 LFSR 和基于 NFSR 两类设计结构的流密码算法进行设计，用来存储流密码算法的状态向量；TES 负责从 RFSRA 中抽取数据送到可重构运算单元阵列中做运算；可重构运算单元阵列完成流密码算法数据流的计算执行；反馈数据选择模块用来从可重构运算单元阵列中选择要反馈的数据并反馈到 RFSRA 中；配置接口负责读取配置信息，将配置信息分发给可重构数据通路的各部分完成其具体配置，实现流密码算法数据流的执行。RFSRA 连接外部数据接口，负责与外部数据的交互。下面详细介绍可重构数据通路中几个关键部件的设计。

2.4.1　可重构反馈移位寄存器阵列

基于反馈移位寄存器的流密码算法在状态更新阶段和密钥流生成阶段都会产生反馈数据，用来更新 LFSR 或 NFSR 的状态，在不同状态下进行计算从而产生不同的密钥流，一般反馈数据的反馈位置在 FSR 的最低位或最高位，为了使不同流密码算法反馈数据的不同反馈位置以及 FSR 的不同总位数均得到满足，图 2.19 对不同流密码算法所包含的 FSR 的个数、级数以及总位数进行了统计。

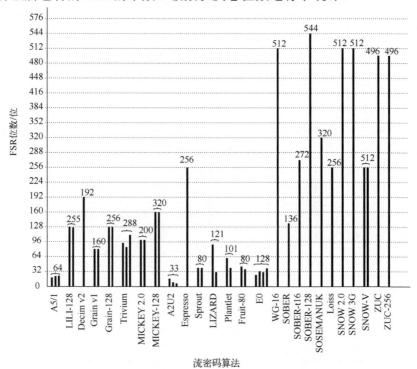

图 2.19　不同流密码算法 FSR 的个数及位数

在图 2.19 中，横轴为算法名称，纵轴为所需 FSR 的位数，若有多个柱形则表示需要多个 FSR，例如，第一个算法 A5/1 包含三个柱形，则表示三个 FSR，由 2.1.2 节中的内容可知，分别代表 19 位、22 位和 23 位，共计 64 位，在三个柱形上方以大括号形式汇总。由图 2.19 可知，FSR 的个数一般不超过 10 个，总位数一般不超过 1024 位。RFSRA 的设计要使 FSR 的个数、级数以及总位数是可重构的，图 2.20 所示为 RFSRA 的结构框图。

RFSRA 共包括 32 组 32 位的 FSRA 共有 1024 位寄存器。根据配置信息实现 RFSRA 中各个 1 位寄存器之间不同方式的级联、不同方向以及不同粒度的移位，从而满足不同流密码算法 FSR 的个数、级数以及总位数的不同需求。RFSRA 支持 1 位、8 位、16 位、32 位四种移位模式，通过配置信息 Cfg_ShiftMode 来选择具体的移位模式。例如，当操作粒度为 1 位时，每组 FSRA 中的每行进行横向连接，每组 FSRA 的最后一个寄存器的输出连接到下一组 FSRA 的第一个寄存器的输入端，移位方向为横向移位；当操作粒度为 32 位时，每组 FSRA 中的四行 8 位寄存器组成 32 位寄存器，每组 FSRA 的最后一行 8 个 1 位寄存器的输出连接到下一组 FSRA 的第一行 8 个 1 位寄存器的输入端，移位方向为纵向移位。配置信息 Cfg_ShiftDir 可以选择寄存器的移位方向，支持从高位向低位移动和从低位向高位移动两种移位方向。

RFSRA 中每个 1 位寄存器有一个输入和一个输出，输入来源包括初始化数据、反馈数据、上一级移位寄存器的输出数据。其中，RFSRA 的 32 组 FSRA 对应反馈数据选择模块的 32 组选择结构。当 RFSRA 处于初始化状态时，通过配置信息 Cfg_RegInDataSource 选择初始化数据，完成 RFSRA 的初始化。当 RFSRA 处于更新数据状态时，通过配置信息 Cfg_RegUpdataDataSource 选择每组 FSRA 的更新数据来自反馈数据还是上一级移位寄存器的输出数据，移位模式决定了反馈数据和上一级移位寄存器输出数据的具体值，即如果流密码算法的操作粒度为 1 位，那么 RFSRA 的移位模式就选择 1 位，则每组 32 位的 FSRA 仅第一位的输入可以来自反馈数据(反馈数据的最低位有效)，其余位的更新值来自各自的前一位。

如果流密码算法的操作粒度为 8 位，那么 RFSRA 的移位模式就选择 8 位，则每组 32 位的 FSRA 仅前八位的输入可以来自反馈数据(反馈数据的低八位有效)，其余每八位为一个单位的更新值来自各自对应的前八位。如果流密码算法的操作粒度为 16 位，那么 RFSRA 的移位模式就选择 16 位，则每组 32 位的 FSRA 仅前十六位的输入可以来自反馈数据(反馈数据的低十六位有效)，其余每十六位为一个单位的更新值来自各自对应的前十六位；如果流密码算法的操作粒度为 32 位，那么每组 32 位的 FSRA 的输入可以来自反馈数据或上一组 FSRA。

通过对流密码算法的分析，除了基于反馈移位寄存器结构的流密码算法的初始数据可以存储到 RFSRA 中，还可以将基于分组密码设计的流密码算法的初始数据存储到 RFSRA 中，这样既避免了 RFSRA 寄存资源的浪费，又避免了过多的存储资源开销。此外，可重构运算单元阵列产生的中间结果数据反馈到 RFSRA 中进行存储，需要时，再利用 TES 将所需数据取出，传到可重构运算单元阵列中参与后续运算，这样可以充分利用 RFSRA 的寄存资源。

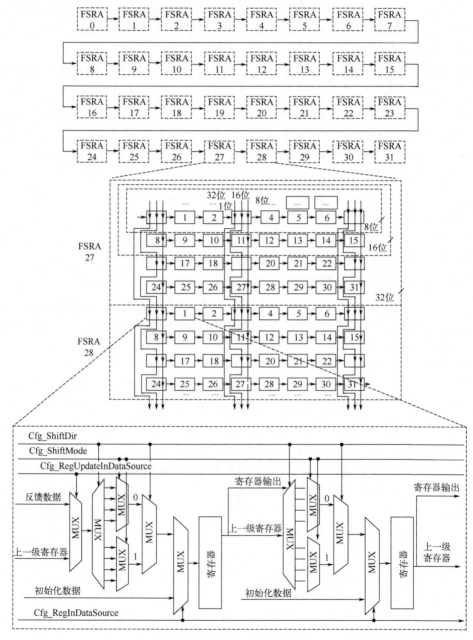

图 2.20　RFSRA 的结构框图

2.4.2　抽头抽取结构分析及可重构设计

不同流密码算法的抽头个数和位置不同，且同一时钟周期内参与运算的数据个数不同，TES 根据配置信息 Cfg_tap 实现 RFSRA 中任意位置的数据的抽取，且同一时钟周期内所需参与运算的数据都可以被抽出，从而实现不同流密码算法抽头个数及位置任意可重构。图 2.21 所示为 TES 结构框图。

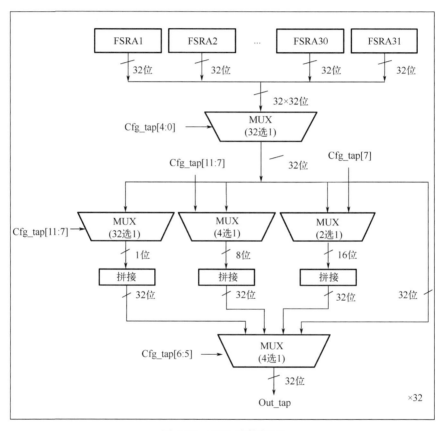

图 2.21　TES 结构框图

以 RFSRA 中每 32 位一组的 FSRA 为抽取结构抽取的最小单位，从 32 组 FSRA 中抽取出一组 32 位，然后根据不同流密码算法的操作位宽，对抽取出的 32 位再进行一次抽取操作，选择相应位宽的数据。TES 共包含 32 个前述抽取结构 tap0～tap31，一次可以抽取 32 个 32 位数据参与运算。

2.4.3　运算单元分析及可重构运算单元阵列设计

通过对流密码算法数据流执行过程的分析，可重构运算单元阵列所包含的 PE

的数量要能满足不同流密码算法的计算算子需求以及映射。可重构运算单元阵列由
8 行 8 列 PE、偶数行的 4 个异构 LUT 以及 PE 行之间的互连结构组成，详细阵列结
构框图的设计如图 2.22 所示。

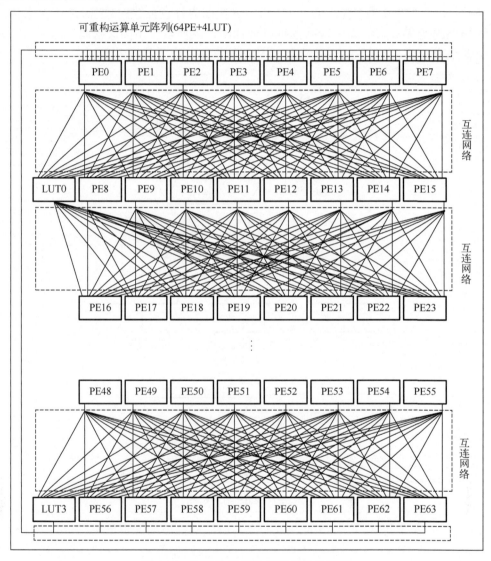

图 2.22   可重构运算单元阵列结构框图

1. 重构粒度

传统流密码算法的设计集中在基于单个位的 FSR 上，这类流密码算法的密钥
流更新函数每次只产生 1 位的密钥流，因为可以操作字节或字大小的通用处理器

要基于单个位执行许多操作，这就使算法的软件实现速度非常慢。随着通信带宽越来越宽，对数据吞吐量的要求也越来越高，传统的面向位的流密码算法已经很难满足当今通信应用的需求，特别是在软件实现方面，因为 FSR 可以在任何有限域上运行，可以通过利用更适合的处理器的有限域来提高流密码算法软件实现的效率，所以为了更有效地使用现代计算机硬件，现在多数流密码是面向字节或字节的倍数的。因此，从目前及以后的实际应用需求来看，将 PE 的重构粒度设计为 32 位，以应对目前应用较为广泛的高操作位宽的流密码算法，可以显著地提高性能。

2. 互连结构

可重构阵列设计中每行 PE 的数量及 LUT 的数量要适中，采用全互连和部分互连的互连面积不至于相差太多。从灵活性的角度考虑，为了使可重构架构支持更多的流密码算法，互连结构采用行与行之间全互连的设计。每个 PE 有 4 个 32 位的输入、1 个 32 位的输出，PE 之间及 PE 与 LUT 之间具体数据路由方式为：奇数行 PE 的输入可以来源于 TES 的 32 个输出、上一行 8 个 PE 的输出、上一行 LTU 的输出，如图 2.23 所示，偶数行 PE 的输入可以来源于 TES 的 32 个输出、上一行 8 个 PE 的输出，如图 2.24 所示。每个 LUT 有 3 个 32 位的输入、1 个 32 位的输出，LUT 与 PE 之间具体数据路由方式为：偶数行 LUT 的输入可以来源于 TES 的 32 个输出、上一行 8 个 PE 的输出，如图 2.25 所示。每个 PE 或 LUT 的每个输入通过 5 位配置信息 Cfg_tap_ source_PE_in 从 TES 的 32 个输出中选择数据，通过 3 位配置信息 Cfg_pe_source_PE_in 从上一行的 PE 的 8 个输出中选择数据，通过 1 位或 2 位（偶数行 PE 和 LUT 为 1 位，奇数行 PE 为 2 位）配置信息 Cfg_source_PE_in 选择 PE 输入数据。

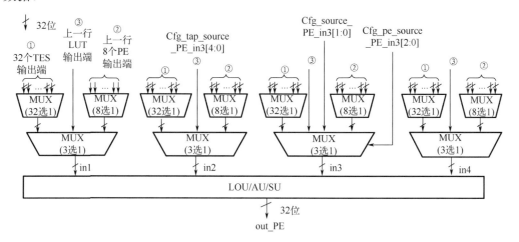

图 2.23　奇数行 PE 输入数据来源

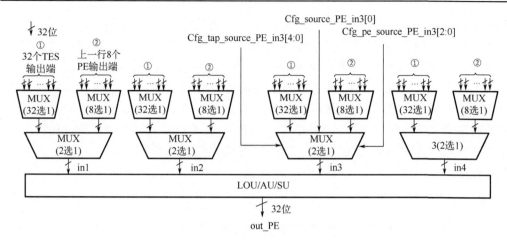

图 2.24　偶数行 PE 输入数据来源

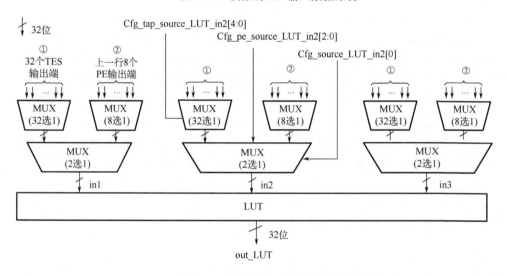

图 2.25　偶数行 LUT 输入数据来源

3. PE 及异构 LUT

可重构运算单元阵列所包含的功能单元有 LOU、AU、SU 和异构 LUT，每个 PE 都包含 LOU、AU 和 SU，因为在流密码算法中 S 盒的使用频率较低，而且 S 盒本身面积较大，所以每两行 PE 作为一个 PE 组共享一个 LUT。

LOU 有 4 个 32 位输入、1 个 32 位输出，由 3 个基本逻辑运算块(basic logic operation block，BLOB)组成，BLOB 通过 3 位配置信息 Cfg_BLOB 可以实现任意两输入的基本逻辑运算，LOU 通过 9 位配置信息 Cfg_LOU 可以实现四输入中任意两

个输入操作数最多三级的任意基本逻辑运算，图 2.26 所示为 BLOB 结构图，图 2.27
所示为 LOU 结构图。

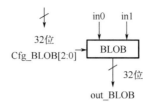

图 2.26　BLOB 结构图

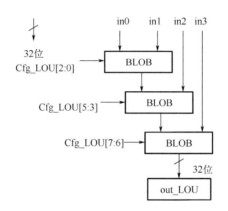

图 2.27　LOU 结构图

AU 有 4 个 32 位输入、1 个 32 位输出，由一个 32 位加法器组成，流密码算法
中的算术运算主要为加法，而且需要取模，取模的基数一般为 2^m（m=8，16，32 等），
这类操作只需要在加法操作后取相应的 m 位即可。通过配置信息 Cfg_AU 可以实现
模 2^8、模 2^{16}、模 2^{32}、模 2^{31}–1 几种基数的加法运算。另外，因为乘法器面积相对
较大，流密码算法中使用乘法运算的频率极低，而且乘法运算可以分解为逻辑操作、
加法、移位、查找表等简单操作，所以 AU 中不单独添加乘法器实现乘法运算，对
于流密码中使用的乘法运算用其他复用频率更高的基本操作来实现。因为异或逻辑
在流密码算法中使用非常频繁，所以为了提高计算效率，在 AU 的输入和输出中添
加了异或操作，从而在进行算术运算之前或之后可以与另一个输入操作数进行异或
操作。图 2.28 所示为 AU 结构图。

SU 有 4 个 32 位输入、1 个 32 位输出，由两个 32 位的桶形移位器组成，通过
配置信息 Cfg_SU 可以实现 64 位以内输入操作数的 32 位内任意位数的逻辑左移、
逻辑右移、循环左移、循环右移，因为不同位数的输入操作数进行移位时常用到一些
逻辑操作，所以在 SU 的输入、输出和中间添加了 BLOB。图 2.29 所示为 SU 结构图。

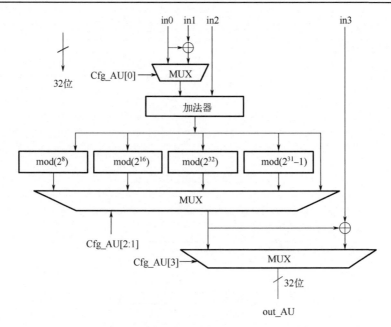

图 2.28　AU 结构图

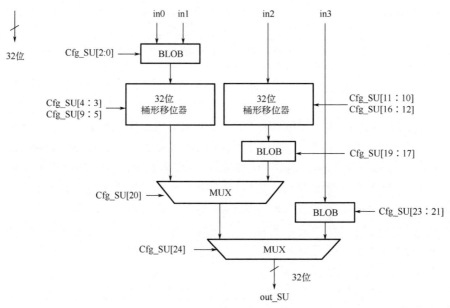

图 2.29　SU 结构图

LUT 有 3 个 32 位输入、1 个 32 位输出，由 4 个 8×8 的 S 盒运算单元组成，通过配置信息 Cfg_LUT 可以实现最大 8 位输入、32 位输出的查找表运算。同时为了提高计算效率，在 LUT 的输入和输出中添加了异或操作。LUT 结构如图 2.30 所示。

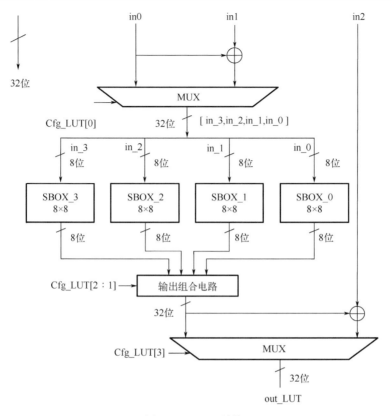

图 2.30　LUT 结构

2.4.4　反馈数据选择分析及可重构设计

流密码算法的操作数据在经过可重构运算单元阵列的数据处理后，除了会产生密钥流数据输出到外部，还会产生反馈数据反馈回 RFSRA，驱动更新 RFSRA 的状态值，继而产生新的密钥流数据。此外，可重构运算单元阵列产生的中间结果数据也要通过反馈这种方式存到 RFSRA 中，图 2.31 所示为反馈数据选择模块结构图。

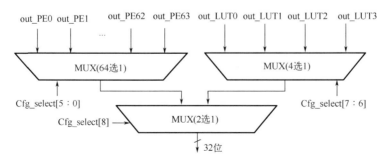

图 2.31　反馈数据选择模块结构图

通过配置信息 Cfg_select 从可重构运算单元阵列的 PE 和 LUT 的输出中选择要反馈的数据反馈回 RFSRA，反馈数据选择模块的 32 个选择结构与 RFSRA 中 32 组 FSRA一一对应，图 2.31 中仅展示了单个选择结构。

2.5　流密码算法硬件实现

我们对三类典型设计结构中的流密码算法在所设计的可重构架构上进行了映射与实现，但由于篇幅有限，本节只详细介绍 ZUC（基于 LFSR）、Grain v1（基于 NFSR）、ChaCha20（基于分组密码的设计）三个目前得到广泛应用的流密码算法的映射过程。

流密码算法存在很强的数据依赖性，整体来看，只能以串行顺序执行，所以流密码算法的实现性能并不像并行执行那样遵循线性关系，而是受算法特性、映射图拓扑等综合因素的影响，对于同一个算法有多种不同的映射方案，性能也有所不同，以下三个流密码算法的映射方案是在所设计架构上性能较优的映射方案。

2.5.1　ZUC 算法映射

ZUC 算法输入 128 位初始密钥 K 和 128 位初始向量，每次输出 32 位的密钥字，运行过程包括初始化阶段和密钥流生成阶段。图 2.32 所示为完整的 ZUC 算法结构图。

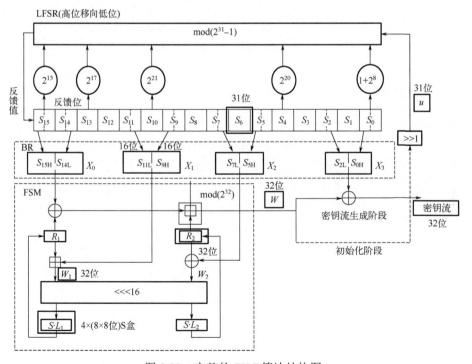

图 2.32　完整的 ZUC 算法结构图

ZUC 算法基于 LFSR 设计，包括上层 LFSR、中间层 BR、下层非线性函数 FSM 三层结构。对 ZUC 算法进行映射时，将其划分为上层 LFSR 反馈更新值的计算和下层 FSM 的计算两个子块使其并行执行计算。图 2.33 所示为拆分后 ZUC 算法两部分的计算数据流图。

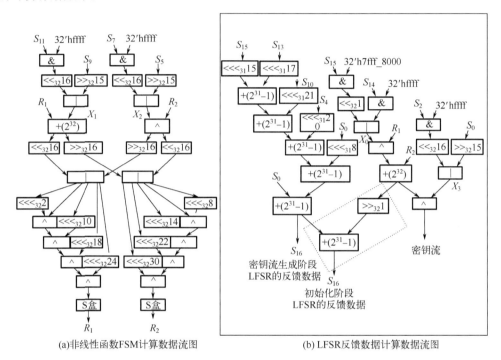

(a) 非线性函数 FSM 计算数据流图　　　　　(b) LFSR 反馈数据计算数据流图

图 2.33　拆分后 ZUC 算法两部分的计算数据流图

ZUC 算法的 LFSR 的总长度为 13×31 位，因为可重构架构的 RFSRA 以 32 位为一组，所以为了配置的简便性，在 ZUC 算法配置阶段，将 LFSR 的每个 31 位前面补 0 存储到 RFSRA 的前 16 组 FSRA 中；将非线性函数阶段的两个 32 位的记忆单元变量 R_1 和 R_2 依次存储到 RFSRA 的第 32 组和第 31 组 FSRA 中；将常数 32'hffff 和 32'h7fff_8000 依次存储到 RFSRA 的第 30 组和第 29 组 FSRA 中，分别用来获取低 16 位和高 16 位。

可重构架构的 TES 需要抽取 ZUC 算法的抽头数据、参与 BR 的数据、非线性函数中的 R_1 和 R_2 以及算法实现过程中用到的两个常量，一共需要抽取 15 个 32 位的数据。

图 2.34 所示为 ZUC 算法在 RFSRA 和 TES 上的映射图。其中前两行为 ZUC 算法的 LFSR 的寄存器单元，第 2 行最右侧部分为这组 FSRA 的状态更新值，来自反馈数据选择模块，从可重构运算单元阵列中选择反馈数据；前两行的深色部分为这些组的 FSRA 的状态更新值，来自上一级 FSRA 的寄存器单元。ZUC 算法的 LFSR

是从高位移向低位,在 RFSRA 中以 FSRA14 为例,其状态更新值应为上一级 FSRA15 的值。第 4 行最右侧两个部分存储的是中间结果数据 R_1 和 R_2,这两个值也是通过反馈回新的 R_1 和 R_2 的值来进行更新的;第 4 行第五部分和第六部分为实现 ZUC 算法的 BR 时需要的两个常量 32'hffff 和 32'h7fff_8000,RFSRA 赋初始值时,将这两个常量存放到两组 FSRA 中,供 ZUC 算法执行计算时使用。第 3 行的全部 8 个 FSRA 和第 4 行左侧的四个 FSRA 为没有使用的寄存器单元。斜线阴影标注的部分为 ZUC 算法需要参与到可重构运算单元阵列运算的操作数据,这些均需要 TES 将其从 RFSRA 中抽取出。最下方 TES 结构中的多个 tap 就是 FSR 的抽头结构,用来汇合全部的抽头,并根据算法需要进行对应选择。

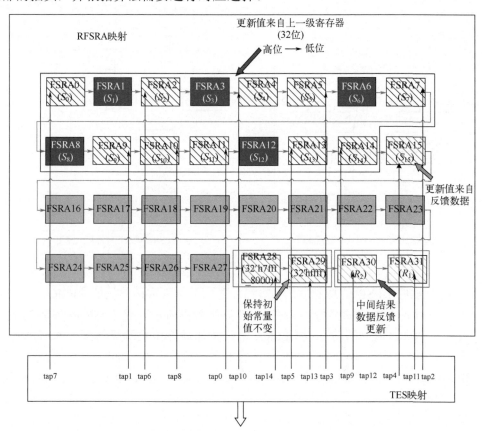

图 2.34　ZUC 算法在 RFSRA 和 TES 上的映射图

因为 ZUC 算法初始化阶段和密钥流生成阶段的计算相差不大,所以将初始化阶段和密钥流生成阶段的计算执行过程映射在一起,在图中已经分别标出,图 2.35 所示为 ZUC 算法在可重构运算单元阵列上的映射图。

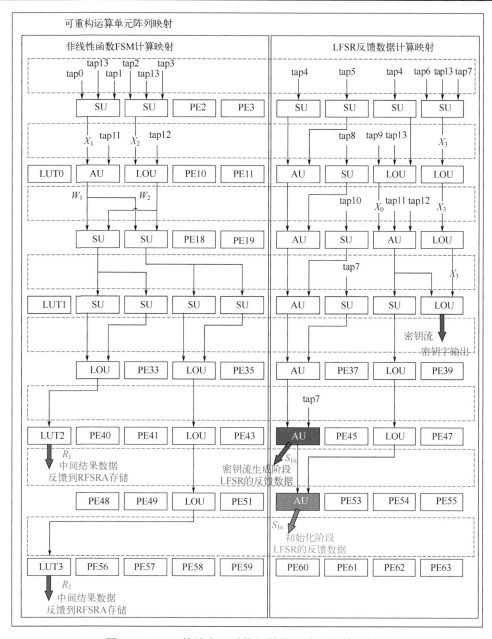

图 2.35　ZUC 算法在可重构运算单元阵列上的映射图

2.5.2　Grain v1 算法映射

Grain v1 算法输入 80 位初始密钥 K 和 64 位初始向量，每次输出 1 位密钥流，运行过程包括初始化阶段和密钥流生成阶段。图 2.36 所示为完整的 Grain v1 算法结构图。

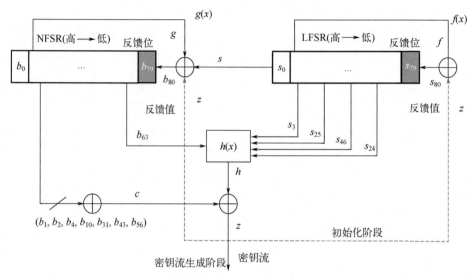

图 2.36　完整的 Grain v1 算法结构图

Grain v1 算法的 LFSR 和 NFSR 的长度均为 80 位，且操作位宽为 1 位，因为可重构架构的 RFSRA 中每组 FSRA 仅第一位可以接收反馈数据，所以将 80 位的 LFSR 的值存储到 FSRA0～FSRA2 中，80 位的 NFSR 的值存储到 FSRA3～FSRA5 中。

可重构架构的 TES 需要抽取 Grain v1 算法的抽头数据，LFSR 有 10 个抽头，NFSR 有 20 个抽头，所以 TES 一共需要抽取 30 个抽头数据。

图 2.37 是 Grain v1 算法在 RFSRA 和 TES 上的映射图。其中非白色区域为 Grain v1 算法的 LFSR 和 NFSR 的寄存器单元，FSRA0 中竖线阴影部分（第 1 行和第 7 行中标号为 0 的部分）是状态更新值，来自反馈数据选择模块从可重构运算单元阵列中选择的反馈数据；深色标注的部分为这些位的状态更新值，是来自上一级寄存器单元的值。Grain v1 算法的 LFSR 和 NFSR 均是从低位移向高位，以 FSRA0 中标号为 10 的寄存器为例，其状态更新值应为标号为 9 的寄存器的值。白色部分为没有使用的寄存器单元。斜线阴影部分为 Grain v1 算法需要参与到可重构运算单元阵列运算的操作数据，这些均需要 TES 将其从 RFSRA 中抽取出。

和 ZUC 算法相同，将 Grain v1 算法初始化阶段和密钥流生成阶段的计算执行过程映射在一起，在图中已分别用文字标出，图 2.38 是 Grain v1 算法在可重构运算单元阵列上的映射图。Grain v1 算法的非线性函数主要是抽头数据之间做逻辑运算，所以阵列中用到的 PE 都配置为 LOU 即可。

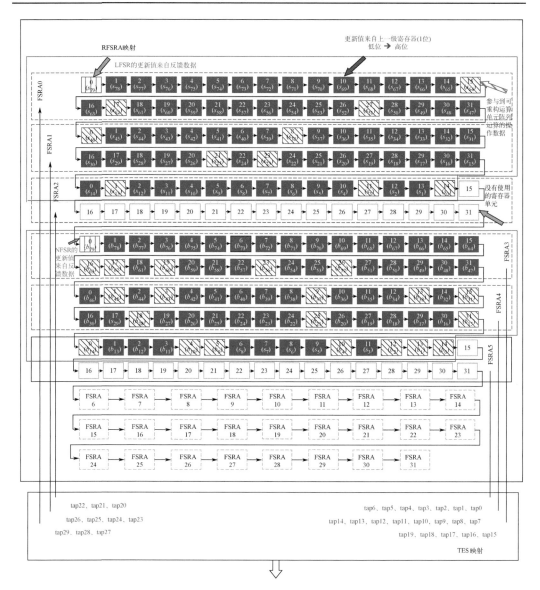

图 2.37 Grain v1 算法在 RFSRA 和 TES 上的映射图

2.5.3 ChaCha20 算法映射

ChaCha20 算法输入 128 位的常量 c、256 位的初始密钥 k、32 位的块计数参数 b 和 96 位的初始向量 n，输出 16 个 32 位的密钥字，运行过程包括 10 轮列变换和 10 轮对角线变换，列变换和对角线变换交替进行，执行完 10 轮列变换和 10 轮对角线变换后的输出与 512 位输入进行模 2^{32} 加，得到 16 个 32 位的输出。其中列变换

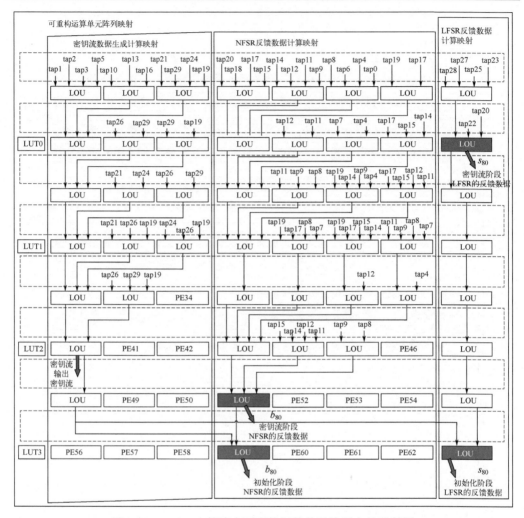

图 2.38　Grain v1 算法在可重构运算单元阵列上的映射图

和对角线变换的核心是每行和每条对角线上的数据执行四分之一轮函数，利用 4 个模加、4 个异或、4 个循环移位来更新 4 个 32 位状态字，并且更新每个状态字两次，使每个输入状态字可以影响每个输出状态字。图 2.39 是 ChaCha20 算法结构图，以 (x_0, x_4, x_8, x_{12}) 为例展示了四分之一轮函数变换的执行过程。图 2.40 所示为 ChaCha20 算法四分之一轮函数计算的示意图。图 2.41 所示为 ChaCha20 四分之一轮函数的数据流图。

　　ChaCha20 算法在行变换和对角线变换的执行过程中会多次产生大量的中间结果数据，每执行一轮行变换或一轮对角线变换都会产生 16×32 位的中间结果数据，在映射时，将中间结果数据反馈到 RFSRA 的前 16 组 FSRA 中进行寄存，需要时再

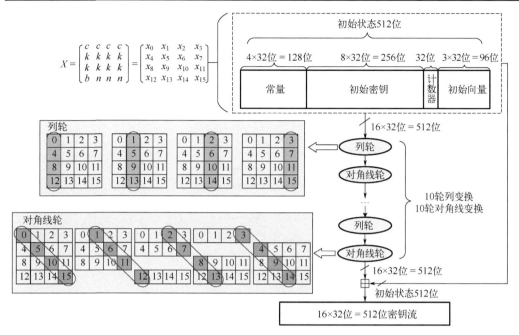

图 2.39 ChaCha20 算法结构图

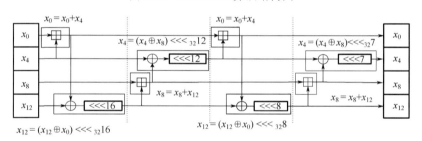

图 2.40 ChaCha20 算法四分之一轮函数计算的示意图

通过抽头抽取结构将其抽出参与后续运算，另外，将 512 位输入存储到 RFSRA 的后 16 组 FSRA 中。

可重构架构的 TES 需要抽取 ChaCha20 算法的初始数据和中间结果数据，一共需要抽取 32 个 32 位的数据。

图 2.42 所示为 ChaCha20 算法在 RFSRA 和 TES 上的映射图。其中标注为斜线阴影的部分为 ChaCha20 算法的 512 位的初始数据，在算法执行过程中该 512 位数据保持初始化数据不变；标注为竖线阴影的部分为 16 个 32 位的中间结果数据，在算法执行过程中通过反馈回新的中间结果数据的值来进行更新；图中全部为 ChaCha20 算法需要参与到可重构运算单元阵列运算的操作数据，这些均需要 TES 将其从 RFSRA 中抽取出。

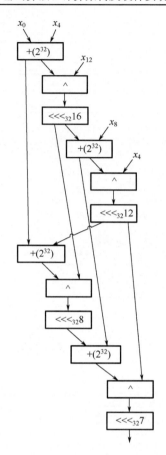

图 2.41　ChaCha20 算法四分之一轮函数的数据流图

图 2.43 所示为 ChaCha20 算法在可重构运算单元阵列上的映射图。在标号为 1 和 2 的区域中，每一个虚线框中有两行 tap 信息，其中第 1 行表示执行列变换时每个 PE 的输入数据，第 2 行表示执行对角线变换时每个 PE 的输入数据，斜箭头旁的 FSRA 信息也有两行，上面一行表示执行列变换时中间结果数据反馈到 RFSRA 的位置，下面一行表示执行对角线变换时中间结果数据反馈到 RFSRA 的位置。执行一轮列变换或一轮对角线变换需要两个时钟周期，第一个周期执行前四行前四列的 16 个 PE，即图中标 1 处，第二个周期执行后四行前四列的 16 个 PE，即图中标 2 处，在执行完 20 轮过程 1 和 2 之后，执行过程 3。

2.5.4　映射性能分析

PE 的利用率反映了可重构架构硬件资源的利用率，表 2.3 对映射的三个算法的功能单元的使用情况及 PE 的利用率进行了统计。其中，"算法"一列是根据 ZUC、Grain v1 和 ChaCha20 的数据流图分别对三个算法实际计算算子使用情况的统计，

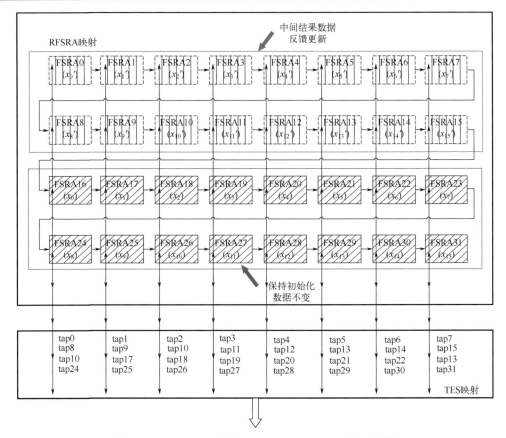

图 2.42　ChaCha20 算法在 RFSRA 和 TES 上的映射图

ZUC 和 Grain v1 包括初始化阶段和密钥流生成阶段所需的全部计算算子的使用情况，有重合的部分只统计一次，ChaCha20 统计了一轮轮函数变换和 20 轮轮函数变换之后的计算算子的使用情况；"映射"一列表示三个算法在可重构架构上实现这些计算算子时所需的功能单元的数量；"PE 利用率"是在本章所描述的映射方式下三个算法在可重构架构上映射时分别所需的 PE 数量与可重构架构全部 PE 数量的比值。根据三个典型流密码算法的 PE 利用率情况可知，可重构运算单元阵列的设计及可重构架构的硬件资源利用率是较为合理的，不会造成大量资源的冗余浪费。

将本章的可重构架构进行逻辑综合，实现平台及综合参数如表 2.4 所示，使用的软件是 Synopsys 公司的逻辑综合软件 DC（Design Compiler），采用的工艺库为台湾积体电路制造股份有限公司（Taiwan Semiconductor Manufacturing Company，TSMC）55nm 工艺库，在此工艺下，可重构架构的规模为 979128 等效门（equivalent gate，GE），时钟频率为 1000MHz，其中可重构运算单元阵列中互连结构的面积占总面积的较大部分，换取了该架构的灵活性，可以支持大多数常用的流密码算法。

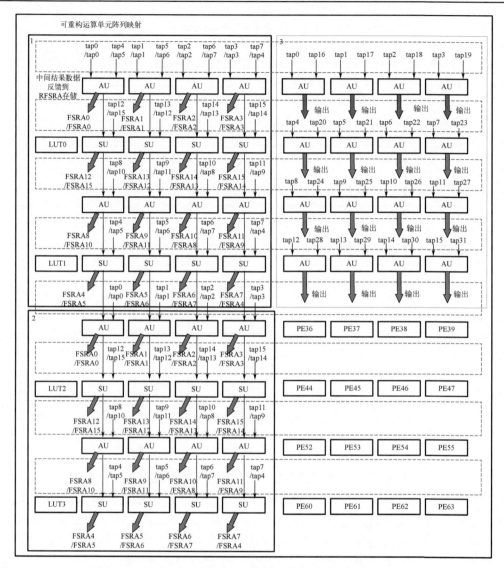

图 2.43　ChaCha20 算法在可重构运算单元阵列上的映射图

表 2.3　映射算法中功能单元使用统计及 PE 利用率

流密码算法	LOU		AU		SU		LUT		PE 利用率
	算法	映射	算法	映射	算法	映射	算法	映射	
ZUC	22	11	8	8	25	16	2	2	54.7%
Grain v1	87	49	0	0	0	0	0	0	76.6%
ChaCha20	16	0	32	32	32	16	0	0	75.0%

表 2.4　实现平台和 DC 综合参数

工艺	主频/MHz	规模/GE	面积/mm²
TSMC 55nm	1000	979128	1.88

表 2.5 给出了在 1000MHz 下 ZUC、Grain v1、ChaCha20 在可重构架构上映射实现的性能，其中吞吐率是每个时钟周期产生的位数与密钥流生成阶段的最大时钟频率的乘积。ZUC 算法每个时钟周期更新 LFSR 一次，实现每个时钟周期 32 位密钥字的输出；Grain v1 算法每个时钟周期更新 LFSR 和 NFSR 一次，实现每个时钟周期 1 位密钥流的输出；ChaCha20 算法每轮轮变换需要两个时钟周期，利用 40 个时钟周期完成 20 轮轮变换的计算，再利用一个时钟周期完成初始状态与 20 轮轮变换后的状态的计算，实现 41 个时钟周期 512 位密钥流的输出。

表 2.5　不同流密码算法在可重构架构上的实现性能

流密码算法	吞吐率/(Gbit/s)	产生 32 位密钥流所需周期数
ZUC	32	1
Grain v1	1	32
ChaCha20	12.48	2.56

参 考 文 献

[1] 谷利泽, 郑世慧, 杨义先. 现代密码学教程[M]. 2 版. 北京: 北京邮电大学出版社, 2015.

[2] 张斌, 徐超, 冯登国. 流密码的设计与分析: 回顾、现状与展望[J]. 密码学报, 2016, 3(6): 527-545.

[3] Jiao L, Hao Y L, Feng D G. Stream cipher designs: A review[J]. Science China Information Sciences, 2020, 63(3): 131101.

[4] Briceno M, Goldberg I, Wagner D. A pedagogical implementation of the GSM A5/1 and A5/2 "voice privacy" encryption algorithms[EB/OL]. [2023-06-22]. http://cryptome.org/gsm-a512.htm.

[5] Watanabe D, Furuya S. A MAC forgery attack on SOBER-128[C]//Fast Software Encryption: 11th International Workshop, Revised Papers 11, Delhi, 2004: 472-482.

[6] Kim H, Lee H, Moon S. A security enhancement of the E0 cipher in Bluetooth system[C]//Second KES International Symposium, KES-AMSTA 2008, Incheon, 2008: 858-867.

[7] Nawaz Y, Gong G. WG: A family of stream ciphers with designed randomness properties[J]. Information Sciences, 2008, 178(7): 1903-1916.

[8] 冯秀涛. 3GPP LTE 国际加密标准 ZUC 算法[J]. 信息安全与通信保密, 2011, 9(12): 45-46.

[9] ZUC 算法研制组. ZUC-256 流密码算法[J]. 密码学报, 2018, 5(2): 167-179.

[10] 李磊. 移动通信 GSM 中密码算法安全性研究[D]. 郑州: 解放军信息工程大学, 2012.

[11] Babbage S, Dodd M. The stream cipher MICKEY 2.0[R]. ECRYPT Stream Cipher, 2006: 191-209.

[12] Hell M, Johansson T, Meier W. Grain: A stream cipher for constrained environments[J]. International Journal of Wireless and Mobile Computing, 2007, 2(1): 86-93.

[13] De Canniere C, Preneel B. TRIVIUM specifications[R]. eSTREAM, ECRYPT Stream Cipher Project, Report 2005/030, 2005.

[14] De Canniere C, Preneel B. Trivium[M]// New Stream Cipher Designs—The eSTREAM Finalists. Berlin, Heidelberg: Springer, 2008: 244-266.

[15] eSTREAM: the ECRYPT Stream Cipher Project. [2023-08-11]. https://competitions.cr.yp. tolestream,html.

[16] Fan X X, Mandal K, Gong G. WG-8: A lightweight stream cipher for resource-constrained smart devices[C]//Singh K, Awasthi A K. International Conference on Heterogeneous Networking for Quality, Reliability, Security and Robustness. Berlin, Heidelberg: Springer, 2013: 617-632.

[17] Bernstein D J. The Salsa20 Family of Stream Ciphers[M]//Robshaw M, Billet O. New Stream Cipher Designs. Berlin, Heidelberg: Springer, 2008: 84-97.

[18] 宫大力. 流密码算法的研究与设计[D]. 南京: 南京航空航天大学, 2011.

[19] 李申华. 对称密码算法 ARIA 和 SALSA20 的安全性分析[D]. 济南: 山东大学, 2008.

[20] 穆昭薇. 流密码算法 Salsa20 的安全性研究[D]. 西安: 西安电子科技大学, 2011.

[21] Mandal K, Gong G, Fan X X, et al. On selection of optimal parameters for the WG stream cipher family[C]//2013 13th Canadian Workshop on Information Theory, Toronto, 2013: 17-21.

[22] Bernstein D J. ChaCha, A variant of Salsa20[J]. Workshop Record of SASC, 2008, 8(1): 1-6.

第 3 章 分组密码算法

分组密码算法是将输入数据划分成固定长度的分组进行加/解密的一类对称密码算法。分组密码的安全性主要依赖于密钥，而不依赖于对加密算法和解密算法的保密，因此分组密码的加密和解密算法可以公开。利用分组密码对明文加密时，首先需要对明文进行分组，每组的长度都相同，然后对每组明文分别加密得到密文。

分组密码加密的常用运算是扩散和混淆，通过各种代换来实现[1]。如果明文和密文的分组长度都为 n 位，那么明文和密文的每个分组都有 2^n 个可能的取值。为了使加密运算可逆（使解密运算可行），明文的每个分组都应产生唯一一个密文分组，这样的变换是可逆的，称明文分组到密文分组的可逆变换为代换。

扩散和混淆是香农提出的设计密码系统的两种基本方法，目的是抗击攻击者对密码系统的统计分析。扩散是将明文的统计特性散布到密文中，使明文的每位影响密文中多位的值，等价于密文中每位均受明文中多位的影响，即从密文中不能获得明文的统计特性。混淆是使密文和密钥之间的统计关系变得尽可能复杂，以使攻击者无法得到密钥。因此，即使攻击者能得到密文的一些统计关系，由于密钥和密文之间的统计关系复杂化，攻击者也无法得到密钥。使用复杂的代换算法可以得到预期的混淆效果，而简单的线性代换函数得到的混淆效果则不太理想。

本章介绍分组密码的经典结构与算法，并着重研究轻量级分组密码的结构与可重构设计。

3.1 基于 Feistel 网络结构的密码算法

Feistel 网络结构出现较早，其结构简单，加密和解密操作所需的硬件电路结构相同，所以非常适合硬件电路的实现，在理解 Feistel 网络基本结构的基础上，配合轮函数和相应密钥变换的设计，即可得到完整的密码算法。

3.1.1 算法核心原理

分组密码算法模型如图 3.1 所示，其算法核心是其中的加密结构 E 和解密结构 D。加/解密结构可以进行设计和替换，例如，本节中的 Feistel 网络结构就可以替换出现在加/解密结构处。

图 3.1　分组密码算法模型

Feistel 网络是一种通用的加密技术，它将明文的当前内部状态分为两部分，并且在每一轮加密或解密中只操作一部分，内部状态的左右两边会在轮次之间改变。Feistel 网络的最大好处是可以使用相同的结构进行加密和解密。Feistel 网络结构一般分为平衡和非平衡两种类型[2]。

1. 平衡的 Feistel 网络结构

平衡的 Feistel 网络结构分组密码的加密过程为：将长度为 n 位的明文 x 一分为二，$x = L_0 \| R_0$，L_0 是左边的 $\frac{n}{2}$ 位，R_0 是右边的 $\frac{n}{2}$ 位，对于 $1 \leqslant i \leqslant r$，有

$$\begin{cases} L_i = R_{i-1} \\ R_i = L_{i-1} \oplus F(R_{i-1}, K_i) \end{cases} \tag{3-1}$$

其中，F 表示轮函数操作。在最后一轮不进行左右交换，目的是可以利用同一结构实现加/解密。图 3.2 是平衡的 Feistel 网络结构。

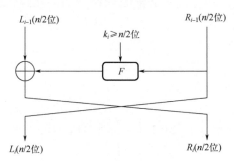

图 3.2　平衡的 Feistel 网络结构

2. 非平衡的 Feistel 网络结构

非平衡的 Feistel 网络结构分组密码加密时也将明文 x 分成两部分，设 $x = L_0 \| R_0$，L_0 是左边的 n_1 位，R_0 是右边的 n_2 位，$n_1 + n_2 = 2m$，但 n_1 和 n_2 不相等。最后一轮同样没有左右交换，解密结构相同。相比于平衡的 Feistel 网络结构，多了数据重组层，但仅是简单的拼接和重新分配操作。图 3.3 是非平衡的 Feistel 网络结构，每一轮的运算处理后的消息 M_i 由左侧 n_2 位的 ML_i 和右侧 n_1 位的 MR_i 拼接而成，并再次分成 n_1 和 n_2 两部分，进入下一轮运算。

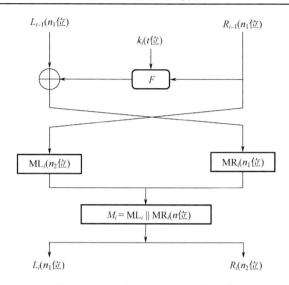

图 3.3　非平衡的 Feistel 网络结构

非平衡的 Feistel 网络结构在有些算法中还会分成多条路径，如国密 SM4 中就会分成四部分进行处理，但本质上与图 3.3 属于相同的结构。

3.1.2　典型算法分析

在 Feistel 网络结构的典型算法中，DES 算法是平衡的 Feistel 网络结构的典型算法，SM4 算法是非平衡的 Feistel 网络结构的典型算法，SIMON 算法是 Feistel 网络结构的典型轻量级分组密码算法，本节对这三类算法的基本算法和运算结构进行分析。

1. DES 算法[3]

DES 算法的输入为任意 64 位的位串，输出为 64 位的位串。DES 算法内部是一个迭代型结构，共由 16 轮相同的运算组成。密钥可看作最终确定算法细节的一个参数，实际是一个 56 位的位串。算法开始执行时，先输入 56 位的密钥，然后输入明文分组，可得密文输出。

DES 算法主要由三部分组成：初始置换（initial permutation，IP）和初始逆置换、在密钥控制下的轮迭代和子密钥生成。总体流程为由原始的 56 位密钥（称为主密钥）导出 16 个新的密钥（称为子密钥）K_1，K_2，$\cdots$，K_{16}，然后用这 16 个子密钥再分别控制 16 轮迭代，16 轮迭代过程完全一样，只是相应的子密钥不同。在 16 轮迭代结束后，由于轮函数包含交换次序的操作，所以需要对左右两个 32 位数据块交换次序，其目的是使 DES 的解密过程完全可以用加密过程实现。算法的最后需执行一次初始逆置换 IP^{-1}，进行这一步也是为了使解密过程完全可以用加密过程实现。DES 的解密过程完全与加密过程相同，只是在每次迭代时，将子密钥的次序倒序使用。DES

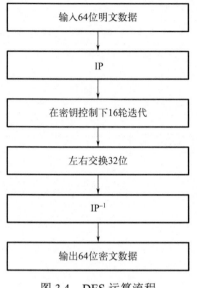

图 3.4　DES 运算流程

运算流程如图 3.4 所示。

　　IP 是将 64 位明文的位置进行置换,得到一个乱序的 64 位明文组,然后分成左右两段,每段为 32 位,以 L_0 和 R_0 表示,进入轮迭代中。IP^{-1} 是将 16 轮迭代后给出的 64 位数组进行置换,把数组中的元素按行输出得到最后的密文。IP 和 IP^{-1} 的作用在于打乱原来输入数据的关系,并将原来明文的校验位变成 IP 输出的一字节。

　　DES 内部轮迭代如图 3.5 所示。扩展运算 E 是把 32 位数据进行扩展,得到 48 位数据,与生成的 48 位子密钥进行异或操作(模 2 加法)。压缩运算 S 是把 48 位数据送入 8 个 6 输入的 S 盒,每个 S 盒产生 4 位输出,得到的 32 位结果经过简单的置换运算 P 后,再与左侧数据异或即得到最终的轮迭代结果。

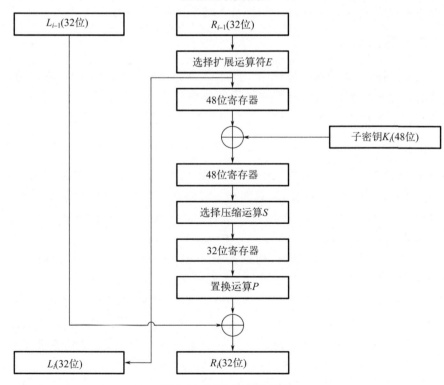

图 3.5　DES 内部轮迭代

　　每轮所需子密钥生成过程如图 3.6 所示。由图 3.6 可以看出,初始密钥首先按序排布成 8×8 的阵列,然后经过置换选择 1 去除每行最后 1 位的校验位并重新排序,随后分为两个相等的 28 位分组进行循环左移,每一轮移位的位数不同,移位后的分组重新组合成 56 位,并按置换选择 2 的排序重新排布,完成 1 轮子密钥的输出。经过 16 轮迭代之后,完成全部子密钥的生成工作。

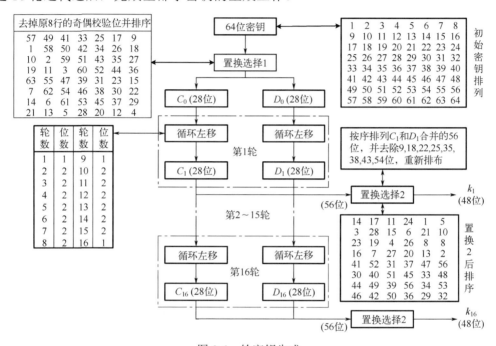

图 3.6　轮密钥生成

2. SM4 算法[4]

　　SM4 分组密码算法是一个迭代分组密码算法,采用非平衡 Feistel 网络结构,分组长度为 128 位,密钥长度为 128 位。SM4 分组密码算法由加/解密算法和密钥扩展算法组成,都采用 32 轮非线性迭代结构。解密算法与加密算法的结构相同,只是轮密钥的使用顺序相反,解密轮密钥是加密轮密钥的逆序。SM4 算法加密和解密流程如图 3.7 所示。

　　每一轮加密过程中使用的轮函数是相同的,其计算结构如图 3.8 所示。

　　由图 3.8 中可以看到,128 位的数据被等分为四组,进入轮函数中进行加密处理,使用的轮函数为

$$X_{i+4} = F(X_i, X_{i+1}, X_{i+2}, X_{i+3}) = X_i \oplus T(X_{i+1} \oplus X_{i+2} \oplus X_{i+3} \oplus \mathrm{rk}_i) \qquad (3\text{-}2)$$

其中,　$T(A) = L(\tau(A))$。

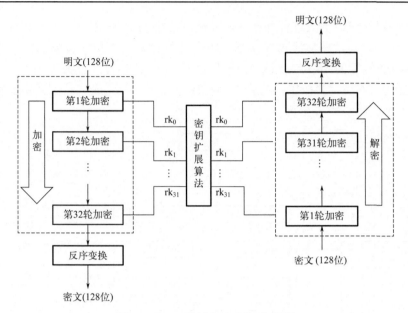

图 3.7　SM4 算法加密和解密流程

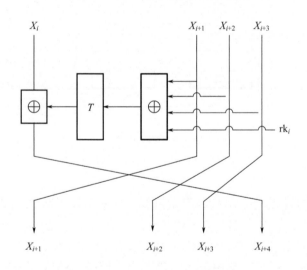

图 3.8　轮函数计算结构图

L 是线性函数：

$$L(B) = B \oplus (B <<< 2) \oplus (B <<< 10) \oplus (B <<< 18) \oplus (B <<< 24)$$

τ 是 S 盒置换：

$$B = (b_0, b_1, b_2, b_3) = \tau(A) = (\mathrm{Sbox}(a_0), \mathrm{Sbox}(a_1), \mathrm{Sbox}(a_2), \mathrm{Sbox}(a_3))$$

运行 32 轮迭代后，再经过最后 1 轮反序变换，输出密文。反序变换公式为

$$(Y_0, Y_1, Y_2, Y_3) = R(X_{32}, X_{33}, X_{34}, X_{35}) = (X_{35}, X_{34}, X_{33}, X_{32}) \tag{3-3}$$

轮函数中输入的 rk_i 是轮密钥，是主密钥根据密钥生成算法来产生的。轮密钥生成算法与轮函数加密过程基本相同，如图 3.9 所示。

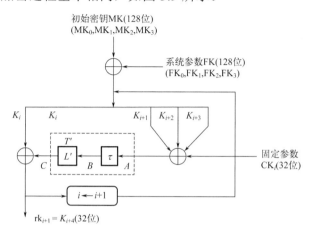

图 3.9　轮密钥生成算法

初始的加密密钥 $\mathrm{MK} = (\mathrm{MK}_0, \mathrm{MK}_1, \mathrm{MK}_2, \mathrm{MK}_3)$，则按式 (3-4) 计算 K_i：

$$(K_0, K_1, K_2, K_3) = (\mathrm{MK}_0 \oplus \mathrm{FK}_0, \mathrm{MK}_1 \oplus \mathrm{FK}_1, \mathrm{MK}_2 \oplus \mathrm{FK}_2, \mathrm{MK}_3 \oplus \mathrm{FK}_3) \tag{3-4}$$

再计算 $\mathrm{rk}_i \in Z_2^{32}$，其中 $T'(A)$ 与加密时的 $T(A)$ 基本相同，只是其中的 $L(B)$ 换为 $L'(B)$，公式为

$$\mathrm{rk}_i = K_{i+4} = K_i \oplus T'(K_{i+1}, K_{i+2}, K_{i+3}, \mathrm{CK}_i) \tag{3-5}$$

3. SIMON 算法[5]

SIMON 算法是一种基于 Feistel 网络结构的轻量级分组密码算法，由美国国家安全局在 2013 年提出，目的是满足对安全性、灵活性和可分析的轻量级分组密码的需求。SIMON 系列算法包含十种不同参数的变体，每种算法分组长度和密钥长度以及所需迭代轮数如表 3.1 所示。

表 3.1　SIMON 系列算法

变体号	分组长度/位	密钥长度/位	迭代轮数
1	32	64	32
2	48	72	36
3	48	96	36
4	64	96	42

续表

变体号	分组长度/位	密钥长度/位	迭代轮数
5	64	128	44
6	96	96	52
7	96	144	54
8	128	128	68
9	128	192	69
10	128	256	72

　　SIMON 算法具有很大的灵活性，可以根据不同应用对安全性和性能等方面的要求，选择合适的算法版本。SIMON64/128 表示分组长度为 64 位和密钥长度为 128 位的 SIMON 算法，SIMON64/128 算法的第 i 轮加密过程如图 3.10 所示。图中 x_i 和 x_{i+1} 表示 SIMON64/128 算法的第 i 轮长度为 n 位的输入分组，x_{i+1} 和 x_{i+2} 表示 SIMON64/128 算法的第 i 轮长度为 n 位的输出分组，k_i 表示第 i 轮长度为 n 位的子密钥。

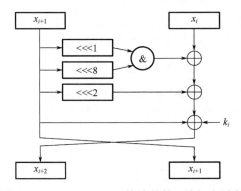

图 3.10　SIMON64/128 算法的第 i 轮加密过程

　　SIMON64/128 算法的轮函数主要包括五个步骤：第一步进行循环移位，将左端输入分组 x_{i+1} 分别向左循环移动 1 位、8 位和 2 位；第二步进行与运算，将向左循环移动 1 位和 8 位的结果进行与运算；第三步进行异或运算，将第二步所得结果与右端输入 x_i 进行异或运算；第四步进行异或运算，将第三步所得结果与向左循环移动 2 位进行异或运算；第五步进行异或运算，将第四步所得结果与子密钥进行异或运算，最后得到左端的输出 x_{i+2} 和右端的输出 x_{i+1}，整个轮函数结束。

　　SIMON 算法的密钥扩展过程如式 (3-6) 所示，主要包括异或运算和循环移位运算。密钥扩展过程的输入为 k，输出为 m 个子密钥 $k_0, k_1, \cdots, k_{m-1}$。式 (3-6) 中的参数 c 和 z 如表 3.2 所示。

$$k_{i+m} = \begin{cases} c \oplus (z_j)_i \oplus k_i \oplus (I \oplus S^{-1})S^{-3}k_{i+1}, & m = 2 \\ c \oplus (z_j)_i \oplus k_i \oplus (I \oplus S^{-1})S^{-3}k_{i+2}, & m = 3 \\ c \oplus (z_j)_i \oplus k_i \oplus (I \oplus S^{-1})(S^{-3}k_{i+3} \oplus k_{i+1}), & m = 4 \end{cases} \tag{3-6}$$

其中，S 表示移位操作；I 表示轮数索引。

表 3.2　SIMON 算法参数

参数	参数值
c	0x3FFFFFFFFFFFFFFC
z_0	0x3E8958737D12B0E6
z_1	0x23BE4C2D477C985A
z_2	0x2BDC0D262847E5B3
z_3	0x36EB19781229CD0F
z_4	0x3479AD88170CA4EF

3.2　基于 SPN 结构的密码算法

如果加密时每一轮运算是对整个分组进行混淆和扩散，则该结构称为 SPN 结构。SPN 结构的代表性算法是 AES 算法，在一些轻量化算法中也经常使用。

3.2.1　算法核心原理

SPN 结构要求轮密钥的长度与分组的长度相同。与 Feistel 网络结构相比，SPN 结构具有加密和解密过程不同的缺点，在实现过程中需要消耗更多的资源。然而，应用 SPN 结构的好处是水平扩散。它的轮函数能够在一个迭代的轮中改变所有的分组消息，因此它的安全性相对较高[6]。SPN 结构的轮变换过程如图 3.11 所示。

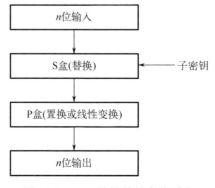

图 3.11　SPN 结构的轮变换过程

3.2.2　典型算法分析

AES 是应用最为广泛的使用 SPN 结构的密码算法,其基本运算流程具备一定的代表性。此外,轻量化算法 PRESENT 也有很多使用场景,本节将其作为轻量化 SPN 结构密码算法的代表进行介绍。

1. AES 算法[7]

AES 算法是一种密钥长度为 128 位/192 位/256 位、分组长度为 128 位的迭代型分组密码,其每次迭代都是可逆运算。根据密钥长度的不同,迭代的轮数也不同,具体为:密钥 128 位迭代 10 轮、密钥 192 位迭代 12 轮、密钥 256 位迭代 14 轮。AES 的总体组成为轮迭代和密钥扩展,轮迭代又由 4 部分组成:字节替换、行移位、列混淆、密钥加。128 位的 AES 密码加/解密流程如图 3.12 所示,第 1～9 轮运算包含 4 个步骤,第 10 轮运算包含 3 个步骤。

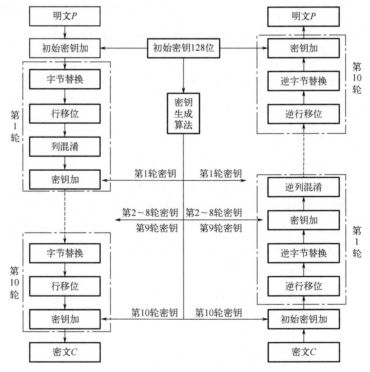

图 3.12　128 位的 AES 密码加/解密流程

可以看到,在图 3.12 中左侧的加密流程中,明文除去初始密钥加外,还需要迭代 10 轮输出密文,密钥加的过程会有主密钥生成的轮密钥参与,轮密钥在加密和解密过程中是相同的,只是使用顺序为倒序。AES 算法中每次输入的 128 位数据会变成一个 4×4 排布的矩阵，共 16 个位置，每个位置 8 位数据，然后进行轮函数加密。

字节替换通过 S 盒实现，AES 中使用的是一个 8 位输入、8 位输出的 S 盒，篇幅原因，S 盒内容不在书中展示。每次字节替换过程中，16 个 8 位数据查找统一的 S 盒并得到输出结果。由于加密和解密操作不对称，解密过程需要查找逆 S 盒。

行移位操作是作用于 S 盒的输出的，矩阵信息的 4 行循环左移，即第 0 行左移 0 字节，第 1 行左移 1 字节，第 2 行左移 2 字节，第 3 行左移 3 字节，行移位操作过程如图 3.13 所示。

$b_{0,0}$	$b_{0,1}$	$b_{0,2}$	$b_{0,3}$	不移位	$b_{0,0}$	$b_{0,1}$	$b_{0,2}$	$b_{0,3}$
$b_{1,0}$	$b_{1,1}$	$b_{1,2}$	$b_{1,3}$	移1字节	$b_{1,1}$	$b_{1,2}$	$b_{1,3}$	$b_{1,0}$
$b_{2,0}$	$b_{2,1}$	$b_{2,2}$	$b_{2,3}$	移2字节	$b_{2,2}$	$b_{2,3}$	$b_{2,0}$	$b_{2,1}$
$b_{3,0}$	$b_{3,1}$	$b_{3,2}$	$b_{3,3}$	移3字节	$b_{3,3}$	$b_{3,0}$	$b_{3,1}$	$b_{3,2}$

图 3.13 行移位操作过程

经过行移位之后，其实每一列也完全进行了重排，都包含未移位前每列的一字节。然后进行列混淆，把得到的矩阵右乘固定矩阵 $\begin{bmatrix} 02 & 03 & 01 & 01 \\ 01 & 02 & 03 & 01 \\ 01 & 01 & 02 & 03 \\ 03 & 01 & 01 & 02 \end{bmatrix}$，即完成了列混淆。注意：该矩阵乘法操作中的乘法需满足 GF(2^4) 上的运算，对多项式 x^4+1 取模。

最后每轮的密钥加是将列混淆后的矩阵与轮密钥矩阵按字节做模 2 加操作。逆操作使用同样的矩阵，因为异或的逆操作依然是异或。

2. PRESENT 算法[8]

PRESENT 算法是一种基于 SPN 网络结构的轻量级分组密码算法，分组长度为 64 位，共迭代 31 轮，密钥有两种长度，分别是 80 位和 128 位。PRESENT64/80 表示分组长度为 64 位和密钥长度为 80 位的 PRESENT 算法，一般在使用时使用此参数。

PRESENT64/80 算法的加密过程如图 3.14 所示，轮函数包含三个步骤：第一步是明文与子密钥 K_1 进行异或运算，第二步将第一步所得的结果进行 S 盒运算，第三步将第二步所得的结果进行置换运算。轮函数迭代 31 轮后，将所得结果与子密钥 K_{32} 进行异或运算，最终得到密文。

具体运算过程如下。

（1）异或运算。子密钥 $K_i = k_{i63}\cdots k_{i0}$（$1 \leq i \leq 32$）和当前分组信息 $b_{63}\cdots b_0$ 按位进行异或运算，如式（3-7）所示，其中 $0 \leq j \leq 63$。

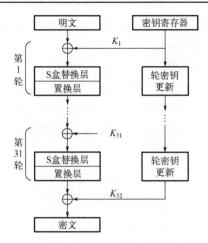

图 3.14　PRESENT64/80 算法的加密过程

$$b_j \rightarrow b_j \oplus k_{ij} \tag{3-7}$$

（2）替换层。PRESENT 算法的替换层使用的是 4×4 的 S 盒，表 3.3 给出了 S 盒的十六进制表示。

表 3.3　PRESENT 算法的 S 盒

输入 x	0	1	2	3	4	5	6	7	8	9	A	B	C	D	E	F
输出 $S[x]$	C	5	6	B	9	0	A	D	3	E	F	8	4	7	1	2

对于替换层，输入分组信息 $b_{63}\cdots b_0$ 被视为 16 个半字节 $w_{15}\cdots w_0$，其中 $w_i = b_{4i+3}\|b_{4i+2}\|b_{4i+1}\|b_{4i}$，$0 \le i \le 15$，输出结果为半字节 $S[w_i]$。

（3）置换层。PRESENT 算法使用的位置换如表 3.4 所示，表示分组信息的第 i 位移动到第 $P(i)$ 位，i 的范围为 0～63，对应的 $P(i)$ 是移动后的位置。

表 3.4　PRESENT 算法的置换层

i	0	1	2	3	4	5	6	7	8	9	10	11	12	13	14	15
$P(i)$	0	16	32	48	1	17	33	49	2	18	34	50	3	19	35	51
i	16	17	18	19	20	21	22	23	24	25	26	27	28	29	30	31
$P(i)$	4	20	36	52	5	21	37	53	6	22	38	54	7	23	39	55
i	32	33	34	35	36	37	38	39	40	41	42	43	44	45	46	47
$P(i)$	8	24	40	56	9	25	41	57	10	26	42	58	11	27	43	59
i	48	49	50	51	52	53	54	55	56	57	58	59	60	61	62	63
$P(i)$	12	28	44	60	13	29	45	61	14	30	46	62	15	31	47	63

PRESENT64/80 算法的密钥扩展过程是截取密钥寄存器中存储的 80 位密钥 $K =$

$k_{79}k_{78}\cdots k_0$ 的左侧 64 位数据,初始的 K_1 就是 $k_{79}k_{78}\cdots k_{16}$,按式(3-8)所示的三个步骤,先进行循环左移 61 位处理,完成第 1 步计算;然后把高 4 位通过 S 盒进行置换,完成第 2 步计算;再把 $k_{19}\sim k_{15}$ 这 5 位和轮数值 round_counter 异或,得到密钥寄存器的更新值,完成第 3 步计算。如此循环,直到得到所有所需的密钥为止。

$$k_{79}k_{78}\cdots k_1 k_0 \leftarrow k_{18}k_{17}\cdots k_0 k_{79}k_{78}\cdots k_{19}$$
$$k_{79}k_{78}k_{77}k_{76} \leftarrow S(k_{79}k_{78}k_{77}k_{76}) \tag{3-8}$$
$$k_{19}k_{18}k_{17}k_{16}k_{15} \leftarrow k_{19}k_{18}k_{17}k_{16}k_{15} \oplus \text{round\_counter}$$

3.3 基于 Lai-Massey 结构的密码算法

3.3.1 算法核心原理

该密码结构基于"不同代数群的混合运算"的设计思想,通过在子分组上连续使用三个不同的组操作来实现所需的混淆,而且该密码结构可以完成必要的扩散[9]。这样构造密码,一旦已经从加密密钥子块计算出解密密钥子块,则解密过程与加密过程相同。该密码结构的软硬件实现非常高效。Lai-Massey 结构使用模加、模乘和异或,其变种 ARX 结构使用模加、循环移位和异或,没有 S 盒。Lai-Massey 结构在硬件上实现更加紧凑和快速,原理如图 3.15 所示。

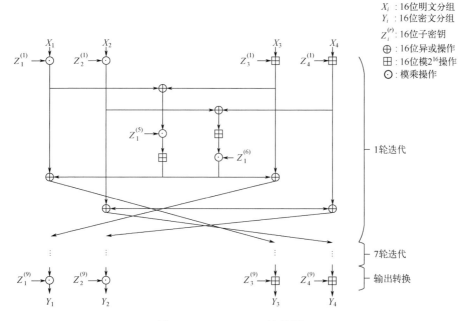

图 3.15 Lai-Massey 结构原理

3.3.2 典型算法分析

1. SPECK 算法[10]

SPECK 系列算法是一种轻量化的分组密码，版本数量和 SIMON 系列算法相同，

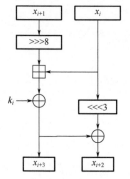

也包含十种不同的版本。本节以 SPECK64/128 为例，它表示分组长度为 64 位和密钥长度为 128 位的 SPECK 算法，SPECK64/128 算法的第 i 轮加密过程如图 3.16 所示。

图 3.16 中，x_i 和 x_{i+1} 表示 SPECK64/128 算法的第 i 轮长度为 n 位的输入分组，x_{i+2} 和 x_{i+3} 表示 SPECK64/128 算法的第 i 轮长度为 n 位的输出分组，k_i 表示第 i 轮长度为 n 位的子密钥。SPECK64/128 算法加密过程的轮函数主要包括五个步骤：第一步将左侧输入 x_{i+1} 向右循环移动 8 位；第二步将第一步所得结果与右侧输入 x_i 进行模加运算；第三步将第二步所得结果与子密钥 k_i 进行异或运算，得到左侧输出 x_{i+3}；第四

图 3.16　SPECK64/128 算法的第 i 轮加密过程

步将右侧输入 x_i 向左循环移动 3 位；第五步将第四步所得结果与左侧输出 x_{i+3} 进行异或运算，得到右侧输出 x_{i+2}。SPECK64/128 算法的加密过程可写作：

$$x_{i+3} = ((x_{i+1} >>> 8) + x_i) \oplus k_i$$
$$x_{i+2} = (x_i <<< 3) \oplus x_{i+3} \tag{3-9}$$

SPECK64/128 算法的密钥扩展过程如式 (3-10) 所示，其中 $K = (l_{m-2}, \cdots, l_0, k_0)$ 是算法的主密钥，l_0 和 k_0 是 $GF(2^n)$ 上的值。密钥扩展过程的输入为主密钥 K，输出为 T 个子密钥 $k_0, k_1, \cdots, k_{T-1}$。

$$l_{i+m-2} = (k_i + (l_i >>> 8)) \oplus i$$
$$k_{i+1} = (k_i <<< 3) \oplus l_{i+m-2} \tag{3-10}$$

2. Ballet 算法[11]

Ballet 算法共有三个版本：Ballet-128/128/46、Ballet-128/256/48 和 Ballet-256/256/74。所有版本采用相同的轮函数，无 S 盒和复杂线性层，仅由模加、异或和循环移位操作组成，即 ARX 结构算法，因而该算法灵活性和延展性强，并能够轻量化实现。除此之外，Ballet 算法在 ARX 结构的基础上进行简化设计而成，并采用 4 分支的近似对称 ARX 结构，也利于软件实现。其在 32 位和 64 位平台环境下均有很好的表现，即使在采用单路实现方式的情况下依然具有很大的优势。在安全性方面，Ballet 算法能够抵抗现有的差分分析和线性分析等已知攻击方法，且因采用 ARX 结构，无 S 盒的使用，防护侧信道攻击的代价小。Ballet 算法的轮函数如图 3.17 所示。图中 sk_i^L 和 sk_i^R 分别表示轮密钥的左半部分和右半部分。

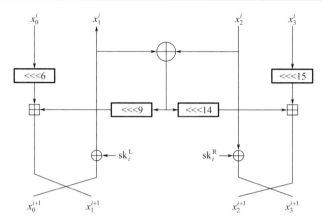

图 3.17　Ballet 算法的轮函数

3.4　分组密码算法对比(特征)分析

本节对基于 SPN 结构的分组密码算法、基于 Feistel 网络结构的分组密码算法、基于 ARX 结构的分组密码算法的算子从 S 盒、置换、异或、与、循环移位、模加等几个方面进行统计。表 3.5 所示为基于 Feistel 网络结构的算法算子总结[12-16]，表 3.6 所示为基于 SPN 结构的算法算子总结[17-22]，表 3.7 所示为基于 ARX 结构的算法算子总结[23]。

表 3.5　基于 Feistel 网络结构的算法算子总结

算法名称	分组长度/位	密钥长度/位	轮数	S 盒	置换	异或	与	循环移位	模加
LBlock	64	80	32	4×4 (8×32)	32(32)	32(64)	—	29L(31)、8L(32)、8R(32)	—
SIMON	32, 48, 64, 96, 128	64, 72, 96, 128, 144, 192, 256	32, 72	—	—	64(5×68)	64(72)	3R(68)、8L(72)	—
Simeck	32, 48, 64	64, 96, 128	32, 36, 44	—	—	32(4×44)	32(44)	5L(44)	—
Lilliput	64	80	30	4×4 (1×8×30)	20 (4×29)	32(30)、4(21×30)	—	3R(2×29)、3L(2×29)	—
CHAM	64, 128, 128	128, 128, 256	80, 80, 96	—	—	128(96)	32(2×96)	—	11L(16)、8L(96)	$2^{16}/2^{32}/2^{32}$ (80/80/96)
FBC	128, 128, 256	128, 256, 256	48, 64, 80	4×4 (1×2×80)	—	64(6×156)	64 (2×156)	22L(156)、58L(80)	—

表 3.6　基于 SPN 结构的算法算子总结

算法名称	分组长度/位	密钥长度/位	轮数	S 盒	置换	异或	循环移位	模加	模减	模乘	LFSR
PRESENT	64	80, 128	31	4×4 (16×31)	64(31)	64(32)	61L(32)	—	—	—	—

续表

算法名称	分组长度/位	密钥长度/位	轮数	S盒	置换	异或	循环移位	模加	模减	模乘	LFSR
Humming-bird	16	256	20	4×4(68)	—	16(16×4)	10R(4×4)、10L(4×4)	mod2^{16}(7)	mod2^{16}(4)	—	1
Klein	64	64，80，96	12，16，20	4×4(16×20)	64(20)	64(20)	12L(2×20)	—	—	GF(2^4)	—
Midori	64，128	128，128	16，20	4×4(16×16)、8×8(16×8)	128(19)	128(21)	—	—	—	GF(2^4)(15)、GF(2^8)(19)	—
MANTIS	64	128+64	14	4×4(16×16)	64(14×2)	64(34)	—	—	—	—	—
SKINNY	64	64，128，192	32，36，40	4×4(16×40)	32(4×56)	32(4×56)	3R(56)	—	—	—	6(2×56)
GIFT	64，128	128	28，40	4×4(32×40)	128(40)	64(40)	12R(41)	—	—	—	—
uBlock	128，128，256	128，256，256	16，24，24	4×4(2×32×24)	128(2×24)	128(9×24)	20L(24)	—	—	2	—

表 3.7　基于 ARX 结构的算法算子总结

算法名称	分组长度/位	密钥长度/位	轮数	异或	循环移位	模加	模减
SPECK	32，48，64，96，128	64，72，96，128，144，192，256	22，23，26，27，28，29，32，33，34	64(2×256)	3L(34)、8R(34)	2^{16}(22)、2^{24}(23)、2^{32}(27)、2^{48}(29)、2^{64}(34)	2^{16}(22)、2^{24}(23)、2^{32}(27)、2^{48}(29)、2^{64}(34)
LEA	128	128，192，256	24，28，32	32(6×32)	17L(32)、5R(32)	2^{32}(6×32)	2^{32}(6×32)
Ballet	128，128，256	128，256，256	46，48，74	128(3×74)、64(874+8)	17L(48)、15L(75)、15R(75)	2^{32}(2×46+2)、2^{64}(2×74+2)	2^{32}(2×46+2)、2^{64}(2×74+2)

从表 3.5 中可以看到，基于 Feistel 网络结构的算法的主要算子集中在异或和循环移位这两类，这也与该结构的特点有关，同时有一些与操作需要完成，在 CHAM 算法中还使用了模运算。

从表 3.6 中可以看到，基于 SPN 结构的算法的主要算子集中在 S 盒、置换、异或和循环移位 4 个部分，此外，个别算法也包含模运算。除了所涉及算子的位数外，在括号中还给出了同时并行的算子数量和迭代的轮数，例如，PRESENT 算法 S 盒一栏，除了写明 4×4 表示 S 盒输入和输出的关系外，括号中的 16×31 表示该 S 盒同时需要 16 个，涉及 31 轮操作。循环移位中的 R 和 L 表示右移和左移。

基于 ARX 的算法整理较少，在表 3.7 中主要使用了异或、循环移位和模运算。通过总结三类不同结构算法的算子可以看出，不同结构算法之间使用的算子存在一定的差异性，但是又彼此间存在可观的交集，可以选择合适的算法进行可重构设计，得到能适用于这三类算法的运算单元，并进一步进行 PE 设计，通过可重构阵列来完成这三类算法在硬件电路上的映射，满足可重构运算的需求。

3.5　分组密码算法计算架构设计

轻量级分组密码算法和其他类型的加密算法相比，主要有四个特点：一是轻量级分组密码算法加密速度和解密速度很快，这适用于对加密速度和解密速度有严格要求的应用；二是轻量级分组密码算法易于标准化，这有助于轻量级分组密码算法国际化；三是轻量级分组密码算法便于软硬件实现，这适用于资源受限的移动终端设备；四是使用轻量级分组密码算法易于实现信息的同步传输，因为一个在加密过程中产生的分组信息的传输错误，不会导致其他分组信息发生传输错误，即丢失一个分组信息，不会影响后续分组信息的正确性。轻量级分组密码算法的应用领域主要包含以下几个方面：数据加密、密钥管理、数字认证和数字签名。本节将对所选的轻量级分组密码算法进行可重构设计。

3.5.1　可重构单元设计

模式特征指轻量级分组密码算法包含的算子种类，如异或和 S 盒等。模式特征决定了 PE 的位宽和结构等基本属性。通过 3.4 节中的特征分析，可以得到统计结果如表 3.8 所示。可以发现，这些轻量级分组密码算法只有有限的几种算子种类，只需支持这几种算子，就可以实现相应轻量级分组密码算法。

表 3.8　轻量级分组密码算法的模式特征

算子种类	使用频率/%	算子种类	使用频率/%
异或	100.00	S 盒	83.33
与	7.14	模加	21.43
循环移位	76.19	模减	9.52
置换	78.57	模乘	28.57

组合特征指轻量级分组密码算法中频繁出现的算子组合。模式特征关注的是可重构单元中的算子种类，而组合特征关注的是可重构单元之间的组合关系。很多算法中会重复出现一些算子组合，例如，S 盒运算前后一般会进行异或运算，因此，设计 PE 时可以将 S 盒运算和异或运算串联起来，这样就可在一个 PE 中完成两个不同的运算，有效地降低了硬件资源开销。统计算法中各个算子的组合特征得到表 3.9，根据统计结果，可以有针对性地进行可重构单元设计。

表 3.9　轻量级分组密码算法的组合特征

算子种类	使用频率/%	算子种类	使用频率/%
异或+S 盒	61.90	异或+循环移位	11.90
S 盒+置换	52.38	异或+置换	9.52
异或+S 盒+置换	45.24	异或+模加	7.14
置换+异或	28.57	循环移位+模加	4.76
异或+异或	28.57	与+异或	4.76
循环移位+异或	26.19	异或+异或+异或	4.76
S 盒+异或	23.81	循环移位+置换	4.76

1. 逻辑单元

根据统计结果，所有目标算法都使用了异或运算，有一部分算法使用了与运算，没有算法使用非逻辑运算和或逻辑运算，同时有一部分算法中含有双级联逻辑运算。因此，逻辑单元(logic unit, LU)中包含了可选择的二级级联。LU 结构如图 3.18 所示，其中 XOR 表示异或运算，AND 表示与运算，输入和输出的数据都是 32 位。

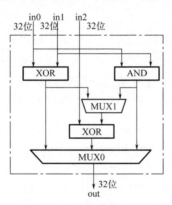

图 3.18　LU 结构

在图 3.18 中，LU 中共有两个 MUX，三输入 MUX0 需要 2 位配置信息，二输入 MUX1 需要 1 位配置信息。左侧第一位的配置信息控制二输入 MUX1，右侧两位的配置信息控制三输入 MUX0，对应的配置信息和操作功能如表 3.10 所示。

表 3.10　LU 配置信息分配

控制信号 MUX1	控制信号 MUX0	操作
0	0 0	in0 ⊕ in1
0	0 1	in0 ⊕ in1 ⊕ in2
1	0 1	in0 & in1 ⊕ in2
0	1 0	in0 & in1

2. 查找表单元

S 盒是基于 SPN 结构的轻量级分组密码算法中的非线性部件，为算法提供必需的混淆作用。这些算法常常需要并行查找相同或者不同的 S 盒，对分组信息进行 S 盒运算。轻量级分组密码算法中所使用的 S 盒的位宽大多数都为 4 位，因此本节的 S 盒的输入位宽为 4 位。

查找表单元(lookup table unit, LTU)结构如图 3.19 所示，使用 8 个 4×4 RAM 并联电路表示 8 个 S 盒，同时分组信息在查表前后可进行异或运算，大小为 32 位的输入分组被拆分成 8 个大小为 4 位的地址位，经过 S 盒运算后得到 8 个大小为 4 位的分组信息，重新组合成一个 32 位输出分组。

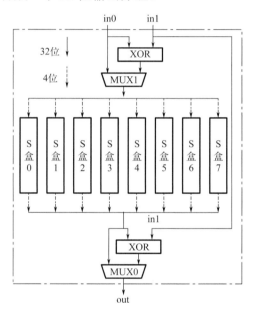

图 3.19　LTU 结构

3. 模运算单元

在设计模运算单元(modular operation unit, MU)时，根据算法需求，兼容了模加运算、模减运算和模乘运算。为了适应更多的算法，模运算单元的前后都串联了异或操作。MU 结构如图 3.20 所示，其中 MA 表示模加运算，MS 表示模减运算，MM 表示模乘运算，4 个输入端口和 1 个输出端口都是 32 位宽。

MU 中有一个三输入 MUX0，需要 2 位配置信息，三个二输入 MUX，分别需要 1 位配置信息，共需要 5 位配置信息。右侧 2 位配置信息控制三输入 MUX0，余下的 3 位配置信息从右到左分别控制 3 个二输入 MUX1、MUX2 和 MUX3。MU 的配置信息和操作功能如表 3.11 所示，其中 x 表示任意值。

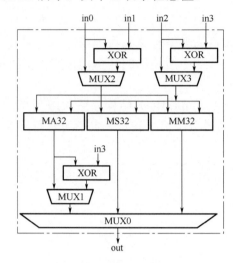

图 3.20　MU 结构

表 3.11　MU 的配置信息和操作功能

MUX3	MUX2	MUX1	MUX0	操作
0	0	0	0 0	$(in0 + in2)\, mod\, 2^{32}$
1	0	0	0 0	$(in0 + (in2 \oplus in3))\, mod\, 2^{32}$
0	1	0	0 0	$((in0 \oplus in1) + in2)\, mod\, 2^{32}$
0	0	1	0 0	$((in0 + in2)\, mod\, 2^{32}) \oplus in3$
1	1	0	0 0	$((in0 \oplus in1) + (in2 \oplus in3))\, mod\, 2^{32}$
1	0	1	0 0	$((in0 + (in2 \oplus in3))\, mod\, 2^{32}) \oplus in3$
0	1	1	0 0	$((in2 + (in0 \oplus in1))\, mod\, 2^{32}) \oplus in3$
1	1	1	0 0	$(((in0 \oplus in1) + (in2 \oplus in3))\, mod\, 2^{32}) \oplus in3$
0	0	x	0 1	$(in0 - in2)\, mod\, 2^{32}$
0	1	x	0 1	$((in0 \oplus in1) - in2)\, mod\, 2^{32}$
1	0	x	0 1	$((in2 \oplus in3) - in0)\, mod\, 2^{32}$
1	1	x	0 1	$((in0 \oplus in1) - (in2 \oplus in3))\, mod\, 2^{32}$
0	0	x	1 0	$(in0 \times in2)\, mod\, 2^{32}$
0	x	x	1 0	$((in0 \oplus in1) \times in2)\, mod\, 2^{32}$
1	x	x	1 0	$((in2 \oplus in3) \times in0)\, mod\, 2^{32}$
1	x	x	1 0	$((in0 \oplus in1) \times (in2 \oplus in3))\, mod\, 2^{32}$

4. 置换单元

置换单元(permute unit, PU)由一个输入/输出长度为 64 位的 BENES 网络、四个异或运算和四个 MUX 组成,结构如图 3.21 所示。可对分组信息进行不超过 64 位长度的置换运算,还可以完成某些不易实现的运算,如移位运算和复杂的逻辑运算。PU 的输入为 32 位的分组信息,输出也为两个长度为 32 位的分组信息。

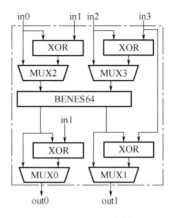

图 3.21　PU 结构

计算 BENES 网络所需配置信息的大小如式(3-11)所示,计算可得分组信息长度为 64 位的 BENES 网络所需要的配置信息大小为 352 位,因此整个置换单元共需 $352 + 4 = 356$(位)的配置信息。

$$\text{BENES}(N) = -\frac{N}{2} + N\log_2 N \tag{3-11}$$

5. 移位单元

轻量级分组密码算法中使用最多的移位运算为 32 位和 64 位,因此所设计的移位单元(shift unit, SU)只支持 32 位和 64 位的操作,使用其他位数的移位运算的算法可以通过 PU 来实现。

SU 结构如图 3.22 所示,SU 实现分组信息的移位运算,由一个 32 位的移位运算、一个 64 位的移位运算、四个异或运算和六个 MUX 组成,可对分组信息进行移位数不大于 64 位的循环移位。为了减小实现面积,移位位数是左循环移位的位数,而右循环移位可通过左循环移位来实现,如右循环移动 1 位,等同于左循环移动 31 位。

SU 中包含 6 个二输入 MUX,因此共需要 6 位控制信息,具体的含义如表 3.12 所示,其中 N_1 的取值范围

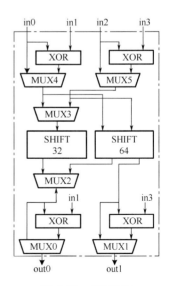

图 3.22　SU 结构

为 $0\sim31$，N_2 的取值范围为 $0\sim63$，x 表示任意值。

表 3.12　SU 配置信息分配

MUX5	MUX4	MUX3	MUX2	MUX1	MUX0	操作
x	0	0	0	x	0	$in0 \lll N_1$
x	1	0	0	x	0	$(in0 \oplus in1) \lll N_1$
0	x	1	0	x	0	$in2 \lll N_1$
1	x	1	0	x	0	$(in2 \oplus in3) \lll N_1$
x	0	0	0	x	1	$(in0 \lll N_1) \oplus in1$
x	1	0	0	x	1	$(in0 \oplus in1) \lll N_1 \oplus in1$
0	x	1	0	x	1	$(in2 \lll N_1) \oplus in1$
1	x	1	0	x	1	$((in2 \oplus in3) \lll N_1) \oplus in1$
0	0	x	1	0	0	$(in0 \| in2) \lll N_2$
1	0	x	1	0	0	$(in0 \| (in2 \oplus in3)) \lll N_2$
0	1	x	1	0	0	$(in0 \| in2) \lll N_2$
1	1	x	1	0	0	$(in0 \| (in2 \oplus in3)) \lll N_2$

3.5.2　分组密码的 PE 结构

PE 是整体架构中的最小执行单元，包含算法需要的各种可重构单元。轻量级分组密码的 PE 结构如图 3.23 所示。

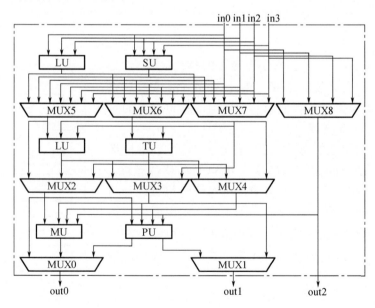

图 3.23　PE 结构

图 3.23 中的 PE 含有 4 个 32 位的输入信息：in0、in1、in2 和 in3，这些输入来自上一个 PE 处理后的数据寄存器。PE 有三个输出：out0、out1 和 out2，输出到数据寄存器作为下一个 PE 的输入。一个 PE 包含 395 位配置信息，其中 0～22 位用来选择 PE 功能，其他位都是各个可重构单元的配置信息，其中 LU 需要 3 位配置信息，TU 需要 2 位配置信息，MU 需要 5 位配置信息，PU 需要 356 位配置信息，SU 需要 6 位配置信息。

3.5.3　架构整体设计

面向轻量级分组密码的粗粒度可重构阵列(lightweight block cipher oriented coarse-grained reconfigurable array, LBCORA)架构是一个支持动态重构的计算平台，可重构阵列为 8×8 阵列，由 64 个同构的 PE 组成。轻量级分组密码的可重构架构总体框图如图 3.24 所示。

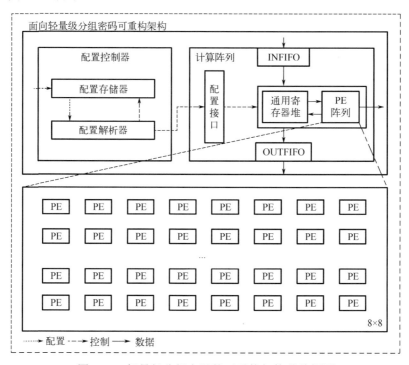

图 3.24　轻量级分组密码的可重构架构总体框图

本节的可重构架构的工作流程如图 3.25 所示：①系统上电重置；②将配置信息加载到配置存储器中；③配置解析器读取配置信息；④配置解析器对配置信息进行解析；⑤选择配置存储器中的配置信息，对计算阵列进行配置；⑥计算阵列读取输入先进先出(input first input first output，INFIFO)存储器中的输入数据；⑦进行加密运算；⑧将加密结果写入输出先进先出(output first input first output，OUTFIFO)存储器中，最终输出密文。PE 阵列计算的中间结果缓存在通用寄存器堆中。

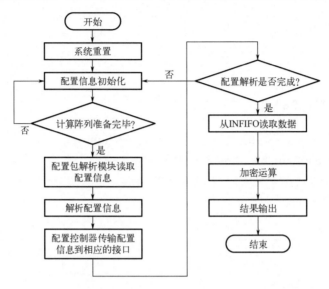

图 3.25　系统工作流程

非轻量级分组密码算法的计算量很大，因此往往需要 12 路 PE 或者 16 路 PE 才能实现最佳性能，而对于大多数轻量级分组密码算法来说，8 路 PE 就能使算法达到最佳性能，而且并行 PE 数量的增加意味着阵列规模的线性增加，因此本节的 PE 阵列采用 8 路 PE，PE 阵列由 8 行×8 列共 64 个同构 PE 组成，负责各种运算操作。PE 阵列通过 INFIFO 存储器和 OUTFIFO 存储器与外部进行交互，通过通用寄存器堆来存储内部的计算数据。

密码架构中通用寄存器堆的容量大小为 64×96 位=6144 位，对通用寄存器堆中的数据的读写操作，分别由 64 个独立的 96 位读端口和 64 个独立的 96 位写端口来实现。64 个写端口都支持以字为单位的掩码操作，即每个 96 位的写端口由 3 位的掩码信号控制。掩码信号定义为高电平有效，每位控制一个独立的 32 位寄存器，可以控制单独寄存器而其余两个寄存器值保持不变，同时禁止多个端口同时对同一个地址进行读写操作。

本架构的数据接口由 INFIFO 存储器和 OUTFIFO 存储器组成，深度都为 32 位，宽度都为 96 位，总计大小为 6 KB。系统在开始工作之前，不仅要接收配置控制器发出的开始信号，还要确认 INFIFO 存储器处于非空状态和 OUTFIFO 存储器处于非满状态。INFIFO 存储器负责将明文和一些初始化数据传递给 PE 阵列，OUTFIFO 存储器负责将加密过程得到的密文传递给外部。

配置接口的作用是传递配置信息和使能信号，包括两方面：一是将从配置解析器接收到的配置信息写入配置寄存器中，然后被计算阵列中的各个模块读取；二是将计算阵列中的控制单元握手信号发送给配置控制器，然后把配置控制器的使能信号发送给计算阵列。

3.6　分组密码算法硬件实现

根据 3.5 节中给出的运算单元和 PE 结构，可以对轻量级分组密码算法进行映射，本节以轻量级分组密码算法中的 PRESENT64/80、SIMON64/128 和 SPECK64/128 为例，展示算法的映射过程。

3.6.1　PRECENT64/80 映射

PRESENT64/80 算法的映射过程如图 3.26 所示，轮函数共有三个连续运算：异或、S 盒和置换，分别对应 LU、TU 和 PU。64 位数据迭代一次需要两个 PE 来完成，共迭代 32 轮，执行一次 PE 阵列可完成一次加密。

对 PRESENT64/80 算法的映射结果分析如表 3.13 所示。PRESENT64/80 算法的轮函数中含有一个异或运算、一个 S 盒运算和一个置换运算，每个 PE 含有 MU、SU、PU 和 TU 各一个，以及两个 LU，利用率是指算法所需可重构单元个数占架构映射所需可重构单元个数的比例。PRESENT64/80 算法中没有用到 MU 和 SU，因此 MU 和 SU 的利用率为 0%，而 LU、TU 和 PU 的利用率分别为 50%、

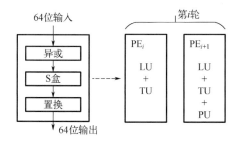

图 3.26　PRESENT64/80 算法的映射过程

100%和 50%。算法实现需要 5 个可重构单元，映射需要 12 个可重构单元，所以算法的可重构单元利用率为 41.67%。

表 3.13　PRESENT64/80 算法的映射结果分析

算子	可重构单元	对应可重构单元个数	映射所需可重构单元个数	利用率/%
异或	LU	2	4	50
S 盒	TU	2	2	100
置换	PU	1	2	50
模加	MU	0	2	0
循环移位	SU	0	2	0

3.6.2　SIMON64/128 映射

SIMON64/128 算法的映射过程如图 3.27 所示，轮函数共有 7 个连续操作，其中

循环向右移动 1 位、循环向右移动 8 位和循环向右移动 2 位这三个移位运算对应于 SU,与运算和异或运算这两类逻辑运算对应于 LU。64 位数据迭代一次需要三个 PE 来完成,共迭代 44 轮,执行三次 PE 阵列可完成一次加密。

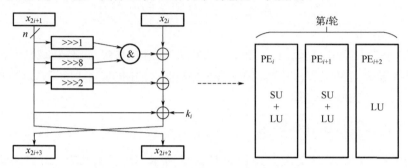

图 3.27　SIMON64/128 算法的映射过程

对 SIMON64/128 算法的映射结果分析如表 3.14 所示。SIMON64/128 算法的轮函数中含有异或、S 盒和置换各一个,SIMON64/128 算法中没有用到 MU、TU 和 PU,因此对应的利用率为 0%,而 SU 和 LU 的利用率分别为 100% 和 67%。算法实现需要 7 个可重构单元,映射需要 18 个可重构单元,所以算法的可重构单元利用率为 38.89%。

表 3.14　SIMON64/128 算法的映射结果分析

算子	可重构单元	对应可重构单元个数	映射所需可重构单元个数	利用率/%
循环移位	SU	3	3	100
异或	LU	4	6	67
置换	PU	0	3	0
模加	MU	0	3	0
循环移位	SU	0	3	0

3.6.3　SPECK64/128 映射

SPECK64/128 算法的映射过程如图 3.28 所示,轮函数共有 5 个连续操作:循环左移 3 位和循环右移 8 位对应于 SU,模加对应于 MU,异或对应于 LU。64 位数据迭代一次需要两个 PE 完成,共迭代 27 轮,执行一次 PE 阵列可完成一次加密。

对 SPECK64/128 算法的映射结果分析如表 3.15 所示。SPECK64/128 算法中没有用到 TU 和 PU,因此对应的利用率为 0%,MU、LU 和 SU 的利用率分别为 50%、50% 和 100%。算法实现需要 5 个可重构单元,映射需要 12 个可重构单元,所以可重构单元利用率为 41.67%。

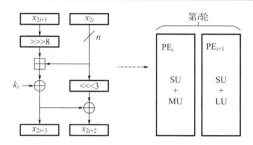

图 3.28　SPECK64/128 算法的映射过程

表 3.15　SPECK64/128 算法的映射结果分析

算子	可重构单元	对应可重构单元个数	映射所需可重构单元个数	利用率/%
模加	MU	1	2	50
异或	LU	2	4	50
循环移位	SU	2	2	100
S 盒	TU	0	2	0
置换	PU	0	2	0

通过对上述三种算法的映射分析可知，虽然三种算法的加密结构不同，但可重构单元利用率结果相差并不大，主要原因在于所设计的是同构 PE，其中包含了所有的可重构单元，能够很好地适应基于三种不同加密结构的算法。

3.6.4　性能分析

本节与其他可重构方案比较的指标为可重构单元利用率和面积效率。可重构单元利用率是指算法所需可重构单元数量与映射所需可重构单元数量的比值，算法包含的算子是固定的，因此可重构单元利用率越高意味着可重构架构可用更少的可重构单元实现密码算法，是可重构密码架构设计好坏的直接体现。可重构架构的面积效率是指可重构架构单位面积上达到的吞吐率，面积效率越高意味着在有限的面积下算法可实现的吞吐率越高，是评价可重构密码设计好坏的重要指标。

表 3.16 列出了 PRESENT64/80(基于 SPN 结构的典型算法)、SIMON64/128 (基于 Feistel 网络结构的典型算法)和 SPECK64/128(基于 ARX 结构的典型算法)在不同可重构密码架构上的可重构单元利用率。本节对这些算法在对应的架构上进行了补全映射，以便进行同等比较。

表 3.16　三种算法在不同架构平台上的可重构单元利用率

算法	架构	MU	SU	PU	LU	TU	有限域乘法	可重构单元利用率/%
PRESENT64/80	所需可重构单元个数	0	0	1	2	2	0	—
	Cryptoraptor	3	3	3	3	3	0	33.33

续表

算法	架构	MU	SU	PU	LU	TU	有限域乘法	可重构单元利用率/%
PRESENT64/80	Anole	5	5	1	5	4	0	25.00
	本章	2	2	2	4	2	0	41.67
SPECK 64/128	所需可重构单元个数	1	2	0	2	0	0	—
	COBRA	5	6	0	6	3	2	22.73
	Anole	5	5	0	5	5	0	25.00
	本章	2	2	2	4	2	0	41.67
SIMON 64/128	所需可重构单元个数	0	3	0	4	0	0	—
	COBRA	7	9	0	9	4	3	21.88
	Cryptoraptor	5	5	5	5	5	0	28.00
	Anole	5	5	0	5	5	0	25.00
	本章	3	3	3	6	3	0	38.89

从表 3.16 的统计结果可知,本章的架构对不同结构的轻量级分组密码算法具有良好的映射结果。具体展开分析,对于 PRESENT64/80 算法,与 Cyptoraptor 和 Anole 相比,可重构单元利用率分别提高 8.34 个百分点和 16.67 个百分点;对于 SPECK64/128 算法,与 COBRA 和 Anole 相比,可重构单元利用率分别提高 18.94 个百分点和 16.67 个百分点;对于 SIMON64/128 算法,与 COBRA、Cyptoraptor 和 Anole 相比,可重构单元利用率分别提高 17.01 个百分点、10.89 个百分点和 13.89 个百分点。因此,与其他架构相比,本章架构的可重构单元利用率具有较大的提高。

本节在四种不同的可重构密码架构上,对三种基于不同加密结构的轻量级分组密码算法的吞吐率、面积和面积效率进行对比,结果如表 3.17 所示。

表 3.17　四种架构运行三种算法的吞吐率、面积和面积效率对比

算法	架构	工艺/nm	频率/MHz	吞吐率/(Gbit/s)	面积/MGE	面积效率/(Gbit/(s·MGE))
PRESENT64/80	Cryptoraptor	45	1000	32.00	4.03	7.94
	Anole	65	400	25.60	1.91	13.40
	本章	55	429	27.46	1.23	22.33
SPECK64/128	COBRA	65	130	2.08	6.69	0.31
	Anole	65	400	25.60	1.91	13.40
	本章	55	429	27.46	1.23	22.33
SIMON64/128	COBRA	65	130	0.92	6.69	0.14
	Cryptoraptor	45	1000	21.33	4.03	5.29

续表

算法	架构	工艺/nm	频率/MHz	吞吐率/(Gbit/s)	面积/MGE	面积效率/(Gbit/(s·MGE))
SIMON64/128	Anole	65	400	12.80	1.91	6.70
	本章	55	429	9.15	1.23	7.44

通过不同架构方案间的对比分析，可得出以下结论。

(1)在吞吐率方面，对于 PRESENT64/80 算法，本章架构相较于 Cryptoraptor 有所降低，和 Anole 相比吞吐率提高了 7.27%；对于 SPECK64/128 算法，本章架构相较于 COBRA 和 Anole，吞吐率分别提高了 1220.19%和 7.27%；对于 SIMON64/128 算法，本章架构相较于 Cryptoraptor 和 Anole，吞吐率降低很多，相较于 COBRA，吞吐率提高了 895.57%。

(2)在面积方面，由于本章面向的对象是轻量级分组密码以及合理的架构设计，因此本章的架构相较于其他的架构都有比较明显的优势，与 COBRA、Cryptoraptor 和 Anole 相比，架构面积分别是这三者的 18.4%、30.5%和 64.4%。

(3)在面积效率方面，对于 PRESENT64/80 算法，本章架构相较于 Cryptoraptor 和 Anole，面积效率分别提高了 181.23%和 66.64%；对于 SPECK64/128 算法，本章架构相较于 COBRA 和 Anole，面积效率分别提高了 7103.23%和 66.64%；对于 SIMON64/128 算法，本章架构相较于 COBRA、Cryptoraptor 和 Anole，面积效率分别提高了 5214.29%、40.64%和 11.04%。

参 考 文 献

[1] Madhu G C, Kumar P V. A survey and analysis of different lightweight block cipher techniques for resource-constrained devices[J]. International Journal of Electronic Security and Digital Forensics, 2022, 14(1): 96-110.

[2] Gurumanapalli K P, Muthuluru N. Feistel network assisted dynamic keying based SPN lightweight encryption for IoT security[J]. International Journal of Advanced Computer Science and Applications, 2021, 12(6): 377-392.

[3] U.S. Department of Commerce/National Institute of Standards and Technology. Data Encryption Standard (DES): FIPS 46 [S]. Gaithersburg, 1977.

[4] 国家密码管理局. SM4 分组密码算法: GM/T 0002-2012[S]. 北京: 中国标准出版社, 2012.

[5] Beaulieu R, Treatman C S, Douglas S, et al. The SIMON and SPECK families of lightweight block ciphers[C]//Proceedings - Design Automation Conference, DAC 2015, San Francisco, 2013:1-6.

[6] Liu B T, Li L, Wu R X, et al. Loong: A family of involutional lightweight block cipher based on SPN structure[J]. IEEE Access, 2019, 7: 136023-136035.

[7]　National Institute of Standards and Technology (NIST). Advanced Encryption Standard (AES): FIPS 197[EB/OL]. [2001-11-26]. http://csrc.nist.gov/publications/fips/fips197/fips-197.pdf.

[8]　Bogdanov A, Knudsen L R, Leander G, et al. PRESENT: An ultra-lightweight block cipher[C]//International Workshop on Cryptographic Hardware and Embedded Systems. Berlin, Heidelberg: Springer, 2007: 450-466.

[9]　Lai X, Massey J L. A proposal for a new block encryption standard[C]// Advances in Cryptology — EUROCRYPT 1990 - Workshop on the Theory and Application of Cryptographic Techniques Aarhus. Berlin, Heidelberg: Springer, 1991:389-404.

[10]　Rashidi B. High-throughput and flexible ASIC implementations of SIMON and SPECK lightweight block ciphers[J]. International Journal of Circuit Theory and Applications, 2019, 47(8): 1254-1268.

[11]　崔婷婷, 王美琴, 樊燕红, 等. Ballet: 一个软件实现友好的分组密码算法[J]. 密码学报, 2019, 6(6): 704-712.

[12]　Wu W L, Zhang L. LBlock: A lightweight block cipher[C]//International Conference on Applied Cryptography and Network Security. Berlin, Heidelberg: Springer, 2011: 327-344.

[13]　Yang G Q, Zhu B, Suder V, et al. The Simeck family of lightweight block ciphers[C]//International Workshop on Cryptographic Hardware and Embedded Systems. Berlin, Heidelberg: Springer, 2015: 307-329.

[14]　Berger T P, Francq J, Minier M, et al. Extended generalized Feistel networks using matrix representation to propose a new lightweight block cipher: Lilliput[J]. IEEE Transactions on Computers, 2015, 65(7): 2074-2089.

[15]　Koo B, Roh D, Kim H, et al. CHAM: A family of lightweight block ciphers for resource-constrained devices[C]//Kim H, Kim D C. International Conference on Information Security and Cryptology. Cham: Springer, 2018: 3-25.

[16]　冯秀涛, 曾祥勇, 张凡, 等. 轻量级分组密码算法 FBC[J]. 密码学报, 2019, 6(6): 768-785.

[17]　Engels D, Fan X X, Gong G, et al. Hummingbird: Ultra-lightweight cryptography for resource-constrained devices[C]//International Conference on Financial Cryptography and Data Security. Berlin, Heidelberg: Springer, 2010: 3-18.

[18]　Gong Z, Nikova S, Law Y W. KLEIN: A new family of lightweight block ciphers[C]// International Workshop on Radio Frequency Indentification: Security and Privacy Issues, Amherst, 2011: 1-18.

[19]　Banik S, Bogdanov A, Isobe T, et al. Midori: A block cipher for low energy[C]//International Conference on the Theory and Application of Cryptology and Information Security. Berlin, Heidelberg: Springer, 2015: 411-436.

[20]　Beierle C, Jean J, Kölbl S, et al. The SKINNY family of block ciphers and its low-latency variant

MANTIS[C]//Advances in Cryptology-CRYPTO 2016: 36th Annual International Cryptology Conference, Santa Barbara,2016: 123-153.

[21] Banik S, Pandey S K, Peyrin T, et al. GIFT: A small present—Towards reaching the limit of lightweight encryption[C]//International Conference on Cryptographic Hardware and Embedded Systems. Cham: Springer, 2017: 321-345.

[22] 吴文玲, 张蕾, 郑雅菲, 等. 分组密码 uBlock[J]. 密码学报, 2019, 6(6): 690-703.

[23] Hong D, Lee J K, Kim D C, et al. LEA: A 128-bit block cipher for fast encryption on common processors[C]//Kim Y, Lee H, Perrig A. International Workshop on Information Security Applications. Cham: Springer, 2014: 3-27.

第 4 章 哈 希 函 数

哈希函数是密码学中被广泛使用的密码技术之一，接收一个任意长度的消息为输入，产生一个固定长度的值为输出，若改变消息任何一位或几位，都将有极大的可能改变其输出。哈希函数也称为 Hash 函数、散列函数，输出结果也称哈希值、散列值或消息摘要(message digest，MD)等。在密码学中，哈希函数要求满足两个特性：一个是从哈希值推导出原始的输入数据在计算上不可行(单向性)；另一个是找到具有相同哈希值的不同数据在计算上不可行(抗碰撞性)，即没有攻击方法比穷举攻击更有效[1]。

哈希函数是一种快速收敛的算法，无须耗费巨大的计算资源。基于这样优秀的特性，哈希函数可用于实现许多安全目标，如消息身份验证、消息完整性，还用于实现数字签名、实体身份验证和可证明安全协议，可在多个信息处理应用程序中使用哈希函数来实现各种安全目标，使用非常广泛[2,3]。

哈希函数在密码学中具有重要的地位，如何设计出快速、安全的哈希函数一直是密码学中重要的研究问题。已有的哈希函数都是基于压缩函数(或置换函数)的迭代结构设计的，每个压缩函数的输入为一个固定长度的消息分组，而且每个消息分组采用相似的操作，最终得到固定长度的输出哈希值，其结构和压缩函数是设计的核心问题[4,5]。

本节对当前典型的哈希函数算法进行介绍，通过其核心运算结构来研究哈希函数的可重构算子结构，并进行轻量级哈希函数的可重构设计。

4.1 基于 MD 结构的哈希函数

基于 MD 结构的哈希函数出现得较早，也是比较经典的哈希函数结构，我国的国密 SM3 就是基于该结构设计的哈希算法。此外，SHA 系列也是基于 MD 结构设计的，主要包括 SHA-256、SHA-384 和 SHA-512 等算法。

4.1.1 算法核心原理

消息 M 首先经过预处理被分为 r 个分组 m_0，m_1，$\cdots$，m_{r-1}，每一个分组的长度是相同的，这是一种迭代结构，每一次迭代处理一个消息分组，IV_0 是初始向量，第 q 次迭代的输入包括上一次的输出 IV_{q-1} 和消息分组 m_{q-1}，它们经过压缩函数 f 后得到输出 IV_q，把最后一次迭代的输出 H 作为消息 x 的哈希值。MD 结构如图 4.1 所示。

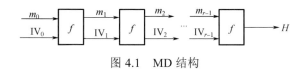

图 4.1　MD 结构

4.1.2　典型算法分析

本节将以 SM3 哈希算法为例，介绍该算法的基本流程和压缩函数结构[6]。此外，还介绍轻量级哈希函数 Lesamnta-LW，同样关注其核心的压缩函数结构。

1. SM3 哈希算法

SM3 哈希算法的输入是长度为 l（$l<2^{64}$）位的消息 m，经过填充、迭代压缩两个主要步骤生成哈希值，哈希值输出长度为 256 位。

首先进行的填充是要将消息变为所需要的长度值。假设消息 m 的长度为 l 位，则首先将位 "1" 添加到消息的末尾，再添加 k 个 "0"，k 是满足 $k+l+1\equiv448\bmod512$ 的最小的非负整数。然后再添加一个 64 位的比特串，该比特串是长度 l 的二进制表示。用此方法填充后的消息 m' 的长度是 512 的整数倍。

随后的迭代压缩是将填充后的消息 m' 按 512 位进行分组：$m'=B^{(0)}\parallel B^{(1)}\parallel\cdots\parallel B^{(n-1)}$，其中 $n=(1+k+65)/512$。对 m' 按如下方式迭代：

$$V^{(i+1)}=\mathrm{CF}(V^{(i)},B^{(i)}) \tag{4-1}$$

其中，$i=0,1,\cdots,n-1$；CF 是压缩函数；$V^{(0)}$ 为 256 位的初始值 IV；$B^{(i)}$ 为填充后的消息分组；迭代压缩结果为 $V^{(i)}$。

从迭代过程可以看出，每次主要的压缩函数就是 $\mathrm{CF}(V, B)$，该函数运行时要先进行消息扩展，再进行压缩。将消息分组 $B^{(i)}$ 扩展生成 132 个消息 $W_0, W_1, \cdots, W_{67}$，$W_0', W_1', \cdots, W_{63}'$ 并用于压缩函数 CF。消息分组的扩展步骤如下。

（1）将消息分组 $B^{(i)}$ 划分为 16 个字 $W_0, W_1, \cdots, W_{15}$。

（2）for j=16 to 67

　　$W_i=P_1(W_{i-16}\oplus W_{i-9}\oplus(W_{i-3}<<<15))\oplus(W_{i-13}<<<7)\oplus W_{i-6}$

　　endfor

（3）for j = 0 to 63

　　$W_i' = W_i \oplus W_{i+4}$

　　endfor

令 A、B、C、D、E、F、G、H 为字寄存器，SS_1、SS_2、TT_1、TT_2 为中间变量，压缩函数 $V^{i+1}= \mathrm{CF}(V^{(i)}, B^{(i)})$，$0\leqslant i\leqslant n-1$。压缩函数计算过程如算法 4.1 所示。

算法 4.1　压缩函数 CF

输入：$ABCDEFGH$ 和 $V^{(i)}$；

输出：$V^{(i+1)}$；

1. for $j = 0$ to 63
2. $SS_1 = ((A<<<12) + E + (T_i<<<(j\mathrm{mod}32)))<<<7$
3. $SS_2 = SS_1 \oplus (A<<<12)$
4. $TT_1 = FF_i(A, B, C) + D + SS_2 + W_i'$
5. $TT_2 = GG_i(E, F, G) + H + SS_1 + W_i$
6. $D = C$
7. $C = B<<<9$
8. $B = A$
9. $A = TT_1$
10. $H = G$
11. $G = F<<<19$
12. $F = E$
13. $E = P_0(TT_2)$
14. endfor
15. $V^{(i+1)} = ABCDEFGH \oplus V^{(i)}$
16. return $V^{(i+1)}$

其中，字的存储为大端对齐，左边为高有效位，右边为低有效位。经过 64 轮迭代后，当前消息分组 $B^{(i)}$ 压缩过程完毕，可以继续进行下一个消息分组的压缩。在第一个消息分组压缩时，输入的 $V^{(0)}$ 是算法标准中定义的初始向量，之后的输入值是上一轮压缩得到的结果。如此进行下去，最后全部消息压缩完毕，得到输出的 256 位的哈希值。SM3 哈希算法的压缩函数结构图如图 4.2 所示。

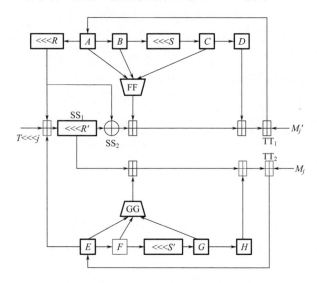

图 4.2　SM3 哈希算法的压缩函数结构图

2. Lesamnta-LW 哈希函数

Lesamnta-LW 是基于 MD 结构的轻量级哈希函数[7]，其结构如图 4.3 所示。该算法对 128 位变量 $H_0^{(i-1)}$、$H_1^{(i-1)}$ 和消息分组 $M^{(i)}$ 进行如下操作：

$$h(H^{(i-1)}, M^{(i)}) = E(H_0^{(i-1)}, M^{(i)} \| H_1^{(i-1)}) \tag{4-2}$$

其中，变量 $H^{(i-1)} = H_0^{(i-1)} \| H_1^{(i-1)}$；$E$ 是密钥长度为 128 位的 256 位分组密码。

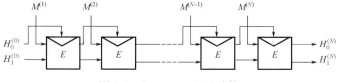

图 4.3　Lesamnta-LW 结构

Lesamnta-LW 使用 64 轮分组密码 E，以 128 位密钥和 256 位明文作为输入。分组密码由密钥调度函数和混合函数两部分组成，密钥调度函数将密钥映射到轮密钥，混合函数将明文和轮密钥作为输入产生密文。它们都使用 4 分支 Feistel 网络，每一轮分组密码计算结构如图 4.4 所示，混合函数和密钥调度函数的输入变量分别由 $(x_0^{(r)}, x_1^{(r)}, x_2^{(r)}, x_3^{(r)})$ 和 $(k_0^{(r)}, k_1^{(r)}, k_2^{(r)}, k_3^{(r)})$ 表示，每个 x_i^r 是 64 位字，每个 k_i^r 是 32 位字。

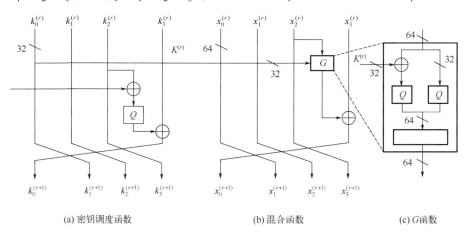

(a) 密钥调度函数　　　　　　　　(b) 混合函数　　　　　　　(c) G 函数

图 4.4　轮函数结构

混合函数由异或、字排列和非线性函数 G 组成，将 32 位轮密钥 $K^{(r)}$ 作为输入，混合函数采用以下方式更新其中间状态：

$$x_0^{(r+1)} = x_3^{(r)} \oplus G(x_2^{(r)}, K^{(r)}), \quad x_1^{(r+1)} = x_0^{(r)}, \quad x_2^{(r+1)} = x_1^{(r)}, \quad x_3^{(r+1)} = x_2^{(r)} \tag{4-3}$$

函数 G 由异或运算、32 位非线性置换 Q 和函数 R 组成。对于 64 位输入 $y = y_0 \| y_1$ 和 32 位轮密钥 $K^{(r)}$，$G(y, K^{(r)})$ 定义如下：

$$G(y, K^{(r)}) = R(Q(y_0 \oplus K^{(r)}) \| Q(y_1)) \tag{4-4}$$

函数 Q 使用 AES 组件，定义如下：

$$Q = \text{MixColumns} \circ \text{SubBytes} \tag{4-5}$$

其中，"∘"表示嵌套操作，即先进行 SubBytes 运算，得到的结果再进行 MixColumns 运算，最终输出 Q。

SubBytes 是一种非线性字节替换，将 4 个字节 S_0、S_1、S_2 和 S_3 作为输入，并使用 AES 的 S 盒对每个字节做替换操作。MixColumns 是以 4 个字节 S_0、S_1、S_2、S_3 作为输入的列混淆变换，由 $\text{GF}(2^8)$ 上定义的 MDS 矩阵乘法给出，计算公式为

$$\begin{bmatrix} S_0' \\ S_1' \\ S_2' \\ S_3' \end{bmatrix} = \begin{bmatrix} 02 & 03 & 01 & 01 \\ 01 & 02 & 03 & 01 \\ 01 & 01 & 02 & 03 \\ 03 & 01 & 01 & 02 \end{bmatrix} \begin{bmatrix} S_0 \\ S_1 \\ S_2 \\ S_3 \end{bmatrix} \tag{4-6}$$

对于 64 位输入 $S = S_0 \| S_1 \| S_2 \| S_3 \| S_4 \| S_5 \| S_6 \| S_7$，函数 $R(S) = S_4 \| S_5 \| S_2 \| S_3 \| S_0 \| S_1 \| S_6 \| S_7$。

$C^{(r)}$ 为轮常数，一轮密钥调度功能包括以下两个步骤，首先生成第 r 轮密钥 $K^{(r)} = k_0^{(r)}$；其次，它以下方式更新中间状态：

$$k_0^{(r+1)} = k_3^{(r)} \oplus Q(C^{(r)} \oplus k_2^{(r)}), \quad k_1^{(r+1)} = k_0^{(r)}, \quad k_2^{(r+1)} = k_1^{(r)}, \quad k_3^{(r+1)} = k_2^{(r)} \tag{4-7}$$

该公式与图 4.4 相对应，按此轮函数进行迭代即可产生消息的哈希值。

4.2 基于 Sponge 结构的哈希函数

基于 Sponge 结构的哈希函数在近年被设计完成，出现后即被广大学者进行研究，并得到了衍生的多类算法，不仅在哈希函数中得到应用，在密码学的其他方面也得到了广泛使用，如流密码等应用场景。

4.2.1 算法核心原理

Sponge 结构是针对一个固定函数 f 的迭代过程。置换输入/输出的二进制串称为状态，其长度为 $b=r+c$，其中 r 称为比特率，与输入消息块长度相同，该部分位称为外部状态，c 称为容量，该部分位称为内部状态。Sponge 结构分为吸收和挤压两个阶段，算法的初始状态为全零。在吸收阶段，输入消息经过填充，分为长度为 r 的各块 p_1，$\cdots$，p_i，$\cdots$，p_m，每块分别与各次置换的输入状态的 r 位长外部状态异或，而 c 位长内部状态保持不变，组合形成本次置换 f 的输入。在挤压阶段，根据所需的输出长度，从各次置换的输出中分别提取 z_1，$\cdots$，z_i 各子串，连接后形成算法输出。实际上 Sponge 结构可以产生任意长度的输出。Sponge 结构如图 4.5 所示，其中的 Pad() 是填充函数，按算法规则可把消息 M 填充到固定位数，Trunc() 是返回

值截断函数，用来产生固定位数的输出值。

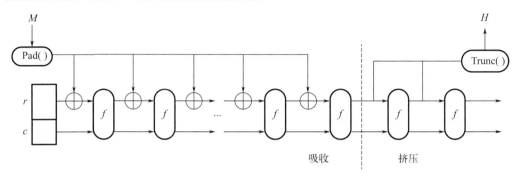

图 4.5　Sponge 结构

4.2.2　典型算法分析

采用 Sponge 结构的典型算法是 SHA-3 哈希函数，以及衍生的轻量级算法，本节会分别介绍两种代表性算法的运算流程。

1. SHA-3 哈希函数

SHA-3 哈希函数的运算核心是 Keccak 算法[8,9]，是基于 Sponge 结构的哈希函数[10-12]。在 Sponge 结构中，迭代函数 f 即为 Keccak 算法的置换函数，表示为 Keccak-$f[b]$。由 4.2.1 节可知 $b=r+c$，b 称为置换宽度，算法规定 $b \in \{25，50，100，200，400，800，1600\}$。算法的迭代轮数 n_r 由 b 决定：$n_r=12+2l$，其中 $2^l = b/25 = w$。Keccak 算法最终提交 Keccak-$f[b]$ 轮函数的 b 值为 1600，因此迭代轮数为 24 轮。表 4.1 给出了 Keccak-$f[b]$ 中七种可能的变量值。

表 4.1　Keccak-$f[b]$置换宽度及相关参数

b	w	l
25	1	0
50	2	1
100	4	2
200	8	3
400	16	4
800	32	5
1600	64	6

1）内部状态数组

Keccak 置换函数 f 取 1600 位的状态 s 作为输入，其中状态 s 由与消息块长度相等的 r 位和表示容量的 c 位组成。在轮函数的压缩处理过程中，每一轮置换函数 f

都作用在一个 5×5×64 的三维状态数组之上。其中的 64 位单元称为 lane（路），每一个 lane 的长度用 w 表示。可以使用符号 $A[x, y, z]$ 表示这个三维状态数组中单独的一位。当更关心在整个 lane 上的操作时，可以把 5×5 的矩阵表示为 $L[x, y]$，这里每一个元素都是一个 64 位的 lane。状态变量 s 中的位与符号 A 之间对应的公式关系为

$$s[64(5y + x) + z] = A[x, y, z] \tag{4-8}$$

其中，$0 \leqslant x \leqslant 5$；$0 \leqslant y \leqslant 5$；$0 \leqslant z \leqslant w$；状态 s 表示为 $s = s[0] \| s[1] \| \cdots \| s[b-1] \| s[b]$。图 4.6 给出了 Keccak-$f[b]$ 状态数组中坐标 x、y、z 对应的编号，图 4.7 表示了在压缩函数运算过程中操作的各类基本单元。

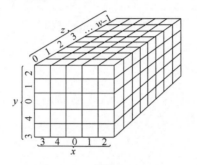

图 4.6　状态数组坐标编号

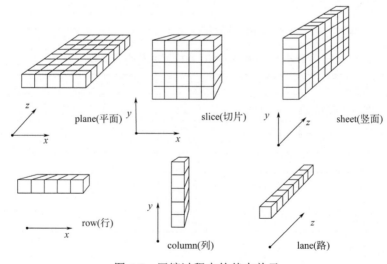

图 4.7　压缩过程中的基本单元

2）轮函数的结构

函数 Keccak-*f*[*b*]在处理每个消息块时，把 1600 位的输入状态变量转换为由 64 位 lane 组成的 5×5 的矩阵。然后在矩阵上进行 24 轮处理，每一轮包含 5 个运算步骤，每一步通过置换或替换来更新状态矩阵。

Keccak-*f*[*b*]的 5 个运算步骤中前 4 步是在三维数据矩阵中进行不同方向的变换，从而达到混淆与扩散三维数组的目的。最后一步是在三维数组的 *L*[0, 0]上异或一组轮常数，以打破原有的对称性。在 24 轮中每一轮操作都相同，仅每轮最后一步的轮常数不同。

轮函数 Keccak-*f*[*b*]的 5 个运算步骤如图 4.8 所示，每一轮最后使用的轮常量 RC 值会在后面给出具体数值，可以表示为如式(4-9)所示的复合形式，其中的 Rnd 用来表示轮函数，*A* 是待处理的数据矩阵，*i*$_r$ 是轮常量，ι、χ、π、ρ和θ是五个步骤的名字。

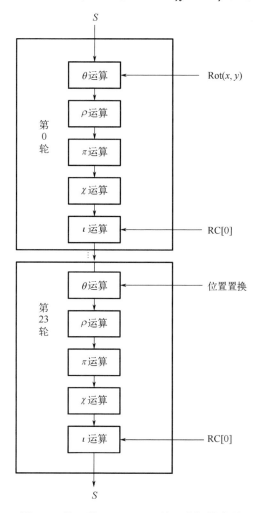

图 4.8　轮函数 Keccak-*f*[*b*]的 5 个运算步骤

$$\text{Rnd}(A, i_r) = \iota(\chi(\pi(\rho(\theta(A)))), i_r) \tag{4-9}$$

由于这 5 个步骤中的操作都是基于位级的运算（即逻辑运算），并且算法中对于 lane 的操作也仅限于位运算和循环移位，实现时并不需要查表、算术运算或依赖于数据的移位操作。因此整个算法描述简单、高效，而且便于软硬件的实现。

3）Keccak-f[b]中的分步运算

第一步 θ 变换的操作是将每一位附近的两列中所有位求和，然后把所得到的值叠加到该位上。这是一个代替类型的操作。对于位于第 x 列、第 y 行、第 z 位上的位，该步函数可以描述为式（4-10）～式（4-12）所示：

$$C[x, y] = A[x, 0, z] \oplus A[x, 1, z] \oplus A[x, 2, z] \oplus A[x, 3, z] \oplus A[x, 4, z], 0 \leqslant x < 5 \text{且} 0 \leqslant z < w \tag{4-10}$$

$$D[x, z] = C[(x-1) \bmod 5, z] \oplus C[(x+1) \bmod 5, (z-1) \bmod w], 0 \leqslant x < 5 \text{且} 0 \leqslant z < w \tag{4-11}$$

$$A'[x, y, z] = A[x, y, z] \oplus D[x, z], \quad 0 \leqslant x < 5, \ 0 \leqslant y < 5 \text{且} 0 \leqslant z < w \tag{4-12}$$

其中，求和运算均为模 2 加操作，即异或操作，x 和 y 坐标需对 5 取模。对该变换更直观的描述如图 4.9 所示。

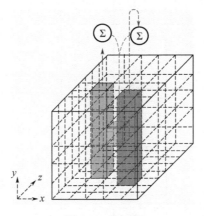

图 4.9　θ 变换

由图 4.9 易知，一个 lane 中的位由该位本身、其前面一个 lane 中相同位置的一位、其后面一个 lane 中相邻的位共同决定，所以提供了很好的混淆效果和扩散效果。

第二步的 ρ 变换是一种基于置换类型的函数变换，$L(0, 0)$ 不参与置换，对于第 x 列、第 y 行、第 z 位上的位，ρ 变换可以定义为

$$A'[x, y, z] = A\left[x, y, \left(z - \frac{(t+1)(t+2)}{2}\right) \bmod w\right], \quad 0 \leqslant z < w \tag{4-13}$$

$$(x, y) = (y, (2x + 3y) \bmod 5) \tag{4-14}$$

t 满足 $0 \leqslant t \leqslant 24$，$\rho$ 变换的结构如图 4.10 所示。由图 4.10 中可以明显看出，ρ 变换是由每个 lane 上的简单循环移位组成的，目的是在每个 lane 内部进行扩散。由于算法固定，在 w 为 8 时每一个 lane 的偏移量如表 4.2 所示。由于是循环移位操作，所以最终运算所得数值需要模 64。

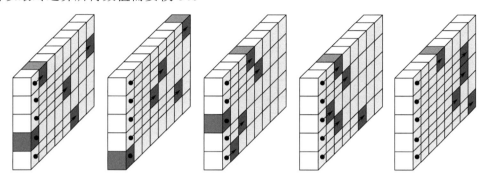

图 4.10　ρ 变换的结构（w=8 时）

表 4.2　ρ 变换偏移量

	$x=3$	$x=4$	$x=0$	$x=1$	$x=2$
$y=2$	153	231	3	10	171
$y=1$	55	276	36	300	6
$y=0$	28	91	0	1	190
$y=4$	120	78	210	66	253
$y=3$	21	136	105	45	15

第三步的 π 变换也是一种置换操作。对于位于 x 列、y 行的一个 lane 上所有的位，π 变换定义为

$$A[x, y] = A[x', y']，换算关系为 \begin{pmatrix} x \\ y \end{pmatrix} = \begin{pmatrix} 2 & 3 \\ 0 & 1 \end{pmatrix} \begin{pmatrix} x' \\ y' \end{pmatrix} \tag{4-15}$$

由式（4-15）可知，在 5×5 矩阵中的每一个 lane 都会按照如下方式平移：新的坐标 x 等于 $(2x+3y) \bmod 5$，而新的坐标 y 由旧坐标 x 确定。π 变换的形式如图 4.11 所示。注意 $L[0,0]$ 的位置是保持不变的，其他的 lane 进行平移变换。前三步的 θ、ρ、π 均为线性变换。

第四步的 χ 变换是一种替换类型的函数变换，每一行中每一位的新值运算公式为

$$\chi : a[\chi] \leftarrow a[\chi] \oplus ((a[\chi+1] \oplus 1) \text{ AND } a[\chi+2]) \tag{4-16}$$

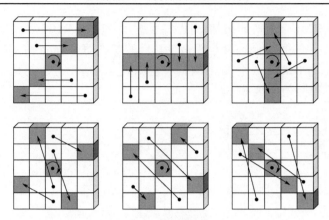

图 4.11　π 变换的形式

χ 变换是 Keccak 轮函数中唯一的非线性变换，其变换示意图如图 4.12 所示。由图 4.12 可以看出，χ 变换对沿 x 轴方向上的一行中的 5 位进行运算。

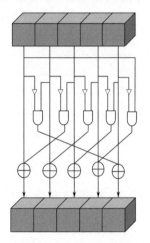

图 4.12　χ 变换

第五步的 ι 变换是在每一轮把不同的轮常量添加 $L(0,0)$ 上，可以将其表示为

$$L[0,0] \leftarrow L[0,0] \oplus \mathrm{RC}[i_r] \tag{4-17}$$

其中，i_r 表示轮数；轮常量 RC 的值是通过式(4-18)定义生成的：

$$\mathrm{RC}[i_r][0][0][2^j - 1] = \mathrm{rc}[j + 7i_r], \quad 0 \le j \le l, n_r = 12 + 2l \tag{4-18}$$

并且 $\mathrm{RC}[i_r][x][y][z]$ 的其他值均为 0，而值 $\mathrm{rc}[t] \in \mathrm{GF}(2)$ 定义为 LFSR 的输出：

$$\mathrm{rc}[t] = (x^t \bmod x^8 + x^6 + x^4 + 1) \bmod x \tag{4-19}$$

根据上述过程计算，从而生成 24 个 64 位轮常数，如表 4.3 所示。

表 4.3　ι 变换的轮常数表

轮数	常数(十六进制)	1 的个数	轮数	常数(十六进制)	1 的个数
0	0 000 000 000 000 001	1	12	0 000 000 080 008 08B	6
1	0 000 000 000 008 082	3	13	8 000 000 000 000 08B	5
2	8 000 000 000 008 08A	5	14	8 000 000 000 008 089	5
3	8 000 000 008 008 000	3	15	8 000 000 000 008 003	4
4	0 000 000 000 008 08B	5	16	8 000 000 000 008 002	3
5	0 000 000 080 000 001	2	17	8 000 000 000 000 080	2
6	8 000 000 080 008 081	5	18	0 000 000 000 008 00A	3
7	8 000 000 000 008 009	4	19	8 000 000 000 000 00A	4
8	0 000 000 000 000 08A	3	20	8 000 000 080 008 081	5
9	0 000 000 000 000 088	2	21	8 000 000 000 008 080	3
10	0 000 000 080 008 009	4	22	0 000 000 080 000 001	2
11	0 000 000 080 000 00A	3	23	8 000 000 080 008 008	4

4)填充与输出

Keccak-f 置换可以看作 Keccak-p 置换函数族中的一个特例,因此,在 SHA-3 函数族中使用的 Keccak-$p[b,12+21]$ 置换等价于 Keccak-$f[1600]$。

当限定了 b 的大小 $b=1600$ 后,Keccak 函数可以进一步表示为 Keccak$[c]$。其中 r 的大小通过 c 的选择来确定,于是有

$$\text{Keccak}[c] = \text{SPONGE}[\text{Keccak} - p[1600, 24], \text{pad}10*1, (1600 - c)] \qquad (4\text{-}20)$$

其中, pad10*1是填充函数,功能是把输入字符串填充为特定长度和形式,以满足每轮迭代数据的位数要求。

因此,在给定了输入比特串 N 和输出长度 d 的情况下,式(4-20)可以表示为

$$\text{Keccak}[c](N, d) = \text{SPONGE}[\text{Keccak} - p[1600, 24], \text{pad}10*1, (N, d)] \qquad (4\text{-}21)$$

每一轮迭代 24 次后,根据不同算法规格中定义的 c 值对消息进行吸收,直至全部消息吸收完毕,再根据所需位数进行轮函数输出操作就可以得到最终的哈希值。

2. LHash 算法

LHash 算法是基于 Sponge 结构的轻量级哈希函数[13]。LHash 的四个版本是基于 96 位和 128 位的排列 F_{96} 和 F_{128} 构建的,对于不同的摘要大小 n、状态大小 b、调整大小 c、吸收大小 r 和挤压大小 r' 的参数如表 4.4 所示。

表 4.4　LHash 参数规格

n	b	c	r	r'
80	96	80	16	16
96	96	80	16	16
128	128	112	16	32
128	128	120	8	8

LHash 算法每轮的压缩函数使用对称的 Feistel 网络结构，输入是密钥和长度为 n 位的明文，然后把 n 位的明文分为长度为 $n/2$ 的两部分 L 和 R，其第 i 轮的输入取决于前一轮的输出：

$$L_i = R_{i-1}, \quad R_i = L_{i-1} \oplus f(R_{i-1}, K_i) \tag{4-22}$$

其中，L_i 表示第 i 轮输入的左半部分；R_i 表示第 i 轮输入的右半部分；K_i 表示第 i 轮使用的子密钥；f 表示轮函数。

压缩函数 F_{96} 和 F_{128} 使用 18 轮 Feistel 结构构造。首先将 b 位（$b = 96$ 或 128）输入分成两半 $X_1 \| X_0$。迭代计算 $X_i = G_b(P_b(X_{i-1} \oplus C_{i-1})) \oplus X_{i-2}$（$i = 2, 3, \cdots, 19$）。最后，$X_{19} \| X_{18}$ 作为压缩函数 F 的输出，如图 4.13 所示。

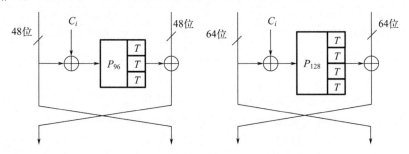

图 4.13　内部置换 F_{96} 和 F_{128} 的轮变换

C_i 是轮常数，函数 G_b 是 $b/32$ 个函数 T 的串联，函数 P_b 是对 $b/8$ 个半字节的置换操作。T 是对 16 位字的非线性变换，一个 T 由 4 个 S 盒构成，函数 T 定义为 $T(x_3, x_2, x_1, x_0) = A(S(x_3, x_2, x_1, x_0))$，其中 S 是四个 S 盒的串联 $S(x_3, x_2, x_1, x_0) = S(x_3) \| S(x_2) \| S(x_1) \| S(x_0)$，线性层 A 可以通过线性变换 B 的四个迭代计算完成 16 位字上的变换，如图 4.14 所示，其中有限域 $F_2[x]/x^4 + x + 1$ 上 "×2" 和 "×4" 的常数乘法电路如图 4.15、图 4.16 所示。

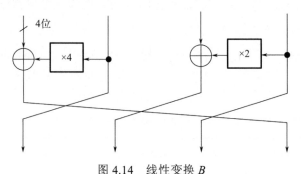

图 4.14　线性变换 B

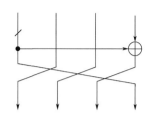

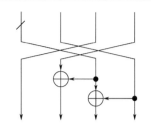

图 4.15　$F_2[x]/x^4+x+1$ 上的 "×2" 电路　　　图 4.16　$F_2[x]/x^4+x+1$ 上的 "×4" 电路

4.3　基于其他原理的哈希函数

除了 MD 结构和 Sponge 结构之外，还有一些基于其他原理的哈希函数，尤其是一些轻量级哈希函数算法的研究在近年比较火热。

4.3.1　算法核心原理

哈希函数可以使用已有密码算法的函数作为核心，如可以把分组密码算法作为核心构造哈希函数，如图 4.17 所示。图 4.17 中的结构是采用两个输入 P 和 K 产生密文 C，然后与变量 FF 进行异或输出的分组密码。变量 P、K 和 FF 可以是明文、特征参数、变量或常数。将消息 M 分为多个块并填充，在每一回合中，选择将分块消息嵌入压缩函数中进行处理，过程遵循压缩公式即式(4-23)即可完成分块计算，E_k 即为消息的哈希值，是加密函数 E 结合密钥 K 对消息进行的运算结果。

$$C = E_k(P) \oplus \text{FF} \tag{4-23}$$

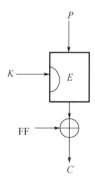

图 4.17　基于分组密码的哈希函数的一般结构

Hirose 结构如图 4.18 所示，是将消息分组和两个链接变量 H_1 和 H_2 作为压缩函数 E 的输入，输出更新的链接变量 H_1' 和 H_2'，c 为固定的非零常数，运算公式为

$$H_1' = E(H_1, H_2 \| M) \oplus H_1$$
$$H_2' = E(H_1 \oplus c, H_2 \| M) \oplus H_1 \tag{4-24}$$

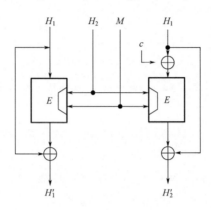

图 4.18　Hirose 结构

MMO 结构如图 4.19 所示，将消息分组 M_i 和链接变量 H_{i-1} 作为压缩函数 f_E 的输入，输出更新的链接变量 H_i，运算公式为

$$H_i = f_E(H_{i-1}, M_i) \oplus M_i \tag{4-25}$$

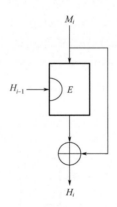

图 4.19　MMO 结构

Davies-Meyer 结构与 MMO 结构类似，将消息分组 M_i 和链接变量 H_{i-1} 的位置互换即可。

4.3.2　典型算法分析

1. MAME 算法

MAME 是基于 MMO 结构的轻量级哈希函数[14]，可用于硬件要求较低的应用程序中。MAME 算法的输入为 256 位的链接变量和 256 位的消息分组，输出摘要长度为 256 位，它的设计包含 Feistel 结构的基本思想，函数的线性部分依赖于异或和移位运算，整体构造以 MMO 结构作为框架。

整个算法过程如图 4.20 所示，分组加密函数 f_E 的分组长度和密钥长度都是 256 位，f_E 分为常量生成函数、密钥调度函数、混合函数三部分，每一部分都迭代使用一个子函数，分别用 f_C、f_K 和 f_R 表示。

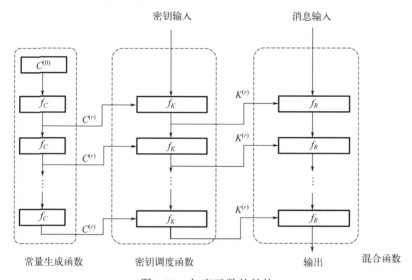

图 4.20　加密函数的结构

常量初始值为 $C^{(0)}$，并通过迭代地应用轮常量生成函数 f_C 来生成轮常量 $C^{(r)}$，这些轮常量与密钥一起作为密钥调度函数 f_K 的输入参数。通过迭代地应用密钥调度函数 f_K 计算轮密钥 $K^{(r)}$，密钥调度函数的每一轮生成循环密钥 $K^{(r)}$，该循环密钥 $K^{(r)}$ 为混合函数 f_R 的子密钥。最后，混合函数迭代地使用轮函数 f_R 将消息块转换为密文。f_R 的输入变量是 $(x_0, x_1, \cdots, x_7)$ 共 8 个字，每个 x_i 是 32 位。256 位明文用 $P = (p_0, p_2, \cdots, p_7)$ 表示，256 位密文用 $E = (e_0, e_1, \cdots, e_7)$ 表示，混合函数定义如下：

$$
\begin{aligned}
(x_0^{(0)}, x_1^{(0)}, \cdots, x_7^{(0)}) &= (p_0, p_2, \cdots, p_7) \\
(x_0^{(r)}, x_1^{(r)}, \cdots, x_7^{(r)}) &= f_R(x_0^{(r-1)}, x_1^{(r-1)}, \cdots, x_7^{(r-1)}), \quad 1 \leqslant r \leqslant 96 \\
(e_0, e_1, \cdots, e_7) &= (x_0^{(96)}, x_1^{(96)}, \cdots, x_7^{(96)})
\end{aligned}
\tag{4-26}
$$

轮函数 f_R 由密钥加、非线性函数 F 和逐字排列组成。密钥加是把来自密钥调度的循环子密钥 $K^{(r)}$ 与 x_4 进行异或运算。F 函数是具有两个字输入和两个字输出的非线性变换，输入是 $x_4 \oplus K^{(r)}$ 和 x_5。F 函数的输出与 x_6、x_7 进行异或运算，按式(4-27) 计算轮函数输出。轮函数 f_R 的结构如图 4.21 所示。

$$x_0^{(r)} = x_6^{(r-1)} \oplus F(x_4^{(r-1)} \oplus K^{(r)}, x_5^{(r-1)})_H$$
$$x_1^{(r)} = x_7^{(r)} \oplus F(x_4^{(r-1)} \oplus K^{(r)}, x_5^{(r-1)})_L$$
$$x_2^{(r)} = x_0^{(r-1)}, \quad x_3^{(r)} = x_1^{(r-1)}, \quad x_4^{(r)} = x_2^{(r-1)} \qquad (4\text{-}27)$$
$$x_5^{(r)} = x_3^{(r-1)}, \quad x_6^{(r)} = x_4^{(r-1)}, \quad x_7^{(r)} = x_5^{(r-1)}$$

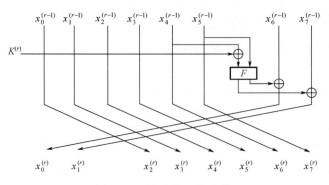

图 4.21　轮函数 f_R 的结构

用 a_H、a_L 表示 F 函数的输入字，F 函数由两层组成，即 S 盒层和线性扩散层。这两层中的每一层都是将 64 位输入替换成 64 位的输出。S 盒层是为位变换实现而设计的，它使用具有 4 位输入和 4 位输出的替换表 S，用 b_H、b_L 表示输出字，S 盒层定义为

$$b_{H,i+16} \| b_{H,i} \| b_{L,i+16} \| b_{L,i} = S\big[a_{H,i+16} \| a_{H,i} \| a_{L,i+16} \| a_{L,i}\big], \quad 0 \leqslant i < 16 \qquad (4\text{-}28)$$

线性扩散层由循环左移和异或运算组成，运算公式为

$$b_L = b_L \oplus (b_H <<< 1), \quad b_H = b_H \oplus (b_L <<< 3), \quad b_L = b_L \oplus (b_H <<< 4)$$
$$b_H = b_H \oplus (b_L <<< 7), \quad b_L = b_L \oplus (b_H <<< 8), \quad b_H = b_H \oplus (b_L <<< 7) \qquad (4\text{-}29)$$

密钥调度函数中轮密钥生成函数 f_K 具有与 f_R 相同的结构。区别在于，f_K 将密钥作为输入，并且子密钥由常量生成函数生成而不是由密钥调度函数生成，定义如下：

$$K_0^{(r)} = K_6^{(r-1)} \oplus F(K_4^{(r-1)} \oplus C^{(r)}, K_5^{(r-1)})_H$$
$$K_1^{(r)} = K_7^{(r)} \oplus F(K_4^{(r-1)} \oplus C^{(r)}, K_5^{(r-1)})_L$$
$$K_2^{(r)} = K_0^{(r-1)}, \quad K_3^{(r)} = K_1^{(r-1)}, \quad K_4^{(r)} = K_2^{(r-1)} \qquad (4\text{-}30)$$
$$K_5^{(r)} = K_3^{(r-1)}, \quad K_6^{(r)} = K_4^{(r-1)}, \quad K_7^{(r)} = K_5^{(r-1)}$$

2. DM-PRESENT 算法

DM-PRESENT-80 和 DM-PRESENT-128 是基于 Davies-Meyer 结构的轻量级压缩函数[15]。它们的压缩函数 E 分别使用 PRESENT-80 和 PRESENT-128，将 64 位链接变量 H 和 80 位（或 128 位）消息分组作为输入，依次迭代直到压缩函数处理完所有消息分组，最终得到 64 位消息摘要。其运算结构是 3.2.2 节中的 PRESENT 和 4.3.1

节中的 Davies-Meyer 结构的结合,即将 Davies-Meyer 结构的压缩函数换为 PRESNTE 算法,所以本节不再重复给出结构图。

3. MASH-1 算法

MASH-1 算法是一种基于模运算的哈希函数[16],该算法输入长度为 b 位的数据 x,其中,$0 \le b \le 2^{\frac{n}{2}}$,输出数据 x 的 n 位哈希值(n 接近模数 M 的位长度),运算流程如下。

(1)固定长度为 m 的模数 $M=p{\cdot}q$,其中 p 和 q 是随机选择的秘密素数,使计算结果 M 的反向分解是困难的。定义哈希值的位长度 n 是 16 的最大整数倍数且小于 m。定义初始向量 $H_0=0$ 和一个 n 位的整数 $A=0\mathrm{xf}0{\cdots}0$。

(2)用 0 对 x 进行填充以得到长度为 $t{\cdot}\frac{n}{2}$ 的串。将填充的文本划分为 $\frac{n}{2}$ 位的分组 x_1,$\cdots$,x_i,附加最后一个表示 b 的位分组 x_{i+1},它的长度也是 $\frac{n}{2}$。

(3)将 x_i 扩充为 H 位分组 y_i。方法是将它分割成 4 位的半字节,在每个半字节前插入四个值为 1 的位,但对 y_{i+1} 的插入是 1010。

(4)对 $1 \le i \le t+1$,将两个 n 位的输入(H_{i-1}, y_i)按照以下方式映射为一个 n 位的输出:$H_i = ((((H_{i-1} \oplus y_i) \vee A)^2 \bmod M) \perp n) \oplus H_{i-1}$,其中$\perp n$ 表示保留 m 位结果最右边的 n 位到结果的左边。

(5)哈希值是 n 位的分组 H_{i+1}。

4.4 哈希函数算法对比分析

通过对前文各类哈希函数的整理分析可以得到各哈希函数算法的关键运算部分,并着重对轻量级哈希函数进行分析[17, 18],通过对置换函数的个数、外部 r 位异或、异或(1 位、8 位、32 位、48 位、64 位)、一位与、4×4 的 S 盒、8×8 的 S 盒、有限域运算算子等运算构件进行汇总,得到表 4.5 所示的轻量级哈希函数算子总结。表 4.5 中给出的运算参数是压缩函数每一轮所需的参数,如果有多个规格则分别列出,例如,u-Quark-8/136 的异或位数就有 22/22/18 三种。数值后面括号内指明的是一轮所需的运算部件数量,例如,LHash-16/80 中 S 盒在一轮中需要 12 次,所以括号内标注 12,虽然这 12 次可以由 S 盒的串行使用来完成,但为了更好地展现每一轮的运算量,表 4.5 中列出了所有运算的总数以供设计者参考。

表 4.5 轻量级哈希函数算法算子总结

算法名称	子类	压缩函数内部轮数	异或位数	S 盒	P 置换	LFSR	其他信息
Quark	u-Quark-8/136	544	22,22,18	—	—	10	需多个与逻辑,最多 6 位,有 68 位 NFSR(2)

续表

算法名称	子类	压缩函数内部轮数	异或位数	S盒	P置换	LFSR	其他信息
	d-Quark-16/176	704	22,22,21	—	—	10	需多个与逻辑，最多6位，有88位NFSR(2)
	s-Quark-32/256	1024	22,22,22	—	—	10	需多个与逻辑，最多6位，有128位NFSR(2)
LHash	LHash-16/80	18	48(2),4(2)	4×4(12)	8(12)	—	4位有限域×2(12)，4位有限域×4(12)
	LHash-16/96	18	48(2),4(2)	4×4(12)	8(12)	—	4位有限域×2(12)，4位有限域×4(12)
	LHash-16/128	18	64(2),4(2)	4×4(16)	8(16)	—	4位有限域×2(16)，4位有限域×4(16)
	LHash-8/128	18	64(2),4(2)	4×4(16)	8(16)	—	4位有限域×2(16)，4位有限域×4(16)
Spongent	Spongent 88-8/88	45	88(2)	4×4(22)	88	6	P置换按1位进行
	Spongent 128-8/128	70	136(2)	4×4(34)	136	7	P置换按1位进行
	Spongent 160-16/160	90	176(2)	4×4(44)	176	7	P置换按1位进行
	Spongent 224-16/224	120	240(2)	4×4(60)	240	7	P置换按1位进行
	Spongent 256-16/256	140	272(2)	4×4(68)	272	8	P置换按1位进行
PHOTON	PHOTON-20/80	12	4(50)	4×4(25)			5×5阵列仿AES按字左移，4位有限域乘法(25)
	PHOTON-16/128	12	4(72)	4×4(36)			6×6阵列仿AES按字左移，4位有限域乘法(36)
	PHOTON-36/160	12	4(98)	4×4(49)			7×7阵列仿AES按字左移，4位有限域乘法(49)
	PHOTON-32/224	12	4(128)	4×4(64)			8×8阵列仿AES按字左移，4位有限域乘法(64)
	PHOTON-32/256	12	8(72)	8×8(36)			6×6阵列仿AES按字左移，8位有限域乘法(36)
Lesamnta-LW	Lesamnta-LW-256	64	32(3),64(1)	8×8(12)	64	—	8位有限域乘法(12)，P置换按8位进行
MAME	MAME-256	96	32(9)	4×4(16)	—	32(6)	有32位寄存器的1,3,4,7，8位循环左移
DM-PRESENT	DM-PRESENT-80	64	64	4×4(16)	64	—	P置换按1位进行
	DM-PRESENT-128	64	64	4×4(16)	64	—	P置换按1位进行

4.5　轻量级哈希函数计算架构设计

利用 4.4 节中总结的各类基本算子，可以根据不同算法之间的关联进行可重构单元的设计，设计可重构算子并完成阵列映射。LHash、DM-PRESENT、H-PRESENT、MAME、Lesamnta-LW 这几种轻量级哈希函数使用到的基本运算单元具有相似性，所以本节以这几种轻量级哈希函数为研究对象[19]，分析基本运算单元的行为特征，包括：①逻辑操作单元；②S 盒查表替换单元；③置换操作单元；④有限域乘法操作单元；⑤循环移位操作单元。从分组长度、密钥长度、基本运算单元的种类及运算位宽等信息得到表 4.6，并以此为依据进行可重构设计[20,21]。

表 4.6　轻量级哈希函数基本操作信息及运算位宽

轻量级哈希函数	逻辑操作	S 盒替换	置换操作	有限域乘法	循环移位	分组/密钥/位	运算位宽/位
LHash-80/96/16/16	16/48XOR	4×4	48-48	$F_2[x]/x^4+x+1$	—	96/—	48
LHash-96/96/16/16	16/48XOR	4×4	48-48	$F_2[x]/x^4+x+1$	—	96/—	48
LHash-128/128/16/32	16/64XOR	4×4	64-64	$F_2[x]/x^4+x+1$	—	128/—	64
LHash-128/128/8/8	8/64XOR	4×4	64-64	$F_2[x]/x^4+x+1$	—	128/—	64
DM-PRESENT-80	64XOR	4×4	64-64	—	—	64/80	64
DM-PRESENT-128	64XOR	4×4	64-64	—	—	64/128	64
H-PRESENT-128	64XOR	4×4	—	—	—	64/128	64
MAME	32XOR	4×4	—	—	32(L)	256/256	32
Lesamnta-LW	32/64XOR	8×8	—	GF(2^8)	—	256/128	64

4.5.1　逻辑运算单元分析及可重构设计

逻辑操作即为异或操作，所研究的轻量级哈希函数逻辑运算的操作数位宽不超过 64 位，在轻量级哈希函数算法中，异或操作是使用频率最高的基本运算单元。图 4.22 是可重构逻辑运算单元的设计，异或操作的最长组合采用两层级联。因此，可重构逻辑单元只需实现一级异或操作和二级异或操作，操作结果经过一个 2 选 1 的数据选择器来选择输出，选择器需要 1 位控制信号进行选择，控制信号及对应操作，如表 4.7 所示。

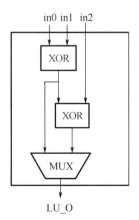

图 4.22　可重构二级异或单元

表 4.7　可重构逻辑运算单元控制信号及对应操作组合

控制信号	逻辑操作组合
0	in0⊕in1
1	in0⊕in1⊕in2

4.5.2　有限域乘法单元分析及可重构设计

有限域乘法一般存在于列混淆中，列混淆主要起扩散作用。有限域乘法操作在轻量级哈希函数算法中一般出现在 S 盒运算的后面。

$GF(2^n)$ 上的加法相比于乘法非常简单，只是将 $GF(2^n)$ 中的两个多项式相应的二进制系数进行按位异或操作。但简单的异或操作不能完成 $GF(2^n)$ 上的乘法，可以用异或操作和移位操作来实现 $GF(2^n)$ 上的乘法。在 Lesamnta-LW 算法中包含 8 次不可约多项式 $m(x) = x^8 + x^4 + x^3 + x^1 + 1$，有限域 $GF(2^8)$ 上定义了 x 乘法运算，运算公式可以表示为

$$x \cdot b(x) = b_7 x^8 + b_6 x^7 + b_5 x^6 + b_4 x^5 + b_3 x^4 + b_2 x^3 + b_1 x^2 + b_0 x \pmod{m(x)}$$

$$= \begin{cases} b << 1, & b_7 = 0 \\ (b << 1) \oplus 0\text{x1B}, & b_7 = 1 \end{cases} \tag{4-31}$$

根据 x 乘法的公式可以看出，若被乘的数值小于 0x80，只需要对输入左移 1 位就可以得到乘法结果，如果被乘的数值大于或者等于 0x80，只需将输入数据左移 1 位后再与 0x1B 异或，就可以得到乘法结果。因此，对有限域乘法进行可重构设计的结构简单，只要异或门并进行固定的连线设置就可以实现。

可重构有限域乘法单元设计如图 4.23 所示，轻量级哈希函数中的有限域乘法有两种，一种是有限域 $F_2[x]/x^4 + x + 1$ 上的 "×2" "×4" 运算，另一种是有限域 $GF(2^8)$ 上的乘法运算，乘法结果经一个 2 选 1 的数据选择器选择输出，选择器需要 1 位控制信号进行选择，对应的控制信号和操作功能如表 4.8 所示。有限域 $F_2[x]/x^4 + x + 1$ 上 "×2" "×4" 运算可以用异或操作和移位操作来实现。有限域 $GF(2^8)$ 上的乘法运算经过处理也可以用异或操作和移位操作来实现。

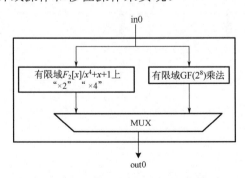

图 4.23　可重构有限域乘法单元设计

表 4.8　可重构有限域乘法单元控制信号及对应乘法操作

控制信号	有限域乘法
0	$F_2[x]/x^4+x+1$ 上 "×2" "×4"
1	有限域 $GF(2^8)$ 上的乘法运算

4.5.3　S 盒替换运算单元分析及可重构设计

在密码研究领域，S 盒的设计受到了人们的广泛关注，S 盒变换属于非线性变换，所以用线性函数难以逼近。S 盒越大，安全性越高，可以更好地抗击线性分析和差分分析。S 盒替换是通过输入数据（地址）来查找 RAM 中存储的数据，在轻量级哈希函数算法中，S 盒替换操作和逻辑操作一样是使用频率最高的基本运算单元，S 盒替换操作一般出现在轮运算的中间部分。大部分轻量级哈希函数使用的是 4×4 的 S 盒，少部分使用的是 8×8 的 S 盒，可以将 S 盒设计成可重构处理单元，利用多个 4×4 的 S 盒构成 8×8 的 S 盒。在算法执行或切换算法前需对 S 盒进行配置，一旦配置完成，S 盒的内容即为固定不变的。

图 4.24 所示为可重构 S 盒内部结构的具体设计与实现。哈希函数中用到的 S 盒有 4×4 和 8×8 两种。4×4 的 S 盒所占空间为 64 位，对应于图中 RAM0～RAM31 这 32 个数据存储块，这 32 个 S 盒的总空间为 256 字节，正好是一个 8×8 的 S 盒的所需空间。图 4.24 中与输入数据直接相连的 32 个 2 选 1 选择器主要负责选择输入数据的来源，由信号 Lesamnta-LW_en 控制，当 Lesamnta-LW_en 使能时输入数据选择 Lesamnta-LW_addr[3:0]，Lesamnta-LW_en 不使能时输入数据选择 Lhash_addr31 [3:0]～Lhash_addr0[3:0]。Read_en 信号和 Write_en 信号则分别用来控制 32 个 RAM 的数据读模式和数据写模式。每个 RAM 的输出分别标记为 $D_0[3:0]$、$D_1[3:0]$、…、$D_{30}[3:0]$、$D_{31}[3:0]$，则 LHash 算法对应的输出数据 Lhash_Dout[127:0]是由以上 32 个半字节数据按照从高到低的顺序组合而成的，而 Lesamnta-LW 算法对应的输出有 16 个数据：Lesamnta-LW_D_0[7:0] = $\{d_0[3:0],d_1[3:0]\}$、…、Lesamnta-LW_D_{15}[7:0] = $\{d_{30}[3:0],d_{31}[3:0]\}$，这 16 个数据最终由 Lesamnta-LW_addr [7:4]控制一个 16 选 1 的选择器来进行选择。

Lesamnta-LW 算法中的 S 盒的规格为 8×8（8 位输入、8 位输出），而可重构 S 盒结构中的每个 RAM 在硬件设计上的数据位宽为 4 位，这就使 Lesamnta-LW 中的 S 盒中的信息不能按照之前的方式排列、存储。因此需要对 Lesamnta-LW 中的 S 盒在可重构 S 盒结构上重新排列、存储。因为 Lesamnta-LW_addr[3:0]对应了 8×8 的 S 盒行数的高 4 位，所以 8×8 的 S 盒可以按照每 16 行为一个单元进行分割，分割成 16 块，分别用 Lesamnta-LW_addr 高 4 位来进行选择，最终进行组合输出。

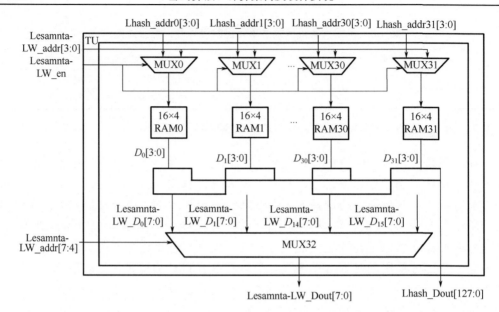

图 4.24　可重构 S 盒单元

4.5.4　置换运算单元分析及可重构设计

置换操作的主要功能是将输入的数据进行打乱、重排起到扩散的作用，增强抗差分和线性密码攻击的能力。置换操作的操作数位宽包含 48 位和 64 位，按位进行操作。置换操作按照输入与输出的映射关系大致分为三类：扩展置换、压缩置换和直接置换。扩展置换的输入和输出是一对多的映射关系；压缩置换的输入位宽大于输出位宽，但输入与输出仍为一一映射的关系；直接置换的输入与输出是一一对应的。虽然在所研究的轻量级哈希函数中，置换操作皆为直接置换，但是不同算法的置换操作对输入数据位置的改变都是不同的,采用直接连线的方式会增加面积开销，因此可以将置换操作设计成可重构置换单元。

可重构置换单元可以用 64×64 的 BENES 来实现。BENES 网络可以实现 $N×N$ 位的任意置换，规模为 N 的 BENES 网络是由 $2\log_2 N{-}1$ 级 2×2 的开关构成的，每个开关由两个 2 选 1 的数据选择器构成，利用二分算法确定每级开关元件的状态。

以 8×8 的 BENES 网络为例，输入、输出序列如图 4.25 所示。输入互斥对为 $X_1 = \{1,2\}$，$X_2 = \{3,4\}$，$X_3 = \{5,6\}$，$X_4 = \{7,8\}$，输出互斥对为 $Y_1 = \{8,3\}$，$Y_2 = \{1,5\}$，$Y_3 = \{4,2\}$，$Y_4 = \{7,6\}$。在 Y_i 中选择元素 8 作为集合 A 的元素，找到包含元素 8 的输入互斥对 X_4，把 X_4 中除了 8 以外的元素 7 提取出来，找到包含元素 7 的输出互斥对 Y_4，则将 Y_4 中除了 7 以外的元素 6 作为集合 A 的元素。再以 6 为起点，循环上述方法最终得到集合 $A=\{1，4，6，8\}$，集合 A 中的元素以外的元素组成集合 B，

所以集合 B={2，3，5，7}，根据新的集合确定左右两级的开关状态，并构成新的输入互斥对 X_1 = {1,4}，X_2 = {6,8}，X_3 = {2,3}，X_4 = {5,7} 和输出互斥对 Y_1 = {8,1}，Y_2 = {4,6}，Y_3 = {3,5}，Y_4 = {2,7}。重复上述步骤得到集合 A={4，8，3，7}，集合 B={1，2，5，6}，通过新的集合 A 和 B，可确定左右第二级的开关状态，则中间一级的开关状态也被确定。

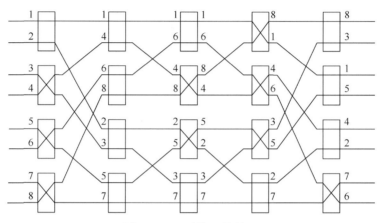

图 4.25　可重构置换单元

4.5.5　循环移位运算单元分析及可重构设计

循环移位在密码算法中起着重要的作用，一般出现在轮运算的后半段。大部分轻量级哈希函数循环移位的操作数位宽为 32 位，移动位数为 1 位、3 位、4 位、7 位、8 位和 14 位等。若每次移位都采用直接连线的方式实现，则面积开销一定会增加。

图 4.26 所示为可重构循环移位单元的设计，采用桶形移位器实现对 32 位操作数的循环左移，桶形移位器采用 2 的幂次进行分级，最大移位宽度 N 将由 $\log_2 N$ 级构成，因循移位数最大为 14 位，所以桶形移位器共有四级，在每级设置相应的控制信号，控制该级移动 2^i 位或者不移动。移位长度作为 MUX 的选择信号 mux_sel[4:0] 的低四位。根据算法分析可得，轻量级哈希函数移位操作后面会紧跟着一个异或操作，所以在循环移位后加入异或操作，这种方式解决了循环移位器延迟小的问题，平衡了不同运算单元之间的路径延迟。因此，使用 mux_sel[4:0] 的最高位作为最后选择器的选择信号，为 1 时将桶形移位器的输出与 in1 做异或操作后的结果作为循环移位单元的输出，为 0 时桶形移位器的输出直接作为循环移位单元的输出。控制信号 mux_sel[4:0] 及对应的操作功能如表 4.9 所示。

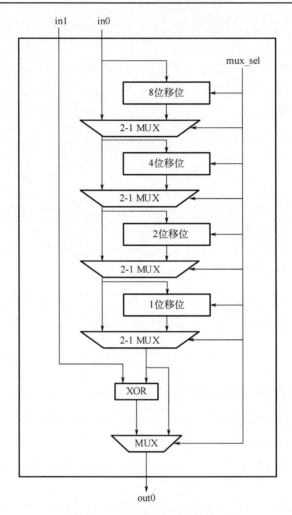

图 4.26 可重构循环移位单元

表 4.9 可重构循环移位单元控制信号及对应操作组合

控制信号 mux_sel[4:0]	操作组合
00001	{in0[30:0],in0[31]}
00011	{in0[28:0],in0[31:29]}
00100	{in0[27:0],in0[31:28]}
00111	{in0[24:0],in0[31:25]}
01000	{in0[23:0],in0[31:22]}
01110	{in0[17:0],in0[31:18]}
10000	in0⊕in1

控制信号 mux_sel[4:0]	操作组合
10001	$(\{in0[31:0],in0[32]\}) \oplus in1$
10011	$(\{in0[28:0],in0[31:29]\}) \oplus in1$
10100	$(\{in0[27:0],in0[31:28]\}) \oplus in1$
10111	$(\{in0[24:0],in0[31:25]\}) \oplus in1$
11000	$(\{in0[23:0],in0[31:22]\}) \oplus in1$
11110	$(\{in0[17:0],in0[31:18]\}) \oplus in1$

4.5.6 轻量级哈希函数可重构架构

轻量级哈希函数可重构架构主要由配置控制器和计算阵列两部分组成，如图 4.27 所示。配置控制器由配置解析和配置存储构成，计算阵列由 PE 阵列、存储单元和外围接口(配置接口和输入输出)组成，其配置流程和计算过程如下。

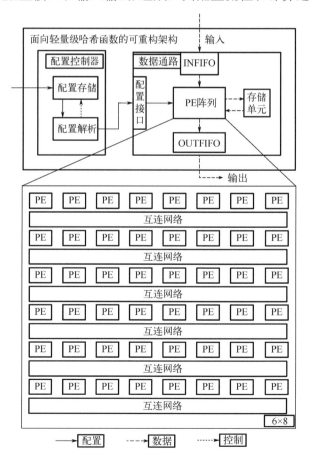

图 4.27 轻量级哈希函数可重构架构

（1）系统上电后对系统进行复位和配置信息的初始化。

（2）配置存储模块通过接口读取配置信息，再由配置解析模块解析配置信息。

（3）解析后的配置信息会通过配置接口传输到 PE 阵列中，对 PE 阵列进行配置来完成相应的功能。

（4）消息分组、密钥和链接变量通过 INFIFO 队列传输到配置完成的 PE 阵列中，存储单元用来缓存 PE 阵列运算的中间结果。

（5）最终将产生的消息摘要通过 OUTFIFO 输出。

通过对哈希函数中运算次序的特征分析可知，所研究的算法都要先进行一次异或操作，因此把可重构异或单元放在第一级。之后有的进行 S 盒操作，有的进行置换操作，因此将可重构 S 盒和可重构置换单元并联放在第二级。接下来各算法都会进行有限域乘法或者循环移位的操作，因此将可重构有限域乘法单元和可重构循环移位单元并联放在第三级。最后大部分算法的输出都是经过异或操作的，因此在第四级加一个可重构异或单元，最终结构如图 4.28 所示。

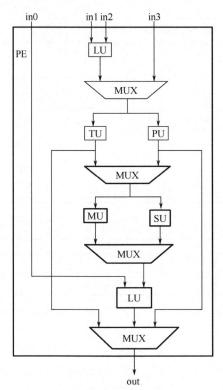

图 4.28　PE 结构

4.5.7 哈希函数算法硬件映射

根据前文介绍的算法结构以及可重构单元设计，将五种轻量级哈希函数在 PE 中进行硬件映射。

LHash-128/128/16/32 算法的映射过程如图 4.29 所示。PE 阵列规格为 6 行 8 列，根据需求可以将 LHash 算法在该可重构架构上配置为不同规格的横向并行、纵向流水的数据处理方式。

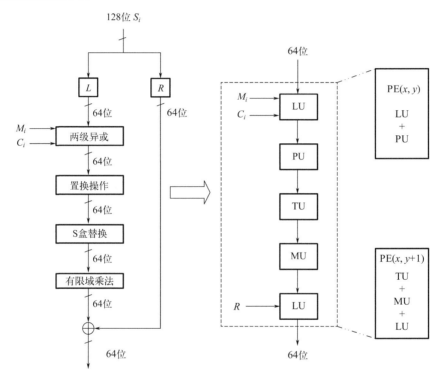

图 4.29 LHash-128/128/16/32 算法的映射过程

DM-PRESENT-80 算法的映射过程如图 4.30 所示。PE 阵列规格为 6 行 8 列，根据需求可以将 DM-PRESENT-80 算法在该可重构架构上配置为不同规格的横向并行、纵向流水的数据处理方式。

H-PRESENT-128 算法的映射过程如图 4.31 所示。PE 阵列规格为 6 行 8 列，根据需求可以将 H-PRESENT-128 算法在该可重构架构上配置为不同规格的横向并行、纵向流水的数据处理方式。

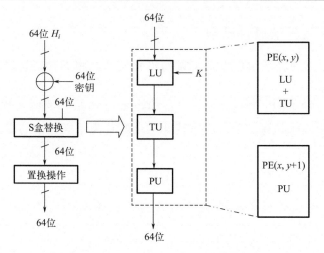

图 4.30　DM-PRESENT-80 算法的映射过程

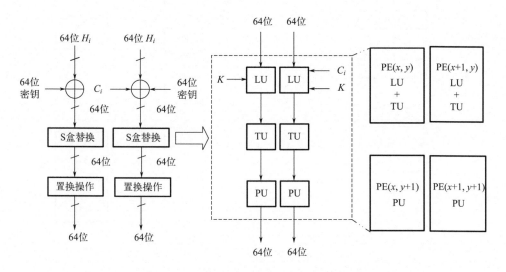

图 4.31　H-PRESENT-128 算法的映射过程

Lesamnta-LW 算法映射过程中，因为每个 PE 中只有一个 8×8 的 S 盒，并且异或操作没有数据依赖关系，因此第一行 PE 的输入数据位宽为 8 位，第一行前四个 PE 将 S 盒替换的输出结果作为第二行第一个 PE 的输入，来进行后续的有限域乘法操作和异或操作。Lesamnta-LW 算法轮函数在可重构架构上的映射过程如图 4.32 所示，PE 阵列规格为 6 行 8 列，根据需求可以将 Lesamnta-LW 算法在该可重构架构上配置为纵向流水的数据处理方式。

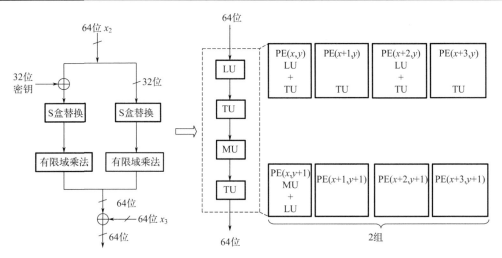

图 4.32 Lesamnta-LW 算法的映射过程

MAME 算法中需要对 32 位中间值连续进行 6 次循环左移和异或操作，但每个 PE 只能进行一次 32 位操作数的循环左移，所以完成一轮操作需要 6 个 PE。MAME 算法轮函数在可重构架构上的映射过程如图 4.33 所示，PE 阵列规格为 6 行 8 列，根据需求可以将 MAME 算法在该可重构架构上配置为不同规格横向并行、纵向流水的数据处理方式。

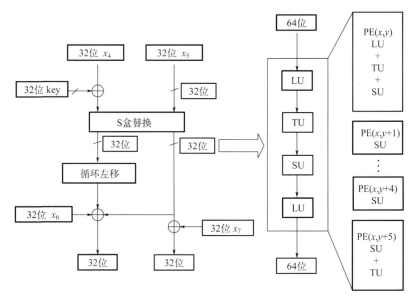

图 4.33 MAME 算法的映射过程

4.5.8 性能分析对比

利用 Synopsys 公司的 Design Compiler 工具对本章中轻量级哈希函数可重构架构进行逻辑综合,可得到该架构的面积开销报告和时序报告如表 4.10 所示,采用的工艺库为 TSMC 55nm,在此工艺下,可重构架构的时钟频率可以达到 467MHz,面积为 2.55mm^2,等效门为 1.33×10^6 个。

表 4.10   性能参数

工艺	时钟频率/MHz	面积/mm^2	等效门/个
TSMC 55nm	467	2.55	1.33×10^6

在不同的密码可重构架构上实现轻量级哈希函数并从吞吐率、等效门和面积效率三个方面进行对比分析,如表 4.11 所示。

表 4.11   不同密码可重构架构运行轻量级哈希函数的性能对比

算法	架构	频率/MHz	吞吐率/(Gbit/s)	等效门/个	面积效率/(Gbit/(s·MGE))
LHash-80/96/16/16	COBRA	102	0.78	6.69×10^6	0.12
	ProDFA	400	1.17	1.92×10^6	0.61
	Cryptoraptor	1000	2.32	4.03×10^6	0.58
	本章设计	467	1.24	1.33×10^6	0.93
LHash-96/96/16/16	COBRA	102	0.78	6.69×10^6	0.12
	ProDFA	400	1.17	1.92×10^6	0.61
	Cryptoraptor	1000	2.32	4.03×10^6	0.58
	本章设计	467	1.24	1.33×10^6	0.93
LHash-128/128/16/32	COBRA	102	0.78	6.69×10^6	0.12
	ProDFA	400	1.17	1.92×10^6	0.61
	Cryptoraptor	1000	2.32	4.03×10^6	0.58
	本章设计	467	1.24	1.33×10^6	0.93
LHash-128/128/8/8	COBRA	102	0.39	6.69×10^6	0.06
	ProDFA	400	0.59	1.92×10^6	0.31
	Cryptoraptor	1000	1.16	4.03×10^6	0.29
	本章设计	467	0.63	1.33×10^6	0.47
DM-PRESEN-80	COBRA	102	3.29	6.69×10^6	0.49
	ProDFA	400	7.57	1.92×10^6	3.94
	Cryptoraptor	1000	11.56	4.03×10^6	2.9
	本章设计	467	9.96	1.33×10^6	7.26

续表

算法	架构	频率/MHz	吞吐率/(Gbit/s)	等效门/个	面积效率/(Gbit/(s·MGE))
DM-PRESEN-128	COBRA	102	3.29	6.69×10^6	0.49
	ProDFA	400	7.57	1.92×10^6	3.94
	Cryptoraptor	1000	11.56	4.03×10^6	2.9
	本章设计	467	9.96	1.33×10^6	7.26
H-PRESENT	COBRA	102	2.17	6.69×10^6	0.32
	ProDFA	400	6.41	1.92×10^6	3.34
	Cryptoraptor	1000	10.26	4.03×10^6	2.55
	本章设计	467	7.63	1.33×10^6	5.74
Lesamnta-LW	COBRA	102	7.12	6.69×10^6	1.06
	ProDFA	400	12.41	1.92×10^6	6.46
	Cryptoraptor	1000	17.63	4.03×10^6	4.37
	本章设计	467	14.94	1.33×10^6	11.23
MAME	COBRA	102	8.60	6.69×10^6	1.29
	ProDFA	400	11.93	1.92×10^6	6.21
	Cryptoraptor	1000	19.45	4.03×10^6	4.83
	本章设计	467	13.28	1.33×10^6	9.98

通过本章设计的轻量级哈希函数可重构架构与其他的密码可重构架构的对比分析，可以得出以下结论。

(1)在吞吐率方面，因为 COBRA 架构中可重构运算单元采取串行设计，所以整个系统时钟频率较低，导致吞吐率也较低。而 ProDFA 架构虽然系统时钟频率较高，但是其算法运行周期较长，吞吐率也不理想。本章设计架构在 LHash 算法不同模式下吞吐率均高于 COBRA 架构和 ProDFA 架构；在 DM-PRESENT 算法下吞吐率为 COBRA 架构的 3.03 倍，ProDFA 架构的 1.32 倍；在 H-PRESENT 算法下吞吐率为 COBRA 架构的 3.52 倍，ProDFA 架构的 1.19 倍；在 Lesamnta-LW 算法下吞吐率为 COBRA 架构的 2.10 倍，ProDFA 架构的 1.20 倍；在 MAME 算法下吞吐率为 COBRA 架构的 1.54 倍，ProDFA 架构的 1.11 倍。

(2)在等效门数量方面，由于本章设计面向的对象是轻量级哈希密码以及合理的架构设计，因此本章设计架构相较于其他的架构都有比较明显的优势，与 COBRA、ProDFA 和 Cryptoraptor 相比，架构等效门数量均有明显降低。

(3)在面积效率方面，本章设计架构在 LHash 算法前三种模式下面积效率为 COBRA 架构的 7.75 倍、ProDFA 架构的 1.52 倍、Cryptoraptor 架构的 1.60 倍；在 LHash-128/128/8/8 算法下面积效率为 COBRA 架构的 7.83 倍、ProDFA 架构的 1.52 倍、Cryptoraptor 架构的 1.62 倍；在 DM-PRESENT 算法下面积效率为 COBRA 架构

的 14.82 倍、ProDFA 架构的 1.84 倍、Cryptoraptor 架构的 2.50 倍；在 H-PRESENT 算法下面积效率为 COBRA 架构的 17.94 倍、ProDFA 架构的 1.72 倍、Cryptoraptor 架构的 2.25 倍；在 Lesamnta-LW 算法下面积效率为 COBRA 架构的 10.59 倍、ProDFA 架构的 1.74 倍、Cryptoraptor 架构的 2.57 倍；在 MAME 算法下面积效率为 COBRA 架构的 7.74 倍、ProDFA 架构的 1.61 倍、Cryptoraptor 架构的 2.07 倍。

综上，本章设计的可重构架构的整体性能明显优于其他密码可重构平台，吞吐率、面积和面积效率三个指标均符合面向资源受限环境下实现安全高效的轻量级哈希函数的要求。

参 考 文 献

[1] 王小云，于红波. 密码杂凑算法综述[J]. 信息安全研究, 2015, 1(1): 19-30.

[2] Sobti R, Geetha G. Cryptographic hash functions: A review[J]. International Journal of Computer Science Issues, 2012, 9(2):461-479.

[3] 张绍兰. 几类密码 Hash 函数的设计和安全性分析[D]. 北京: 北京邮电大学, 2011.

[4] 杨波. 密码学 Hash 函数的设计和应用研究[D]. 北京: 北京邮电大学, 2008.

[5] 刘飞. Hash 函数研究与设计[D]. 南京: 南京航空航天大学, 2012.

[6] 王小云，于红波. SM3 密码杂凑算法[J]. 信息安全研究, 2016, 2(11): 983-994.

[7] Hirose S, Ideguchi K, Kuwakado H, et al. A lightweight 256-bit hash function for hardware and low-end devices: Lesamnta-LW[C]//Rhee K H, Nyang D. International Conference on Information Security and Cryptology. Berlin, Heidelberg: Springer, 2011: 151-168.

[8] 王海涛. SHA-3 标准 Keccak 算法的安全性分析与实现[D]. 西安: 西安电子科技大学, 2017.

[9] Bhargav S，Dr D，Sharath K. Compact implementation of SHA3-1024 on FPGA[J].International Journal of Emerging Engineering Research and Technology, 2015, 3(7): 79-86.

[10] Gauravaram P, Knudsen L R, Matusiewicz K, et al. Grøstl-a SHA-3 candidate[C]//Schloss Dagstuhl-Leibniz-Zentrum für Informatik, Dagstuhl, 2009: 1-33.

[11] Aumasson J P, Henzen L, Meier W, et al. SHA-3 proposal blake[J]. Submission to NIST, 2008, 92:194.

[12] Chang S, Perlner R, Burr W E, et al. Third-round report of the SHA-3 cryptographic hash algorithm competition[J]. NIST Interagency Report, 2012, 7896: 121.

[13] Wu W, Wu S, Zhang L, et al. LHash: A lightweight hash function[C]//International Conference on Information Security and Cryptology. Cham: Springer, 2013: 291-308.

[14] Yoshida H, Watanabe D, Okeya K, et al. MAME: A compression function with reduced hardware requirements[C]//International Workshop on Cryptographic Hardware and Embedded Systems. Berlin, Heidelberg: Springer, 2007: 148-165.

[15] Mukundan P M, Manayankath S, Srinivasan C, et al. Hash-One: A lightweight cryptographic hash function[J]. IET Information Security, 2016, 10(5): 225-231.

[16] Grądzki M. Implementation and parallel cryptanalysis of MASH hash function family[J]. Biuletyn Wojskowej Akademii Technicznej, 2011, 60(3): 365-377.

[17] National Institute of Standards and Technology. Secure Hash Standard (SHS): FIPS Pub 180-1[S]. Gaithersburg, 1995.

[18] National Institute of Standards and Technology. Secure Hash Standard (SHS): FIPS 180-2[S], Gaithersburg, 2002.

[19] 龚征. 轻量级 Hash 函数研究[J]. 密码学报, 2016, 3(1):5-15.

[20] Biham E. New techniques for cryptanalysis of hash functions and improved attacks on Snefru[C]//International Workshop on Fast Software Encryption. Berlin, Heidelberg: Springer, 2008: 444-461.

[21] 谭轶. 密码学中哈希函数的设计与分析[D].沈阳:东北大学, 2006:23-29.

第 5 章　公钥密码算法

公钥密码体制中，每一个用户都会生成一对私钥和公钥，私钥由用户自己保存，公钥进行公开。在加/解密过程中，发送方使用接收方的公钥对明文进行加密，通过非安全信道发送给接收方，接收方则使用自己的私钥进行解密[1,2]，这种非对称加密结构可以为明文信息提供高安全级别的保护。

通过这种非对称加密方式还能实现数字签名、密钥交换、身份认证等功能[3,4]。在数字签名过程中，发送方用自己的私钥对信息进行签名操作，接收方使用发送方的公钥来验证签名是否正确[5]。密钥交换则是可以通过发送方和接收方的公钥结合各自的私钥来完成对称密钥的生成过程。身份认证则是对用户身份进行确认，与数字签名中对消息发送方的确认有所区别。

本章针对多种典型公钥密码算法的原理进行介绍，并分析代表性算法的工作流程，以便更好地理解不同种类公钥密码的加密算法机制，并针对公钥密码算法的关键技术进行改进，完成算法优化设计并进行硬件设计。

5.1　基于整数分解的公钥密码体制

基于整数分解的公钥密码算法是出现较早的一类公钥密码算法，但至今依然被广泛使用。该类算法的原理相对简单，算法流程也很容易理解。

5.1.1　算法核心原理

公钥密码体制中加/解密的基本流程如图 5.1 所示，与对称加密算法中密钥的绝对安全性不同，如何设计算法使公钥暴露但能保证密文安全是核心问题。

为了保证私钥的安全性，单向陷门函数成为公钥密码体制中一个重要的概念。单向陷门函数指的是一个特殊构造的函数 $f(x)$，在已知 x 的情况下，容易计算出函数结果 $y = f(x)$，反之，在已知函数结果 y 的情况下，欲求解函数逆操作 $x = f^{-1}(y)$ 在计算上是不可行的。但如果掌握了陷门参数（一般为私钥），计算 $x = f^{-1}(y)$ 会变得很容易。

整数分解问题就可以用来构造成陷门函数。在数学中，整数分解问题又称素因数分解问题，是将一个正整数分解为几个约数的乘积。当数值较小时，进行整数分解比较容易，但随着数值的增大，对整数进行分解就会逐渐变得困难。在此基础上，

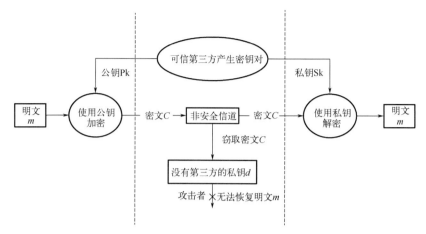

图 5.1 公钥密码体制中加/解密的基本流程

求两个大素数的乘积作为待分解整数，这一正向操作很容易，但把待分解整数分解得到初始的两个素数，这一反向操作计算上非常困难。RSA 算法就是将整数的素数分解作为核心困难问题，以此来构造的一种公钥密码算法。

同样，公钥数字签名也会采用相同的核心算法来实现，其基本流程如图 5.2 所示。在 RSA 密码算法中，签名算法和验签算法就要使用整数的素数分解问题来设计。

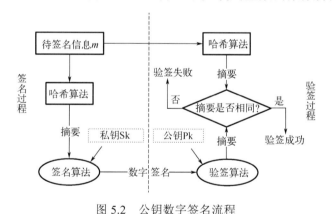

图 5.2 公钥数字签名流程

5.1.2 典型算法分析

RSA 作为基于整数分解的公钥密码算法的代表，是应用最广泛的公钥密码算法之一[6]。本节对 RSA 加/解密算法和 RSA 数字签名算法的基本流程进行介绍。

1. RSA 加/解密算法

RSA 加/解密算法首先要生成一对公钥-私钥的密钥对，这也是大多数公钥密码算法的必要步骤，称为密钥对生成。RSA 算法中密钥对生成算法的步骤如下。

(1)选择 p、q，且 p、q 为互异素数。

(2)计算 $N = p \times q$，$r = (p-1) \times (q-1)$，其中 r 是 N 的欧拉函数值。

(3)选择整数 e，满足 $1 < e < r$，且 $\gcd(r,e) = 1$，即 r 与 e 互质。

(4)再取另一个整数 d，满足 $d \times e \equiv 1 \bmod r$（$d$ 是 e 在模 r 下的乘法逆元）。

(5)以 Pk $= \{e, N\}$ 为公钥，Sk $= \{d, N\}$ 为私钥。

至此，密钥对生成。如果要进行加密，则按步骤(6)对待加密信息 m 进行操作。

(6)计算 $C = m^e \bmod N$，m 是明文。

得到的 C 即为加密后的信息，发送给接收方。接收方欲解密此信息，则进行步骤(7)操作。

(7)计算 $m = C^d \bmod N$，解出明文 m。

RSA 算法的密钥对生成、加密和解密流程如图 5.3 所示。在整个过程中，若传播过程中第三方获取了公钥 (e, N) 以及密文 C，想破解就要得到密钥 d，根据计算公式可知，获取 d 最简单的方法就是分解 N 得到 p 和 q，所以 N 的素数分解就是 RSA 的安全性所在。

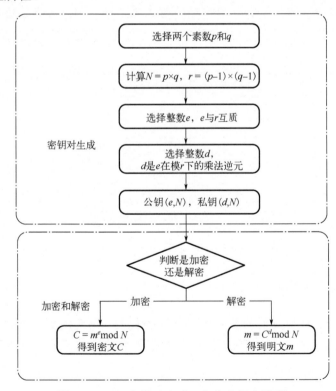

图 5.3　RSA 密钥对生成、加密和解密流程

2. RSA 数字签名算法

RSA 数字签名算法包括密钥对生成和签名、验签，密钥对生成过程与加/解密过程一致。签名过程见步骤(1)，验签过程见步骤(2)。

(1)计算 $s = M^d \bmod N$，其中 M 是待签名消息，s 是得到的签名。将签名附在消息的后面发送给对方，如 (M, s) 形式。

(2)计算 $M' = s^e \bmod N$，把得到的 M' 与消息 M 进行对比，若二者相等，说明此消息是发送方署名的，完成验签，若二者不相等，说明此消息不是发送方署名的，验签失败。

RSA 的数字签名和验签过程如图 5.4 所示。

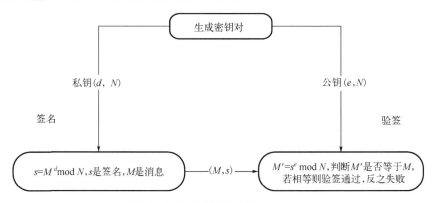

图 5.4　RSA 的数字签名和验签过程

5.2　基于离散对数的公钥密码算法

5.2.1　算法核心原理

指数运算和对数运算是数学中一对常见的逆运算，若已知 $b = a^i$，则可求得 $i = \log_a b$，这两种运算在计算上都易于实现。但如果将运算中的取值变为离散值，则该问题的计算难度会大大增加，于是产生了离散对数问题。

离散对数问题需要选取整数 b、素数 p 和它的一个生成元 a。此时对于任意小于 p 的整数 i，计算 $A \equiv a^i \bmod p$ 依然是易于实现的，但对数运算 $i \equiv \log_a A \bmod p$ 是难以计算的，对该数值 i 的求解问题就是离散对数问题。迄今为止，虽然数学家在离散对数问题上取得了一定的进展，但依然没有达到可以解决此问题的程度。所以可以使用离散对数问题作为困难问题来构造陷门函数。

5.2.2　典型算法分析

ElGamal 算法就是基于离散对数问题的算法[7]，本节介绍 ElGamal 加/解密算法和 ElGamal 签名算法。

1.　ElGamal 加/解密算法

ElGamal算法也需要先生成私钥-公钥的密钥对,其密钥对生成算法按步骤(1)～(3)完成。

(1)接收方 A 随机生成一个大的素数 p ，以及模 p 的整数乘法群 Z_p 的生成元 α 。

(2) A 随机选择一个整数 d ， $1 \leqslant d \leqslant p-2$ ，计算 $\beta = \alpha^d \bmod p$ 。

(3) A 将 α 、 p 以及计算所得的 β 公布，作为公钥，私钥为 d 。

生成密钥对后，加密算法按步骤(4)～(7)完成。

(4)发送方 B 将消息表示为 $\{0，1，\cdots，p-1\}$ 中的某个整数 m 。

(5) B 随机选择整数 k ， $1 \leqslant k \leqslant p-2$ 。

(6)计算 $\gamma = \alpha^k \bmod p$ 和 $\delta = m(\alpha^d)^k \bmod p$ 。

(7) B 将密文 $C = (\gamma, \delta)$ 发送给 A 。

步骤(7)中的 γ 和 δ 会作为密文发送给接收方,此时接收方按步骤(8)～(9)完成解密操作。

(8) A 用私钥 d 计算 $\gamma^{p-1-d} \bmod p$ 。

(9)计算 $m = (\gamma^{-d})\delta \bmod p$ ，这里 $\gamma^{-d}\delta \equiv \alpha^{-dk} m \alpha^{dk} \equiv m \bmod p$ ，若私钥正确，则解出明文 m 。

ElGamal 密钥对生成、加密和解密过程如图 5.5 所示。

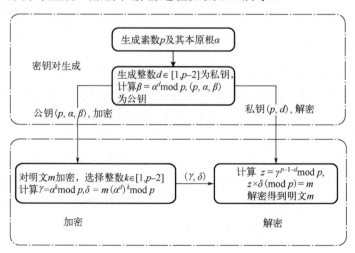

图 5.5　ElGamal 密钥对生成、加密和解密过程

2．ElGamal 签名算法

ElGamal 签名算法包括密钥对生成和签名、验签，密钥对生成过程与加/解密过程一致[8]。签名过程见步骤(1)，验签过程见步骤(2)。

(1)签名过程中，发送方对消息 M 进行签名。选择随机数 $k \in Z_{p-1}$，计算 $\gamma = \alpha^k \bmod p$，$\delta = (M - d\gamma)k^{-1}\bmod(p-1)$，$(\lambda, \delta)$ 数据对即为签名值，与消息 M 一起发出，其中 k^{-1} 是模逆操作。

(2)接收方收到签名值 (λ, δ) 后，使用发送方公布的公钥信息 (α, p, β) 进行验签，计算 $\beta^\gamma \gamma^\delta \equiv \alpha^M \bmod p$ 等式是否成立，成立则签名为真，M 是正确的消息，不成立则签名为假。

ElGamal 签名过程如图 5.6 所示。

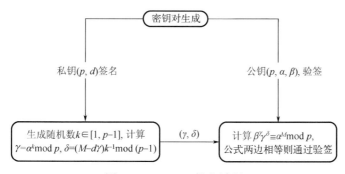

图 5.6　ElGamal 签名过程

5.3　基于椭圆曲线离散对数的公钥密码算法

椭圆曲线通俗来讲是一种三次曲线[9,10]，可以应用到不同类型的域上，根据变量的变化以及特征参数的特性会得到不同的椭圆曲线方程，以此为基础构造陷门函数，可以得到基于椭圆曲线离散对数问题。

5.3.1　算法核心原理

椭圆曲线中，魏尔斯特拉斯方程形式是一种通用形式，其方程为

$$y^2 + ay = x^3 + bx^2 + cxy + dx + e \tag{5-1}$$

椭圆曲线密码体制中用到的椭圆曲线都是定义在有限域的，记作 GF。常用的有限域包括素数域和二元域，素数域记作 F_p 或 GF(p)，二元域记作 F_{2^m} 或 GF(2^m)。椭圆曲线域内的运算为模运算，方程略有不同[11,12]，常见的素数域中的椭圆曲线方程可表示为

$$y^2 = x^3 + ax^2 + b, \quad a,b \in F_p \text{ 且 } (4a^3 + 27b^2) \bmod p \neq 0 \tag{5-2}$$

二元域中椭圆曲线方程可表示为

$$y^2 + xy = x^3 + ax^2 + b, \quad a,b \in F_{2^m} \text{ 且 } b \neq 0 \tag{5-3}$$

椭圆曲线密码体制中使用到的椭圆曲线由多个离散的点构成，曲线上点坐标的运算具有专门的运算公式，将在 5.4 节中介绍，本节不做过多讨论。如果已知椭圆曲线方程，且已知椭圆曲线的一个基点 G，而 Q 为椭圆曲线上另一个非 O（椭圆曲线加法群的单位元）的点，那么寻找参数 k，满足等式 $Q = kG$，这个过程就称为椭圆曲线离散对数问题[13]。对于一般曲线的离散对数问题，目前的求解方法都为指数级计算复杂度，未发现有效的亚指数级计算复杂度的一般攻击方法，即使有些特殊曲线的离散对数问题可以有多项式级计算复杂度或者亚指数级计算复杂度，在选择曲线时只要规避这些特殊曲线，就可以保证椭圆曲线离散对数问题的计算复杂度。与此同时，若已知基点 G 和参数 k，计算 kG 是相对容易的，所以可以利用椭圆曲线离散对数问题构建陷门函数。

5.3.2　典型算法分析

SM2 是基于椭圆曲线离散对数的公钥密码算法的算法[14]，本节介绍 SM2 加/解密算法和数字签名算法的基本流程。

1.　SM2 加/解密算法

设需要发送的消息为比特串 M，klen 为 M 的长度。

为了对明文 M 进行加密，作为加密者的用户 A 应实现以下运算步骤。

(1)用随机数发生器产生随机数 $k \in [1, \ n-1]$。

(2)计算椭圆曲线点 $C_1 = [k]G = (x_1, \ y_1)$，将 C_1 的数据类型转换为比特串。

(3)计算椭圆曲线点 $S = [h]P_B$，若 S 是无穷远点，则报错并退出。

(4)计算椭圆曲线点 P_B 的 k 倍点 $[k]P_B = (x_2, \ y_2)$，将坐标 x_2、y_2 的数据类型转换为比特串。

(5)计算 $t = \text{KDF}(x_2 \| y_2, \ \text{klen})$，若 t 为全 0 比特串，则返回步骤(1)。

(6)计算 $C_2 = M \oplus t$。

(7)计算 $C_3 = \text{Hash}(x_2 \| M \| y_2)$。

(8)输出密文 $C = C_1 \| C_3 \| C_2$。

由密钥加密过程可知，密文中 C_2 是由消息 M 异或得到的，所以 C_2 的位宽为 klen。为了对密文 $C = C_1 \| C_3 \| C_2$ 进行解密，作为解密者的用户 B 应实现以下运算步骤。

(1)从 C 中取出比特串 C_1，验证 C_1 是否满足椭圆曲线方程，若不满足则报错并退出。

(2)计算椭圆曲线点 $S=[h]C_1$，若 S 是无穷远点，则报错并退出。

(3)计算$[d_B]C_1=(x_2,y_2)$。

(4)计算 $t=\text{KDF}(x_2\|y_2,\text{klen})$，若 t 为全 0 比特串，则报错并退出。

(5)从 C 中取出比特串 C_2，计算 $M=C_2\oplus t$。

(6)计算 $u=\text{Hash}(x_2\|M'\|y_2)$，从 C 中取出比特串 C_3，若 $u\neq C_3$，则报错并退出。

(7)输出明文 M'。

加密和解密算法流程分别如图 5.7 和图 5.8 所示。

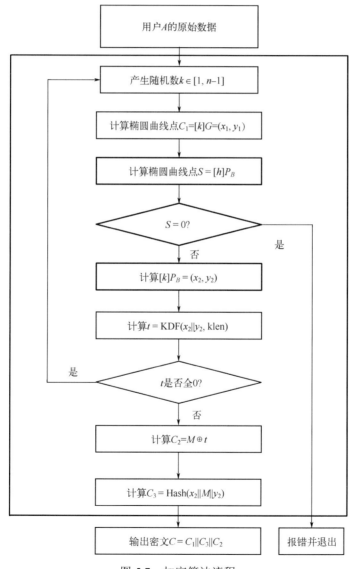

图 5.7　加密算法流程

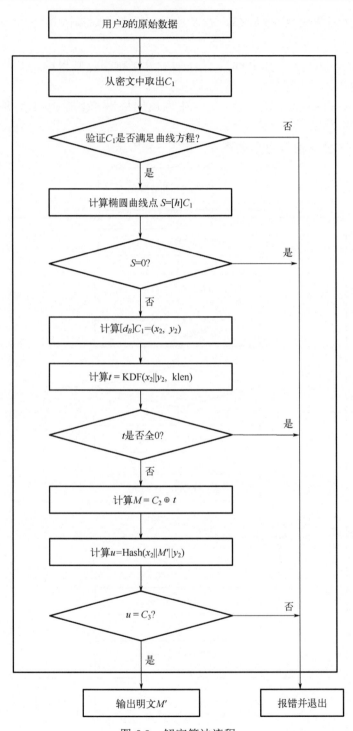

图 5.8 解密算法流程

2. 数字签名算法

1)数字签名的生成算法

设待签名的消息为 M，为了获取消息 M 的数字签名(r, s)，作为签名者的用户 A 应实现以下运算步骤。

(1)置 $\overline{M} = Z_A \| M$。

(2)计算 $e = H_v(\overline{M})$。

(3)用随机数发生器产生随机数 $k \in [1, n-1]$。

(4)计算椭圆曲线点$(x_1, y_1) = [k]G$。

(5)计算 $r = (e + x_1) \bmod n$，若 $r = 0$ 或 $r + k = n$ 则返回步骤(3)。

(6)计算 $s = ((1 + d_A)^{-1} \cdot (k - r \cdot d_A)) \bmod n$，若 $s = 0$ 则返回步骤(3)。

(7)消息 M 的签名为(r, s)。

2)数字签名的验证算法

为了检验收到的消息 M' 及其数字签名(r', s')，作为验证者的用户应实现以下运算步骤。

(1)检验 $r' \in [1, n-1]$ 是否成立，若不成立则验证不通过。

(2)检验 $s' \in [1, n-1]$ 是否成立，若不成立则验证不通过。

(3)置 $\overline{M'} = Z_A \| M'$。

(4)计算 $e' = H_v(\overline{M'})$。

(5)计算 $t = (r' + s') \bmod n$，若 $t = 0$，则验证不通过。

(6)计算椭圆曲线点 $(x_1', y_1') = [s']G + [t]P_A$。

(7)计算 $R = (e' + x_1') \bmod n$，检验 $R = r'$ 是否成立，若成立则验证通过，否则验证不通过。

数字签名生成算法和验证算法流程分别如图 5.9 和图 5.10 所示。

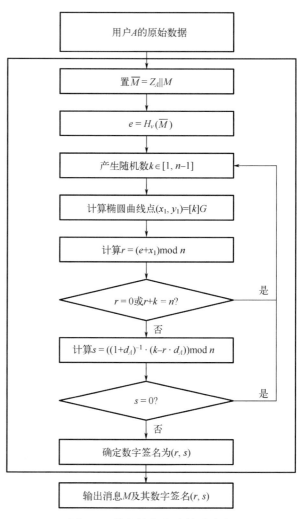

图 5.9 数字签名生成算法流程

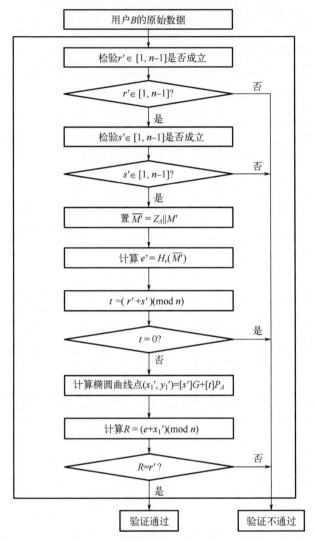

图 5.10 数字签名验证算法流程

5.4 公钥密码算法计算架构设计

本节算法架构设计选取椭圆曲线密码算法作为设计对象，由之前的内容可知，国密 SM2 算法属于椭圆曲线密码算法的一种，因此本节中的运算算法设计可以应用于与国密 SM2 具有相同特性的算法中。

5.4.1 算法运算层次

椭圆曲线密码算法包含了数字签名算法、公钥加密算法和密钥交换协议三个大类，额外地，还需要一个密钥生成算法来生成私钥-公钥密钥对。整个算法按照层次来分，可以分为协议层、群运算层和有限域运算层，层次结构如图 5.11 所示。

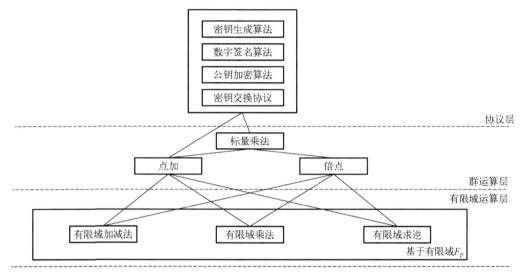

图 5.11 ECC 系统层次图

协议层实现了四个算法：密钥生成算法、数字签名算法、公钥加密算法和密钥交换协议。四个算法间相互独立，但都会调用有限域 F_p 上的运算和椭圆曲线上的群运算[15]。在这些运算中，最具代表性的是椭圆曲线上的标量乘法，它影响着整个椭圆曲线密码算法系统的性能。标量乘法的运算过程主要由点加和倍点组成，点加和倍点又由有限域 F_p 上的模运算组成。协议层的算法流程可以参考 5.3.2 节中介绍的 SM2 算法流程，其余椭圆曲线密码算法的运算流程基本类似。

群运算层有点加和倍点两种基本运算，点加运算为两个不同点相加，倍点运算为两个相同点相加。点加运算和倍点运算的结果均为椭圆曲线上的一个点，两种运算结合在一起，可以计算椭圆曲线上的多倍点，也称为标量乘法。

对于椭圆 k 曲线上的点 P，使用标量乘法 $[kP]$ 来计算 P 的 k 倍点，计算公式为

$$[kP] = \underbrace{P + P + \cdots + P}_{k\text{个}}, \quad \text{其中 } k \text{ 是正整数} \tag{5-4}$$

若椭圆曲线上两个不同点 P 和 Q 相加，令 $P = (x_1, y_1)$，$Q = (x_2, y_2)$，且 $P \neq \pm Q$，则 $P + Q = (x_3, y_3)$，有点加公式为

$$x_3 = \left(\frac{y_2 - y_1}{x_2 - x_1}\right)^2 - x_1 - x_2$$

$$y_3 = \left(\frac{y_2 - y_1}{x_2 - x_1}\right)(x_1 - x_3) - y_1$$

(5-5)

若椭圆曲线上两个相同的点 $P = (x_1, y_1)$ 相加，且 $P \neq -P$，则 $2P = (x_3, y_3)$，有倍点公式为

$$x_3 = \left(\frac{3x_1^2 + a}{2y_1}\right)^2 - 2x_1$$

$$y_3 = \left(\frac{3x_1^2 + a}{2y_1}\right)(x_1 - x_3) - y_1$$

(5-6)

其中，a 是椭圆曲线方程中的参数。

椭圆曲线上的相异点相加与相同点相加可汇总为一个公式表示：

$$x_3 = (s^2 - x_1 - x_2) \bmod p$$
$$y_3 = (s(x_1 - x_3) - y_1) \bmod p$$

(5-7)

其中

$$s = \begin{cases} \dfrac{y_2 - y_1}{x_2 - x_1} \bmod p, & P \neq Q \\[3mm] \dfrac{3x_1^2 + a}{2y_1} \bmod p, & P = Q \end{cases}$$

(5-8)

有限域运算层完成的是在有限域上的模运算，主要包括模加减、模乘、模平方和模逆运算等基本模运算。在这些运算中，模加减运算由于占用资源很少，在进行性能评估时一般只计算模乘、模平方和模逆。模平方运算可以用模乘运算替代完成，而模逆运算可以通过坐标系的变换来减少出现的次数，从每次点加运算和倍点运算都出现一次，变为整个标量乘法中只出现一次，从而大大降低了模逆运算在整个标量乘法中的影响。但无论如何调整，模乘运算都是无法回避的问题，也是有限域运算层中最重要的一种运算。因此对于椭圆曲线密码算法来说，为了实现协议层算法，最重要的是实现群运算层中的标量乘法，而为了高效地实现标量乘法算法，最关键的是实现有限域运算层中的模乘算法，因此在模乘算法上进行设计和在标量乘法算法上进行设计，是两个重要的研究方向。

5.4.2　模乘算法

模乘算法的优化主要考虑三个方面。其一是结合公钥密码算法的应用场景，对模乘算法进行面积、速度、功耗等方面的改进和调整，如资源受限设备就需要硬件开销偏小的算法。其二是结合调用模乘单元的点加、倍点运算单元，设计符合上层控制器时序排布的模乘电路并行或复用结构，使模乘单元输入数据的依赖关系尽量降低以提升其并行度。其三是从模乘结构入手，使用不同的乘法器结构和数值的表示形式，或使模乘单元形成流水结构，或降低乘法运算单元的面积，或提升运算电路的频率。

模乘算法根据模数 p 是否固定，主要分为两种形式，第一种是针对特定模数 p，先进行大位宽的乘法运算，然后进行快速约简[16]，常结合 Karatsuba 和 Toom-Cook 等算法将大位宽操作数拆分成小位宽，并在拆分的过程中消除部分运算量。第二种是针对通用模数 p，在计算乘法的过程中进行约简，运算结果直接为模乘结果，有代表性的有巴雷特乘法[17]和蒙哥马利乘法[18]等，详见算法 5.1 和算法 5.2。为了使乘法器面积减小，第二种算法也常将大位宽的操作数拆分成小的分组迭代多次完成。自从 1985 年 Montgomery 提出了蒙哥马利模乘算法[18]，后人又提出了细粒度整合乘积扫描（finely integrated product scanning, FIPS）、细粒度整合操作数扫描（finely integrated operand scanning, FIOS）、粗粒度整合操作数扫描（coarsely integrated operand scanning, CIOS）等算法[19]。基 2 的蒙哥马利模乘结构消耗的操作周期数与操作数位宽相关，过多的周期数并不适用于高性能 ECC 处理器；FIOS（FIPS）结构的蒙哥马利算法经过两层的循环，使周期数增加至 $(L/w)^2$，其中 L 为椭圆曲线操作数位宽，w 为乘法器字宽，同样因其消耗较多的周期数而并不适用。高基的蒙哥马利结构可在 L/w 个周期内计算出模乘的结果，消耗的周期数量较少，但为了满足 NIST 标准和 RFC 标准中椭圆曲线的需求，需要过多的硬件资源。

算法 5.1　巴雷特模乘算法

输入：$a, b, p, \lambda = \left\lfloor 2^{2L+3}/p \right\rfloor$

输出：$c = (a \cdot b) \bmod p$

1. 计算：$z = a \cdot b$;

2. 计算：$\hat{q} = \left\lfloor \left(\left\lfloor z/2^{L-2} \right\rfloor \cdot \lambda \right) / 2^{L+5} \right\rfloor$;

3. 计算：$c = (z - \hat{q}p) \bmod 2^{L+1}$;

4. 如果：$c \geqslant p$，则 $c = c - p$;

5. 返回：c

算法 5.2　蒙哥马利模乘算法

输入：$X, Y, P, R = 2^k \geq P, k \geq \lfloor \log_2 P \rfloor + 1$；

1.　　　$c = XY$

2.　　　$m = ((c \bmod R) P') \bmod R$

3.　　　$t = (c + mP) / R$

4.　　　if $t > P$, then $t = t - P$

5.　　　return t

以两类基本算法作为研究基础进行改进，可以进行模乘算法的设计。

1.　一种改进的高基蒙哥马利模乘

本节介绍一种改进的高基蒙哥马利模乘算法设计。由于 TLS 1.3 标准中 6 种位宽的操作数具有最大公约数 32，因此本算法结构基于高基的蒙哥马利算法[20]，选取基为 $r=2^{32}$，其原因有两个。

(1) 对于 TLS 1.3 中所支持的 6 种数据位宽(192 位、224 位、256 位、384 位、448 位和 544 位)，位宽均为 32 的整数倍，模乘运算均可以整数轮次进行计算，以最高的利用率进行最常用的曲线参数模乘运算。此外，算法支持的位宽不仅限于 32 的倍数，对于非 32 的整数倍位宽，可通过修改计算轮数，并将不足 32 倍数位宽的部分补 0，支持所有不大于 544 位操作数位宽通用模数 p 的模乘运算。

(2) 提出的模乘算法面向 ASIC 设计，在 55nm 工艺库下，272 位×32 位乘法器既能保证较少的模乘周期数量，又能使控制电路和运算单元的路径延迟保持均衡，获得较高的时钟频率。从面积角度讲，272 位×32 位的乘法器面积较大，但从计算单元面积与控制存储单元的面积比来看，可使控制存储单元所占用的面积比例减小，从而获得更高的面积时间积($A \times P$)。

改进的高基蒙哥马利模乘算法如算法 5.3 所示，步骤 5～7 和步骤 8～13 分别针对模乘操作数位宽在 272 位及以下和 273～544 位。对于最常用的 272 位及以下的操作数位宽乘法，可在单周期内完成以保证较少的计算周期数量，获得较快的运算性能；对于使用频率较小的 272 位以上位宽的乘法，使用两个周期完成一次乘法操作，通过复用半字宽的乘法器的方式达到节省面积的目的。例如，对于 256r1 曲线而言，步骤 6 和步骤 7 分别使用 272 位×32 位和 256 位×32 位乘法器在同一个时钟周期内完成；对于 521r1 曲线来说，步骤 9 和步骤 11 同时在第一个时钟周期内完成，用于计算两个乘法的低位部分，步骤 10 和步骤 12 在第二个时钟周期内完成，用于计算乘法的高位部分，并在步骤 20 中将低位与高位部分相加。将大位宽乘法器进行拆分：$C = X_i Y = X_i (Y_H 2^w + Y_L) = X_i Y_H 2^w + X_i Y_L$，其中，$Y_H$ 和 Y_L 为操作数 Y 的高位和低位部分；本设计中乘法器字宽 w 为 32。因此，提出的结构中，将 $X_i Y_0$ 和 $X_i Y$ 中共同的计算部分分离出来，先计算较快的 X_iY_0，并将中间计算值用于后续的计算过程中；随后再进行较大的高位部分计算，虽然这部分的运算较慢，但可与步骤6(273 位以下)或步骤9、步骤10(272 位以上)的两个大位宽乘法器同时进行，因此并没有额外增加延迟。

算法 5.3　改进的高基蒙哥马利模乘算法

输入：$X = \displaystyle\sum_{i=0}^{m-1} x_i \cdot (2^{32})^i$；$Y = \displaystyle\sum_{i=0}^{m-1} y_i (2^{32})^i$；

其中，$0 < X, Y < P, P < R = 2^{32 \cdot m}, \gcd(P, 2^{32}) = 1$

输出：$Z = XYR^{-1} \bmod P$；

1.　　　$Z_0 = 0$;

2.　　　for $i = 0$ to $\left\lceil \dfrac{L}{32} \right\rceil - 1$

3.　　　　　$c = X_i Y_0$

4.　　　　　$q_i = (((Z_i + c) \bmod 2^{32}) P') \bmod 2^{32}$

5.　　　　　if $L \leqslant 272$

6.　　　　　　$t_1 = q_i P$

7.　　　　　　$t_2 = (X_i(Y/2^{32}))2^{32} + c$

8.　　　　　else

9.　　　　　　$t_{10} = q_i(P \bmod 2^{L/2})$

10.　　　　　　$t_{11} = (q_i(P/2^{L/2}))2^{L/2} + t_{10}$

11.　　　　　　$t_{20} = X_i((Y/2^{32}) \bmod 2^{(L-32)/2})$

12.　　　　　　$t_{21} = (X_i(Y/2^{(L/2+16)})2^{(L-32)/2} + t_{20})2^{32} + c$

13.　　　　　　$t_1 = t_{11}, t_2 = t_{21}$

14.　　　　　endif

15.　　　　　$Z_{i+1} = (Z_i + t_1 + t_2)/2^{32}$

16.　　　endfor

17.　　　if $Z_{i+1} \geqslant P$ then $Z_{i+1} = Z_{i+1} - P$; endif

18.　　　return Z_{i+1}

模乘单元的电路结构如图 5.12 所示，左侧是完整的模乘结构，右侧是该结构中用到的特殊乘法器结构。在算法 5.3 中，步骤 3、步骤 4 各包含一个 32 位×32 位的乘法器，如图 5.12 中用深色标出的乘法单元。在步骤 5～13 中，共包含两个大位宽乘法器，在图中用斜线阴影标出。其中，右下方的乘法单元用于计算步骤 6、步骤 9、步骤 10，用于计算 q_iP，其计算位宽为 544 位×32 位；左上方的乘法单元用于计算步骤 7、步骤 11、步骤 12，用于计算 XY，由于与深色标出的 X_iY_0 的乘法器有共用部分，此乘法单元计算位宽为 512 位×32 位。

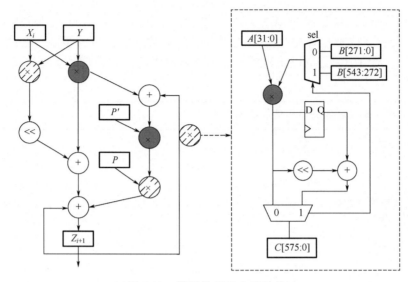

图 5.12　模乘单元的电路结构

　　斜线阴影标出的两个特殊乘法单元结构也在图 5.12 中给出，操作数 B 在位宽大于 $L/2$ 时，由 sel 信号进行选择，决定输入 B 的高位部分或是低位部分。当操作数 B 在位宽小于等于 $L/2$ 时，sel 的值恒为 0，此时乘法的计算在单周期完成，乘法单元作为 $32×L/2$ 位乘法器使用。当操作数 B 在位宽大于 $L/2$ 时，在计算的第一个时钟周期，sel 为 0，输入为 B 的低 $L/2$ 位，并由 $32×L/2$ 位乘法器计算完成后，将结果暂存于寄存器中；在第二个时钟周期，sel 由控制器置为 1，此时输入为 B 的高 $L/2$ 位，乘法器的计算结果将在左移 $L/2$ 位后，与上一周期的结果相加，并在第二个周期输出最终乘法结果。

2.　使用快速模约简进行模乘运算

　　本节提出的模乘运算采用模约简结构，即先进行乘法运算，再对乘法结果进行模约简，主要面向 Curve25519 曲线和 secp256r1 曲线，使模乘单元可以被两条曲线使用。由于 secp256r1 的数据位宽为 256 位，Curve25519 曲线的数据位宽为 255 位，所以直接采用单元库中已有的 256 位乘法器，满足两条曲线的位宽需求，并在一个时钟周期内完成乘法。模约简则需单独设计，secp256r1 曲线的 $p=2^{256}-2^{224}+2^{192}+2^{96}-1$，乘法操作后得到一个 512 位的乘法结果 A，易知 $A<p^2$，用二进制表示后分为 16 个数据段，设 $A=A_{15}2^{224}+A_{14}2^{192}+\cdots+A_12^{32}+A_0$，其中 A_i 的宽度为 32 位，则模约简公式如算法 5.4 所示[21]。

算法 5.4　secp256r1 的快速模约简公式

输入：$A=(A_{15}||A_{14}||A_{13}||\ldots||A_2||A_1||A_0)$

输出：$B=A\bmod p$

1.　　$T=(A_7||A_6||A_5||A_4||A_3||A_2||A_1||A_0)$
2.　　$S_1=(A_{15}||A_{14}||A_{13}||A_{12}||A_{11}||96'h0)$
3.　　$S_2=(32'h0||A_{15}||A_{14}||A_{13}||A_{12}||96'h0)$
4.　　$S_3=(A_{15}||A_{14}||96'h0||A_{10}||A_9||A_8)$
5.　　$S_4=(A_8||A_{13}||A_{15}||A_{14}||A_{13}||A_{11}||A_{10}||A_9)$
6.　　$D_1=(A_{10}||A_8||96'h0||A_{13}||A_{12}||A_{11})$
7.　　$D_2=(A_{11}||A_9||64'h0||A_{15}||A_{14}||A_{13}||A_{12})$
8.　　$D_3=(A_{12}||32'h0||A_{10}||A_9||A_8||A_{15}||A_{14}||A_{13})$
9.　　$D_4=(A_{13}||32'h0||A_{11}||A_{10}||A_9||32'h0||A_{15}||A_{14})$
10.　$B=(T+2S_1+2S_2+S_3+S_4-D_1-D_2-D_3-D_4)\bmod p$

　　快速模约简通过多个数据的加减操作来实现，仅在最后一步取模运算。需要注意，由于 S_2 的高位为 0，因此最后得到的待约简数据至多有 5 个进位或 5 个借位，比较常见的方式是采用高位为 0 的形式化简以上计算式，进行再次约简，但即使再次模约简，也会出现超过模 p 的情况，依然需要进行判断并计算输出。由于设计包含两条曲线的模约简，需要考虑单元间的复用关系。

　　对于 Curve25519 曲线，$p=2^{255}-19=2^{255}-2^4-2^2+1$，位宽为 255 位，一次乘法操作的结果 A 在二进制下位宽最高为 510 位，根据 p 的形式特点，设 $A=A_{254}2^{508}+A_{253}2^{506}+A_{252}2^{504}+\cdots+A_12^2+A_0$，$A_i$ 的宽度为 2 位，利用此形式的 A 对 p 做模约简，可得算法 5.5 所示的快速约简算法。

算法 5.5　Curve25519 曲线快速约简算法

输入：$A=(A_{254}||A_{253}||A_{252}||\ldots||A_2||A_1||A_0)$

输出：$B=A\bmod p$

1.　　$T=(A_{127}||A_{126}||A_{125}||\ldots||A_2||A_1||A_0)$
2.　　$S_1=(A_{252}||A_{251}||A_{250}||\ldots||A_{129}||A_{128}||5'h0)$
3.　　$S_2=(A_{253}||A_{252}||A_{251}||\ldots||A_{129}||A_{128}||3'h0)$
4.　　$S_3=(247'h0||A_{254}||A_{254}||4'h0)$
5.　　$S_4=(249'h0||A_{253}||A_{253}||2'h0)$
6.　　$S_5=(249'h0||A_{254}||4'h0)$
7.　　$D_1=(A_{254}||A_{253}||A_{252}||\ldots||A_{129}||A_{128}||1'h0)$
8.　　$D_2=(253'h0||A_{254})$
9.　　$D_3=(253'h0||A_{253})$
10.　$B=(T+S_1+S_2+S_3+S_4+S_5-D_1-D_2-D_3)\bmod p$

考虑到高位为 0 的各部分，以及 T 所取的位数为 256 位，最后一步待约简数据会有至多 5 个进位或 2 个借位，与 secp256r1 曲线的情况基本类似，因此采用加减法阵列计算出两种模约简所有最后可能的输出结果，通过判断加减法的标志位来选择输出正确结果，其结构如图 5.13 所示。

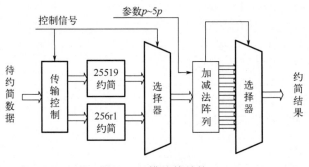

图 5.13　模约简结构

加减法阵列中需参数 $p\sim 5p$ 参与运算，需要在寄存器堆中存放两条曲线的 $5p$ 参数，其中，参数 p 在标量乘中多次使用，设置为参数形式存储；$2p$ 在运算开始时通过 p 相加得到；$3p$ 通过 3 倍模加单元计算得到；$4p$ 通过模减单元 $5p-p$ 运算得到，这些值在首周期结束时固定在加减法阵列的输入端，并在次周期开始参与运算，与乘法前后衔接。

5.4.3　标量乘算法

标量乘算法的研究很广泛，例如，按位从左向右算法、按位从右向左算法、窗口法、梳状算法、非相邻形式(non adjacent form, NAF)算法等，都是较为经典的标量乘算法。本节将介绍三种改进的标量乘算法及其各自的优势。

1.　低运算复杂度的改进窗口 NAF (window NAF, wNAF) 标量乘算法

NAF 算法是将标量乘中的 k 值转换为非相邻形态，减少可能出现的点加运算次数，从而提高标量乘算法效率的一种算法。窗口法是把标量乘中的 k 值按窗口划分成多段，再利用预计算得到的窗口结果把多次点加运算合并为一次点加运算，来减少点加次数的算法。将两种算法结合并进行针对性优化，可以得到一种低运算复杂度的标量乘算法。

1) $2^n P$ 预计算

倍点运算与点加运算、三倍点运算、五倍点运算相比较而言，需要较少的模乘运算量，并且由 2^n 构成的集合相较于由 3^n 以及 5^n 构成的集合，集合中的元素之间的差值更加紧凑，也利于后续对差值进行处理。此外，考虑用 2^n 代替 k 链中的奇数还有一个原因是在进行标量乘计算时，每轮也要采用倍点运算，因此可以通过控制器

控制，反复利用倍点架构，节省资源。

　　算法的主要思路是：首先利用窗口非相邻算法得到 k 链，然后在预计算阶段，用 2^n 与椭圆曲线上的点 P 的乘积代替奇数与 P 的乘积，存储在存储器中。采用这种替换方式的优点主要在于能够极大地减少预计算的个数，并且只需要倍点运算就能得到结果。例如，当窗口宽度 w 为 6 时，窗口非相邻算法需要存储 $\{P,3P,5P,\cdots,63P\}$，一共 32 个点，而本节算法只需要存储 $\{2^0P,2^1P,2^2P,2^3P,2^4P,2^5P,2^6P\}$，一共 7 个点。不同窗口宽度下需要预计算的点及相应的个数如表 5.1 所示。

表 5.1　预计算点及个数

窗口宽度	预计算点	预计算点的个数
5	$\{2^0P,\ 2^1P,\ 2^2P,\ \cdots,\ 2^5P\}$	6
6	$\{2^0P,\ 2^1P,\ 2^2P,\ \cdots,\ 2^6P\}$	7
7	$\{2^0P,\ 2^1P,\ 2^2P,\ \cdots,\ 2^7P\}$	8
$\vdots$	$\vdots$	$\vdots$
n	$\{2^0P,\ 2^1P,\ \cdots,\ 2^nP\}$	$n+1$

　　2）构造 2^nP 加法链的差值补偿

　　由 1）可知，2^n 与椭圆曲线上的点 P 的乘积代替奇数与 P 的乘积会产生差值，例如，当窗口宽度 w 为 6 时，窗口非相邻算法需要存储 $\{P,3P,5P,\cdots,63P\}$，而本节提出的算法只需要存储 $\{2^0P,2^1P,2^2P,2^3P,2^4P,2^5P,2^6P\}$，当 k 链中存在非存储数值时，需要寻找最近的 2^nP 存储值，并产生差值。在不同窗口下，本节预计算点与窗口非相邻算法预计算点之间的差值如表 5.2 所示。

表 5.2　本节预计算点与窗口非相邻算法预计算点之间的差值

窗口宽度	预计算点之间的差值
5	$\{1P,\ 3P,\ 5P,\ 7P\}$
6	$\{1P,\ 3P,\ 5P,\ 7P,\ 9P,\ \cdots,\ 15P\}$
7	$\{1P,\ 3P,\ 5P,\ 7P,\ 9P,\ \cdots,\ 31P\}$
$\vdots$	$\vdots$
n	$\{1P,\ 3P,\ 5P,\ 7P,\ 9P,\ \cdots,\ (2^{n-2}-1)P\}$

　　由于任意一个数都可以用二进制表示出来，并且已经在预计算阶段对 2^nP 进行了存储，因此提取出 2^n 和椭圆曲线上的点 P 的乘积与奇数和点 P 的乘积之间产生的差值 $\varDelta$，可以利用预计算好的 2^nP 构造一条加法链来进行弥补。加法链标量乘是将一个大整数标量 k 分解为若干个小整数，在标量乘运算时，通过将分解后的小整数进行相加就可以得到最终结果。在加法链标量乘的思想上，可以提出差值 $\varDelta$ 可以利用 2^nP 相加或相减得到，即 $\varDelta=\sum 2^nP$。例如，窗口宽度 w 为 6 时，当 k 链中存在

非 0 元素 21 时，$2^4 P$ 与 $21P$ 最接近，产生差值 $5P$，而 $5P$ 可以通过已经预计算好的点值构造一条加法链，即 $5P = 2^2 P + P$，最终 $21P = 2^4 P + 2^2 P + P$。

3) 改进的 wNAF 标量乘算法

结合 1) 及 2) 的内容，首先通过窗口非相邻算法生成 k 链，用 2^n 替换 k 链中的奇数，并将 $2^n P$ 预计算存储在存储器中；其次，在标量乘运算过程中搜索 k 链中的非 0 元素 k_i，如果 $k_i P$ 与 $2^n P$ 之间产生了差值，需要通过构造 $2^n P$ 加法链来进行弥补；最后得到标量乘运算结果。可得改进的 wNAF 标量乘算法如算法 5.6 所示。

算法 5.6　　改进的 wNAF 标量乘算法

输入：整数标量 k，椭圆曲线上一点 p，窗口宽度 w

输出：标量乘结果 Q

1.　　　　$P_i = 2^i P, i \in \{1, 2, 3, \cdots, w\}$

2.　　　　　　$i = 0$;

3.　　　当 $k > 0$ 时，重复执行：

　　　　(1) 如果 k 是奇数，则有 $k_i = k \bmod 2^{w+1}$

　　　　① 如果 $k_i \geq 2^w$，则有 $k_i = k_i - 2^{w+1}$

　　　　② $k = k - e_i$

　　　　(2) 否则 $k_i \leftarrow 0$;

4.　　　返回 $\{k_{i-1}, k_{i-2}, \cdots, k_1, k_0\}$

5.　　　$Q = 0; \text{add1} = 0$;

6.　　　for i from $b-1$ to 0 do

7.　　　　　$Q = 2Q$;

8.　　　　　$\text{add1} = 0$;

9.　　　　　if $k_i \neq 0$ then

10.　　　　　　$s = \text{Findnearst}(|k_i P|)$ // 找到最接近 $|k_i P|$ 的 $2^n P$

11.　　　　　　$\text{add} = \text{Findnearst}(|k_i P|)$

12.　　　　　　if $k_i < 0$

13.　　　　　　　$a = k_i P + s$;

14.　　　　　　　$j = 0$;

15.　　　　　　　while$(a \neq 0)$

16.　　　　　　　　$t_j = \text{Findnearst}(|a|)$;

17.　　　　　　　　$a = |a| - t_j$;

18.　　　　　　　　$j = j + 1$;

19.　　　　　　　end

20.　　　　　　　$\text{add1} = \sum t_j$;

21.　　　　　　　if $a \geq 0$ then $\text{add} = \text{add1} - \text{add}$;

22.	else add = add − add1;
23.	end
24.	if $k_i > 0$
25.	$a = k_i P - s$;
26.	$j = 0$;
27.	while$(a \neq 0)$
28.	$t_j \Leftarrow$ Findnearst$(|a|); a = |a| - t_j; j = j + 1$
29.	end
30.	add1 $= \sum t_j$;
31.	if $a \geqslant 0$ then add = add − add1;
32.	else add = add − add1
33.	end
34.	$Q = Q + $add;
35.	end
36.	end
37.	返回结果 Q

在算法 5.6 中，步骤 1 是预计算部分，根据窗口宽度 w 计算 $2^n P$。步骤 2～步骤 4 是得到 k 链的过程，其流程图如图 5.14 所示。步骤 5～步骤 37 是标量乘运算阶

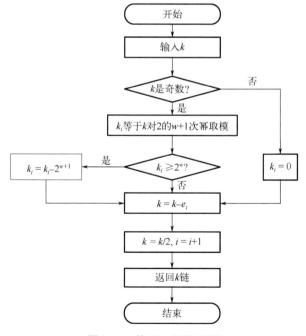

图 5.14　构造 k 链流程图

段，其流程图如图 5.15 所示，其中步骤 9～步骤 11 是找到与 k 链中非 0 元素最接近的 $2^n P$，这时会分为两种情况：①k 链中非 0 元素的值小于 0，此时执行步骤 12～步骤 23，其中步骤 12～步骤 13 是 $k_i P$ 与 $2^n P$ 产生差值 a，步骤 15～步骤 20 是构造差值 a 的加法链；②k 链中非 0 元素的值大于 0，此时执行步骤 24～步骤 33，其中步骤 24～步骤 25 是 $k_i P$ 与 $2^n P$ 产生差值 a，步骤 27～步骤 30 是构造差值 a 的加法链，最终完成整个 k 链的运算，得到结果。

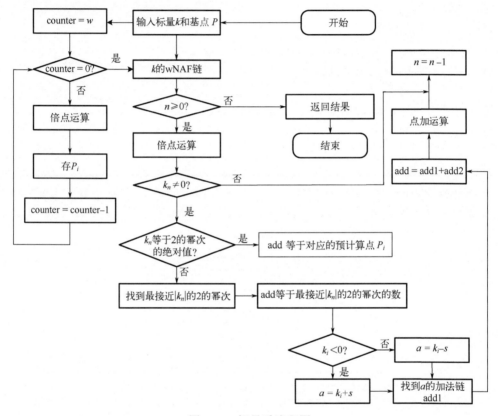

图 5.15　标量乘流程图

4)硬件单元结构设计

对顶层单元的设计主要包括曲线类型的选取、预计算处理单元、坐标转换单元、点加计算单元、倍点计算单元、有限域计算单元、转换 k 链单元、标量乘运算控制单元和存储单元这九部分。标量乘硬件处理单元设计如图 5.16 所示。

在预计算阶段计算 2 的幂次需要用到倍点运算，在标量乘运算时也需要用到倍点运算，倍点运算结构可以反复利用，在进行标量乘运算时首先对转换之后的 k 链由高位到低位逐位进行扫描，由于预计算阶段和标量乘法运算阶段所用的点加和倍点数据通路是一样的,所以通过控制器控制,先进行预计算阶段的点加运算和倍点运算,将结果存储到寄存器当中,等预计算算完之后进行标量乘法阶段的计算,通过一系列的点加操作以及倍点操作,输出最终结果。

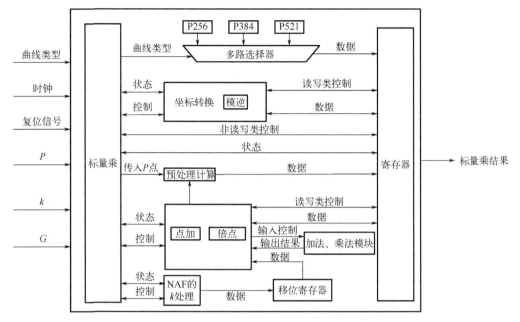

图 5.16 标量乘硬件处理单元设计

5)复杂度对比

图 5.17 表示了以模乘次数为标准的本节算法在不同窗口宽度、不同曲线下的计算复杂度曲线。计算复杂度包括预计算阶段、标量乘计算阶段和总体的计算量,曲线包括 P256、P384 和 P521,窗口宽度范围为 2~12 位。由图 5.17 可以看出,对于所有曲线,窗口宽度为 11 位时,总计算复杂度最小;窗口宽度小于 5 位时,总计算复杂度要高于窗口宽度为 5 位时。而当窗口宽度大于 11 位时,由于 $2^n P$ 与 $(2h-1)P$ 之间的差值过大,不利于构建基于 $2^n P$ 的加法链。根据以上结果,随后对算法的比较与分析都将窗口宽度限制在 5~11 位的范围内。

在预计算阶段计算 $2^n P$ 需要用到倍点运算,在标量乘计算时也需要用到倍点运算,倍点运算结构可以通过控制器控制,反复利用,节省资源。同时,现有的 wNAF 算法[22]、滑动窗口非相邻形式(sliding window NAF, swNAF)算法[23]和基于素数预计算的算法[24]因为预计算个数随着窗口的增大而增大,所以都不适用于窗口宽度很大的情况。而本节算法解决了以上算法适用不了窗口宽度大的问题。表 5.3 显示了四种算法在不同窗口下的预计算点个数比较。

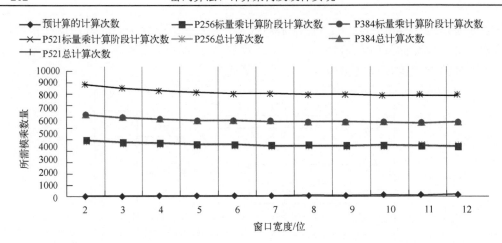

图 5.17　低复杂度改进的 wNAF 标量乘算法在不同窗口下的复杂度分析

表 5.3　预计算点个数比较

窗口宽度 w/位	本节算法	wNAF 算法	swNAF 算法	基于素数的预计算算法	与 wNAF 算法相比减少的百分比/%	与 swNAF 算法相比减少的百分比/%	与素数预计算相比减少的百分比/%
5	6	16	6	11	62.5	0.0	45.45
6	7	32	11	18	78.13	36.36	61.11
7	8	64	22	31	87.5	63.64	74.19
8	9	128	43	54	92.97	79.07	83.33
9	10	256	86	97	96.09	88.37	89.69
10	11	512	171	140	97.85	93.57	92.14
11	12	1024	342	215	98.83	96.49	94.42

由表 5.3 可以看出，相较于 wNAF 算法、swNAF 算法和基于素数的预计算算法，本节算法在窗口宽度为 5~11 位时预计算点的个数最少；而在窗口宽度为 11 位时预计算点个数减少最多，分别减少了 1013 个、330 个和 203 个，减少的百分比分别为 98.83%、96.49% 和 94.42%。此外，当窗口宽度增加时，本节算法的预计算点的数量减少的百分比也随之增加，说明本节算法比其他算法更适宜窗口宽度较大的情况。

表 5.4 显示了当窗口宽度为 5~11 位时预计算点所需的模乘次数的比较。其中，倍点运算（用 D 表示）根据 $1D = 4M + 6S$（M 为模乘运算，S 为模平方运算）以及 $0.8M = 1S$ 进行转换。从表 5.4 可以看出，相较于 wNAF 算法、swNAF 算法和基于素数预计算算法，在窗口宽度为 5 位时，本节算法预计算的模乘次数分别减少了 81.95%、70.19% 和 74.19%；在窗口宽度为 11 位时，预计算的模乘次数分别减少了

99.38%、99.07%和 97.83%。由此可知，在窗口宽度为 5～11 位时，本节算法的预计算复杂度最低，此外，随着窗口宽度的增加，本节算法预计算所需模乘次数减少的百分比也增加了，也说明了本节算法更适宜较大的窗口。

表 5.4　预计算点所需的模乘次数比较

窗口宽度 w/位	预计算所需模乘次数				模乘次数减少比例		
	本节算法	wNAF 算法	swNAF 算法	基于素数的预计算法	wNAF 算法/%	swNAF 算法/%	基于素数的预计算法/%
5	48	266	161	186	81.95	70.19	74.19
6	53	522	313	266	89.85	83.07	80.08
7	62	1304	648	522	95.25	90.43	88.12
8	71	2058	1286	842	96.55	94.48	91.57
9	80	4106	2593	1386	98.05	96.91	94.23
10	88	7792	5177	2608	98.87	98.30	96.63
11	97	15574	10376	4463	99.38	99.07	97.83

标量乘的总体复杂度包括预计算复杂度以及标量乘计算复杂度两部分，表 5.5 显示了当 n 为 256、384、521 时，四种算法的标量乘计算复杂度和总体计算复杂度的对比。由表 5.5 可以看出，本节算法在标量乘计算部分的计算复杂度与其他三种算法相当，但窗口宽度增加时，本节算法的预计算优势更明显。并且随着窗口宽度增大，在相同位数下，有符号 wNAF 链中非零个数相比无符号 wNAF 链中更少，这也进一步减少了点加次数，从而降低了总体的计算复杂度。此外，在窗口宽度较大时即 $w=11$ 位时，本节算法的总体计算复杂度相较于 wNAF 算法、swNAF 算法和基于素数的预计算算法优化最多，分别为 78.23%、68.94%和 43.63%。

2. 基于比特重组快速模约简的高面积效率椭圆曲线标量乘

通过对模乘单元进行优化，在合理排布点加运算和倍点运算过程中对模乘运算单元的调度，同样可以得到高性能的标量乘运算单元。本节通过此方法设计一种可以用于多条曲线的标量乘算法。

1）基于比特重组快速模约简设计

本节设计一种基于比特重组快速模约简的高面积效率 ECC 标量乘法器，支持 secp256k1、secp256r1 和 SCA-256 三条曲线。

模约简需要根据曲线特点进行单独设计，不能直接套用其他曲线模约简公式。对于 secp256k1，$p=2^{256}-2^{32}-2^9-2^8-2^7-2^6-2^4-1=2^{256}-2^{32}-2^{10}+2^6-2^4-1$，$p$ 的位宽是 256 位，乘法结果最高为 512 位，将乘法结果表示为 $C=c_{127}2^{508}+c_{126}2^{504}+\cdots+c_12^4+c_0$，其中，$c_i$ 的位宽为 4 位。根据 p 的特点，secp256k1 有如下同余关系式：

表 5.5　四种算法的标量乘计算复杂度和总体计算复杂度的对比

算法	标量 k 的长度 n/位	窗口宽度/位	算术运算阶段所需模乘次数	总体所需模乘次数	标量乘减少比例/%	算法	标量 k 的长度 n/位	窗口宽度/位	算术运算阶段所需模乘次数	总体所需模乘次数	标量乘减少比例/%
wNAF 算法	256	8	3015	5073	20.34	基于素数预计算算法	256	8	3110	3952	−2.25
	384		4523	6581	9.01		384		4660	5502	−8.83
	521		6136	8194	1.44		521		6320	7162	−12.76
	256	9	2764	6870	41.48		256	9	3025	4411	8.86
	384		4249	8355	28.40		384		4607	5993	0.18
	521		5838	9944	18.64		521		6317	7703	−5.02
	256	10	2113	9905	59.33		256	10	2688	5296	23.94
	384		3579	11371	47.85		384		4032	6640	10.69
	521		5148	12940	37.81		521		5466	8074	0.32
	256	11	2901	18475	78.23		256	11	2672	7135	43.63
	384		4352	19926	70.35		384		4000	8463	30.19
	521		5905	21479	62.63		521		5418	9881	18.77
swNAF 算法	256	8	2678	3964	−1.94	本节算法	256	8	3961	4041	
	384		4018	5304	−12.90		384		5912	5988	
	521		5436	6722	−20.14		521		8001	8076	
	256	9	2633	5226	23.08		256	9	3932	4020	
	384		3957	6550	8.67		384		5898	5982	
	521		5360	7953	−1.72		521		8008	8090	
	256	10	2603	7780	48.23		256	10	3940	4028	
	384		3896	9073	34.64		384		5840	5930	
	521		5284	10461	23.07		521		7960	8048	
	256	11	2572	12948	68.94		256	11	3925	4022	
	384		3865	14241	58.51		384		5811	5908	
	521		5238	15614	48.60		521		7929	8026	

$$2^{256} \equiv (2^{32} + 2^{10} - 2^6 + 2^4 + 1)\bmod p$$
$$2^{260} \equiv (2^{36} + 2^{14} - 2^{10} + 2^8 + 2^4)\bmod p$$
$$2^{508} \equiv (2^{252} + 2^{60} + 2\times2^{38} - 2\times2^{34} + 2\times2^{32} + 2^{28}$$
$$+ 2^{16} - 2\times2^{12} + 2\times2^{10} + 2^8 - 2^6 + 2^4 - 2^2 + 1)\bmod p \tag{5-9}$$

模约简过程中，首先需要处理 C 的高 256 位 $c_{127}2^{508}+\cdots+c_{64}2^{256}$，结合式(5-9)可以得到

$$c_{64}2^{256} \equiv (c_{64}2^{32} + c_{64}2^{10} - c_{64}2^6 + c_{64}2^4 + c_{64})\bmod p$$

$$c_{65}2^{260} \equiv (c_{65}2^{36} + c_{65}2^{14} - c_{65}2^{10} + c_{65}2^8 + c_{65}2^4)\bmod p$$

$$\begin{aligned}c_{127}2^{508} \equiv (c_{127}2^{252} &+ c_{127}2^{60} + 2c_{127}2^{38} - 2c_{127}2^{34}\\ &+ \cdots + c_{127}2^4 - c_{127}2^2 + c_{127})\bmod p\end{aligned} \tag{5-10}$$

乘法结果的高 256 位可以通过式 (5-10) 右半部分的式子相加得到约简后的结果，然后再与乘法结果的低 256 位 $c_{63}2^{252}+\cdots+c_0$ 相加。将其按幂次由高到低排列，整理为和项与差项后，得到算法 5.7。使用两个步骤完成 secp256k1 快速模约简的计算。首先第一步将乘法结果 C 分解为 128 个 4 位数据段，然后重组为 $s_1 \sim s_{16}$，此过程为比特重组。然后将重组后的 16 个数据段进行计算得到 $z_1 \in (-3p,8p)$。因为第一步的结果可能产生进位或借位，所以第二阶段需要再对其进行处理。当 z_1 大于 0 时，将 z_1 高位补 0 然后重复一次第一步操作，约简结果 $z_2 \in (0,2p)$，最多还需要一次减法就能得到最终的约简结果。当 z_1 小于 0 时，通过最多 3 次累加可以得到最终的约简结果。

算法 5.7　secp256k1 快速模约简算法

输入：$C = c_{127}2^{508} + c_{126}2^{504} + \cdots + c_1 2^4 + c_0, 0 \leqslant A < p^2$

输出：$C \bmod p$

1.　$s_1 = (c_{63},\cdots,c_0)$；
2.　$s_2 = (c_{127},\cdots,c_{64})$；
3.　$s_3 = (c_{126},\cdots,c_{64},c_{127})$；
4.　$s_4 = (2'\text{h}0,c_{124},\cdots,c_{64},2'\text{h}0,c_{127},4'\text{h}0)$；
5.　$s_5 = (c_{119},\cdots,c_{64},c_{127},\cdots,c_{120})$；
6.　$s_6 = (214'\text{h}0,c_{127},\cdots,c_{120},4'\text{h}0)$；
7.　$s_7 = (214'\text{h}0,c_{127},\cdots,c_{120},c_{126},c_{126},2'\text{h}0)$；
8.　$s_8 = (192'\text{h}0,c_{127},\cdots,12'\text{h}0,c_{127},2'\text{h}0,c_{127},10'\text{h}0)$；
9.　$s_9 = (218'\text{h}0,c_{126},18'\text{h}0,c_{126},c_{127},8'\text{h}0)$；
10.　$s_{10} = (220'\text{h}0,c_{127},18'\text{h}0,c_{127},10'\text{h}0)$；
11.　$s_{11} = (c_{125},254'\text{h}0)$；
12.　$s_{12} = (2'\text{h}0,c_{125},\cdots,c_{64},c_{127},2'\text{h}0)$；
13.　$s_{13} = (218'\text{h}0,c_{127},\cdots,c_{120},6'\text{h}0)$；
14.　$s_{14} = (218'\text{h}0,c_{127},18'\text{h}0,c_{127},2'\text{h}0,c_{127},6'\text{h}0)$；
15.　$s_{15} = (240'\text{h}0,c_{127},c_{126},8'\text{h}0)$；
16.　$s_{16} = (c_{126},254'\text{h}0)$；
17.　$z_1 = s_1 + s_2 + s_3 + s_4 + s_5 + s_6 + s_7 + s_8 + s_9 + s_{10} + s_{11} - s_{12} - s_{13} - s_{14} - s_{15} - s_{16} = (r_{63},\cdots,r_0)$；
18.　$t_1 = (r_{63},\cdots,r_0)$；
19.　$t_2 = (216'\text{h}0,r_{65},r_{64},20'\text{h}0,r_{65},r_{65},r_{64})$；
20.　$t_3 = (235'\text{h}0,r_{65},r_{64},2'\text{h}0,r_{64},4'\text{h}0)$；

21. $t_4 = (242'\text{h}0, r_{65}, r_{64}, 6'\text{h}0);$

22. $z_2 = t_1 + t_2 + t_3 - t_4;$

23. 若 $z_1 \geqslant 0$, 返回 $z_2 \bmod p$

24. 若 $-p < z_1 < 0$, 返回 $z_1 + p$

25. 若 $-2p < z_1 \leqslant -p$, 返回 $z_1 + 2p$

26. 若 $-3p < z_1 \leqslant -2p$, 返回 $z_1 + 3p$

利用比特重组方法提出兼容三条曲线的快速模约简结构，如图 5.18 所示。比特重组模块根据不同曲线的快速模约简公式将乘法结果进行拆分与重组，华莱士树模块负责第一步和当第二步 $z_1 \geqslant 0$ 时的计算，加法器阵列负责第二步 $z_1 < 0$ 时的计算。为了减少资源消耗和路径延迟，将两个步骤的快速模约简分为三个周期计算。首先第一个周期利用比特重组模块将输入进行重组，然后计算第一步中 5 次加法和 3 次减法，减法通过补码加法实现，结果存入 w 中。第二个周期计算第一步中剩下的 7 次加法和 2 次减法，结果存入 w 中。第三个周期完成快速模约简公式的第二步。虽然快速模约简相比常规方式需要的周期数更多，但是本节通过点加和倍点流水线调度的优化降低了其负面影响。

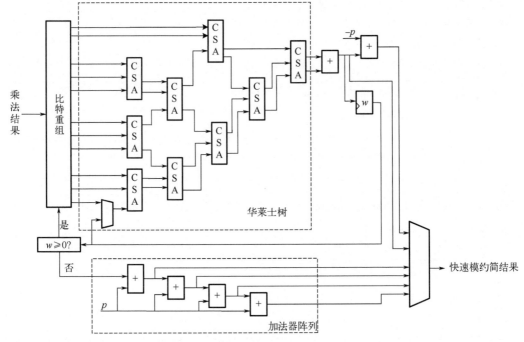

图 5.18　兼容三条曲线快速模约简结构

2)高速点加和倍点及标量乘

标量乘运算主要是点加和倍点运算，因此对于点加和倍点的优化也十分重要。

混合坐标系下的点加公式和雅可比坐标系下的倍点公式模乘计算次数较少，这两个公式结合前面中提出的设计，可对点加和倍点的流水线调度进行优化。为了提高乘法与模约简的并行性，减少标量乘运算所需的周期数量，本节设计提出倍点和点加两种运算结合在一起的流水线调度方案。倍点及倍点与点加结合的详细流水线调度以图形表示，图 5.19 为倍点流水线调度，图 5.20 为点加和倍点结合的流水线调度。通过优化后的调度方法，一次模乘平均只需要三个周期，就消除了因快速模约简计算需要三个周期带来的影响。标量乘运算过程中点加和倍点操作是连续进行的，图中所提出的两种调度方式在最后三个周期可以开始下一次运算的第一次乘法，此时需要额外的周期计算第一次模加，因此一次倍点平均需要 27 个周期，一次倍点和点加需要 60 个周期。

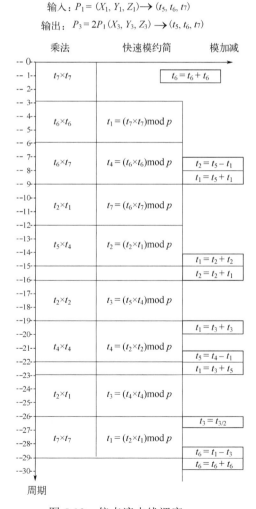

图 5.19　倍点流水线调度

输入：$P_1 = (X_1, Y_1, Z_1) \rightarrow (t_5, t_6, t_7)$

$P_2 = (X_2, Y_2) \rightarrow (t_5, t_6, t_7)$

输出：$P_3 = 2P_1 + P_2 = (X_3, Y_3, Z_3) \rightarrow (t_5, t_6, t_7)$

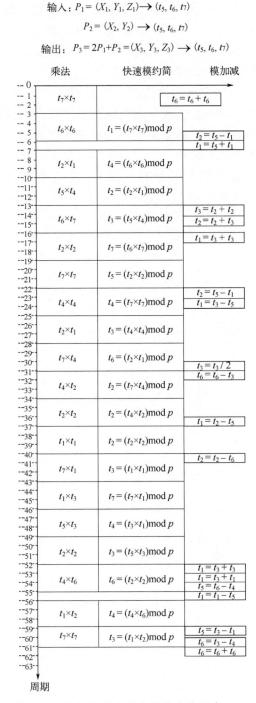

图 5.20 点加和倍点结合的流水线调度

使用传统 NAF 标量乘算法，结合图 5.19 和图 5.20 中的流水线调度方式，计算复杂度从 $86A+256D$ 变为 $86A'+170D$，其中 A 为点加，D 为倍点，A' 为倍点和点加统一的形式。

下面对设计进行综合分析。表 5.6 给出了每个椭圆曲线操作需要的周期数量，一次标量乘共需要 10366 个周期，在 500MHz 的频率下计算一次标量乘需要 0.02ms，每秒可以计算 48309 次标量乘。表 5.7 是使用 55nm CMOS 工艺综合得到的标量乘法器中主要模块面积，可以看到资源共享的运算单元为 151000 等效门，占整个标量乘法器面积的 55%，是占比最大的模块。表 5.8 给出了综合的整体性能参数，最终得到的标量乘单元可以运行在 secp256k1、secp256r1 和 SCA-256 三条曲线上。

表 5.6　椭圆曲线操作周期数

操作	周期数
乘法	3
快速模约简	3
模加减	1
模逆	360
NAF 编码	256
倍点	27
倍点和点加	60
标量乘	10366

表 5.7　主要模块面积

模块	面积 1 等效门
NAF 编码器	1.6×10^4
资源共享运算单元	1.51×10^5
快速模约简	4.5×10^4
标量乘法器	2.75×10^5

表 5.8　综合性能参数

工艺/nm	55
主频/MHz	500
周期	10366
门数/个	275000
单次时间/ms	0.0207
吞吐量/(次/s)	48309

3. 面向多椭圆曲线的高速标量乘

在标量乘算法中，每个算法都有各自的特点。在涉及固定基点运算的时候，梳状算法具有无可比拟的速度优势，为之付出的是额外的存储资源。同时，在协议层中验签算法中还会遇到形如 $\lambda P+\mu G$ 的计算，为了使标量乘单元能够更加适合协议层的使用，本节提出一种可以运行多种标量乘算法，并且能面向多条椭圆曲线的高速标量乘法器。

1）标量乘算法

本节所设计的标量乘法器能够应用在 secp256r1 曲线和 Curve25519 曲线两条曲线上，因为这两条曲线具有相近的位数，所以可以复用有限域运算单元。由于采用了三种标量乘算法来适应不同需求，整个设计采用了三个独立的子控制模块来实现不同算法的控制功能，因此在工作过程中可以根据不同的使用场合来切换算法，调用运算单元，达到最快的速度。标量乘法器的整体结构如图 5.21 所示。

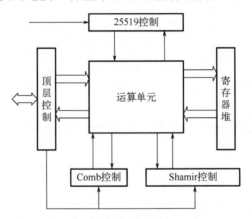

图 5.21　标量乘法器的整体结构

运算单元完成所有点加运算和倍点运算，除必需的控制逻辑之外，主要运算部分是一个 256 位的乘法器，通过快速模约简单元完成模乘功能，所有预计算数值和中间计算结果都存储至临时寄存器堆中，最大限度地复用了硬件资源。标量乘计算结果需使用模逆运算转换至仿射坐标系，考虑到椭圆加密的运算过程，将模逆端口一并引出，可供外部调用，使整个设计可以满足椭圆加密中所有关键步骤的使用需求。

使用 secp256r1 曲线时，加密系统会在签名和公钥生成时使用基点 G 的标量乘，在密钥交换时使用普通点 P 的标量乘，在验签时使用 $\lambda P+\mu G$ 的多标量乘，因此我们选择了梳状（Comb）算法和 Shamir 算法来应对不同的使用场合。算法 5.8 为编码长度为 4 的 Comb 算法[25]。

算法 5.8　编码长度为 4 的 Comb 算法

输入：256 位二进制数 $\lambda = \{\lambda_{255}\lambda_{254}\lambda_{253}\cdots\lambda_1\lambda_0\}$ 和椭圆曲线 secp256r1 的基点 G。

输入：标量乘 $Q = \lambda G$

1.　构造 Comb 算法预计算表 $\{0000\}G \to \{1111\}G$，共 16 个点坐标

2.　提取编码系数 $\alpha_i = \{\lambda_{i+192}, \lambda_{i+128}, \lambda_{i+64}, \lambda_i\}$

3.　令 $Q = 0$，为无穷远点

4.　for $i = 63:0$ do

$\quad Q = 2Q$

$\quad Q = Q + \alpha_i G$

$\quad$ endfor

5.　返回 Q 值

　　Comb 算法需要的预计算量非常大，在计算普通点时该算法并不占优势。但是由于基点 G 已知，Comb 算法的预计算表可以提前完成并存储，这样在计算时直接使用该表，再使用 64 次倍点和最多 64 次点加即可完成基点 G 的标量乘，需要额外付出的代价是 15 个点坐标的存储阵列，其中，$\{0000\}G$ 不需要存储。

　　Shamir 算法可以计算 $\lambda P + \mu G$ 的多标量乘，经过预计算后可以用一次标量乘的时间完成 $\lambda P + \mu G$ 的计算。算法 5.9 为窗口为 2 的 Shamir 算法[26]。

算法 5.9　窗口为 2 的 Shamir 算法

输入：256 位二进制数 $\lambda = \{\lambda_{255}\lambda_{254}\lambda_{253}\cdots\lambda_1\lambda_0\}$，$\mu = \{\mu_{255}\mu_{254}\mu_{253}\cdots\mu_1\mu_0\}$，椭圆曲线 secp256r1 上的普通点 P 和基点 G。

输出：$Q = \lambda P + \mu G$

1.　构造预计算表 $(00)P + (00)G \to (11)P + (11)G$，共 16 个点坐标

2.　令 $Q = 0$，为无穷远点

3.　for $i = 127:0$ do

$\quad Q = 4Q$

$\quad Q = Q + \{(\lambda_{2i+1}\lambda_{2i})P + (\mu_{2i+1}\mu_{2i})G\}$

$\quad$ endfor

4.　返回 Q 值

　　当 $\lambda\mu \neq 0$ 时，对于输入的 P、G 点坐标，需要 3 次倍点和 4 次点加来计算预计算表，预计算结束后进入循环，4 倍点不设置专用的计算式，复用倍点计算式两次来完成 4 倍点功能，这样可与 Comb 算法复用倍点运算单元，因此在窗口为 2 的 Shamir 算法中，依然会计算 256 次倍点和最多 128 次点加，同时存储除了 $(00)P + (00)G$ 之外的 15 个点坐标。如果只算普通点乘的 λP，则令 $\mu = 0$ 即可，此时进行一次点加和倍点即可完成预计算，标量乘循环计算时所需次数与 $\lambda\mu \neq 0$ 时相同。

对于 Curve25519 曲线，采用蒙哥马利阶梯算法来完成标量乘，维持抗 SPA 特性，其算法步骤如算法 5.10 所示[25]。

算法 5.10　Curve25519 标量乘算法

输入：256 位二进制数 k，点坐标 $P_1 = (x_1, y_1)$ 的横坐标 x_1

输出：标量乘结果 $kP = (x_2, y_2)$ 的横坐标 x_2

1.　　$X_1 = x_1; X_2 = x_1; Z_2 = 0; X_3 = x_1; Z_3 = 1; \text{swap} = 0$

2.　　　for $i = 254:0$ do

　　　　$\text{swap} = \text{swap} \wedge k[i]$

　　　　$(X_2, X_3) = \text{cswap}(\text{swap}, X_2, X_3)$

　　　　$(Z_2, Z_3) = \text{cswap}(\text{swap}, Z_2, Z_3)$

　　　　$\text{swap} = k[i]$

　　　　　$(X_2, Z_2, X_3, Z_3) = $ 阶梯算法 $\text{Ladderstep}(X_1, X_2, Z_2, X_3, Z_3)$

　　　endfor

3.　　$(X_2, X_3) = \text{cswap}(\text{swap}, X_2, X_3)$

　　　$(Z_2, Z_3) = \text{cswap}(\text{swap}, Z_2, Z_3)$

4.　　返回 $X_2 = X_2 / Z_2$

其中，cswap 操作是根据 swap 的值来交换两个输入的坐标值，算法不单独列出；阶梯算法 Ladderstep 在下一小节中给出。

2）高速点加和倍点运算设计

运算单元的功能是执行点加和倍点运算，按两条曲线划分，执行的计算式不同。对于椭圆曲线 secp256r1，采用的标量乘算法中点加操作相对较少，因此采用倍点较快的雅可比坐标系，倍点计算式为[27]

$$X_3 = T, \quad Y_3 = -8Y_1^4 + M(S - T), \quad Z_3 = 2Y_1 Z_1 \quad (1) \qquad (5\text{-}11)$$

其中，$S = 4X_1 Y_1^2$；$M = 3X_1^2 + aZ_1^4$；$T = -2S + M^2$。

点加计算式为[27]

$$\begin{aligned} X_3 &= -H^3 - 2U_1 H^2 + r^2 \\ Y_3 &= -S_1 H^3 + r(U_1 H^2 - X_3) \\ Z_3 &= Z_1 Z_2 H \quad (2) \end{aligned} \qquad (5\text{-}12)$$

其中，$U_1 = X_1 Z_2^2$；$U_2 = X_2 Z_1^2$；$S_1 = Y_1 Z_2^3$；$S_2 = Y_2 Z_{13}$；$H = U_2 - U_1$；$r = S_2 - S_1$。

由于采用快速模约简进行模乘，因此模乘结果需要经过一个周期的乘法和一个周期的模约简才可以继续使用。为了减少模乘次数，并结合式（5-12），将倍点运算的操作步骤排布如表 5.9 所示，共需 9 个周期完成倍点运算 $(X_3, Y_3, Z_3) = 2(X_1, Y_1, Z_1)$。

表 5.9　倍点运算步骤

步骤	模乘	模加减
1	$t_1=Z_1Z_1$	—
2	$t_2=Y_1Y_1$	$t_3=x_1+t_1$,　$t_4=X_1-t_1$
3	$t_1=t_3t_4$	—
4	$t_3=Y_1Z_1$	$t_4=8t_2$
5	$t_5=X_1t_4$	$t_1=3t_1$
6	$t_3=t_1t_1$	$Z_3=t_3+t_3$
7	$t_2=t_2t_4$	$X_3=t_3-t_5$,　$t_4=1.5t_5-t_3$
8	$t_1=t_1t_4$	—
9	—	$Y_3=t_1-t_2$

为了保证数据的有效性，模乘结果需间隔一周期才能作为输入，例如，步骤 2 的乘法结果 t_2 需在步骤 3 进行模约简，在步骤 4 得到模乘结果并继续参与计算，模约简过程并未列在算法中。模加减单元进行了特殊设计，增加了 3 倍模加、被减数为 1.5 倍的模减，保证乘法器的连续使用并减少模乘的次数。同时，考虑到 256 位乘法的时延较大，而模约简的时延相对较小，因此在模约简之后可以安排一次模加减，进一步压缩操作步骤，如步骤 2 中 t_1 的使用就是如此。

正常情况下表 5.9 的倍点运算需要 8 个周期模乘加 1 个约简周期，但倍点运算后会立即进行点加或者倍点运算，因此通过调整 (X,Y,Z) 的输出顺序，可以在下次乘法操作的同时进行模约简，实际标量乘运算中需要 8 个周期完成一次倍点运算。

对于点加公式，因为需要进行分类处理以达到最优化，在 Shamir 算法中需构造预计算表，但是表内数据都是在计算开始后得到的，所以都是普通的三元坐标 (X,Y,Z)，按式 (5-12) 排布操作步骤如表 5.10 所示，共需 17 个周期完成普通点加运算 $(X_3,Y_3,Z_3)=(X_1,Y_1,Z_1)+(X_2,Y_2,Z_2)$。

表 5.10　普通点加运算步骤

步骤	模乘	模加减
1	$t_1=Z_1Z_1$	—
2	$t_2=Z_2Z_2$	—
3	$X_3=X_2t_1$	—
4	$t_3=X_1t_2$	—
5	$t_1=t_1Z_1$	$t_6=X_3+t_3$,　$t_4=X_3-t_3$
6	$t_5=t_4t_4$	—
7	$t_2=t_2Z_2$	—
8	$t_1=Y_2t_1$	—
9	$t_2=Y_1t_2$	—
10	$Y_3=t_5t_6$	—

续表

步骤	模乘	模加减
11	$t_6=t_5t_4$	$t_3=t_1-t_2,\ t_2=t_1+t_2$
12	$t_1=t_3t_3$	—
13	$t_5=t_2t_6$	$X_3=t_1-Y_3$
14	$Z_3=Z_1Z_2$	$t_6=Y_3-2X_3$
15	$Y_3=t_3t_6$	—
16	$Z_3=Z_3t_4$	$Y_3=Y_3-t_5$
17	—	$Y_3=0.5Y_3$

　　Comb 算法中，每次点加的 α_iG 都是预先计算并存储的，其点坐标格式均为 $(X,Y,1)$，$Z=1$ 不需要存储，且可以将式(5-12)进行进一步优化和整理，并按照时序排布操作步骤如表 5.11 所示，共需 13 个周期可完成一次特殊点加运算 $(X_3,Y_3,Z_3)=(X_1,Y_1,Z_1)+(X_2,Y_2,1)$。点加运算结束后会立刻进行倍点运算，因此在两种点加运算的操作步骤上都对最后输出的坐标进行了调整，以适应点加、倍点的连续运算，最后一步的模加减与下一运算的乘法同时运行，让乘法器使用率达到最高。

表 5.11　特殊点加运算步骤

步骤	模乘	模加减
1	$t_1=Z_1Z_2$	—
2	$t_2=Y_2Z_1$	—
3	$t_3=X_2t_1$	—
4	$t_1=t_1t_2$	$t_2=t_3-X_1,\ t_3=t_3+x_1$
5	$t_4=t_2t_2$	$t_1=t_1-Y_1$
6	$Z_3=Z_1t_2$	—
7	$t_2=t_2t_4$	—
8	$t_3=t_3t_4$	—
9	$t_5=t_1t_1$	—
10	$t_4=X_1t_4$	$X_3=t_5-t_3$
11	$t_2=Y_2t_2$	$t_3=t_4-X_3$
12	$t_1=t_1t_3$	—
13	—	$Y_3=t_1-t_2$

　　Curve25519 的点加和倍点是采用阶梯算法一起完成的，按 RFC7748 中的参考算法，将操作步骤重新排布如表 5.12 所示，共需 12 个周期完成操作，可根据输入的 (X_1,X_2,Z_2,X_3,Z_3) 计算得到 (X_2,Z_2,X_3,Z_3)。

表 5.12　Ladderstep 阶梯运算步骤

步骤	模乘	模加减
1	—	$t_1=X_2+Z_2$
2	$t_6=t_1t_1$	$t_2=X_2-Z_2$

续表

步骤	模乘	模加减
3	$t_7=t_2t_2$	$t_3=X_3-Z_3$
4	$t_8=t_1t_3$	$t_4=X_3+Z_3$，$t_5=t_6-t_7$
5	$t_9=t_2t_4$	—
6	$X_2=t_6t_7$	$X_3=t_8+t_9$，$Z_3=t_8-t_9$
7	$X_3=X_3X_3$	—
8	$Z_2=121665t_5$	—
9	$Z_3=Z_3Z_3$	$Z_2=Z_2+t_6$
10	$Z_2=Z_2t_5$	—
11	$Z_3=Z_3X_1$	—
12	—	Z_3 约简

这样，根据曲线和算法来调用不同的点加控制和倍点控制，使用乘法器和模约简以及其他必需的模运算单元来完成对应操作。由于表 5.9～表 5.12 的运算步骤仅仅是控制数据的选择输入和输出，所有运算都由模运算完成，中间计算结果也存储在寄存器堆，因此运算本身占用硬件资源较少。

完整的标量乘工作流程如图 5.22 所示。图中仅表示了重要的操作步骤，点加 Z

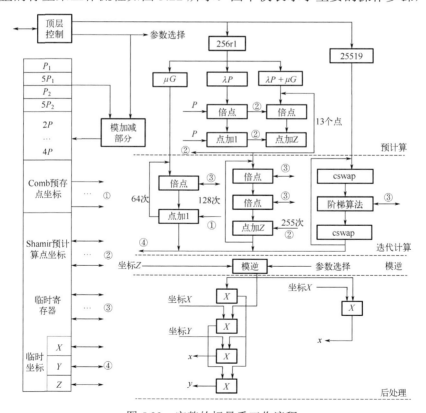

图 5.22　完整的标量乘工作流程

和点加 1 分别使用表 5.10 和表 5.11 中的点加流程，临时寄存器在预计算和迭代计算部分都有使用，但图 5.22 中未全部标出，模约简也未在图中给出。

运算时各环节所需要消耗的时钟周期如表 5.13 所示，其中包含了各工作状态之间转换消耗的周期数。最终设计采用 55nm CMOS 工艺库综合，所得结果如表 5.14 所示，主频最高可到 625MHz，此主频下的门数为 1022000 个。

表 5.13　不同模式消耗周期情况

运算模式	预计算	迭代（平均）	迭代（最大）	模逆（平均）	模逆（最大）	后处理	合计（平均）	合计（最大）
λG 周期数	0	1233	1285	384	512	7	1624	1804
λP 周期数	24	3684	4228	384	512	7	4099	4771
$\lambda P+\mu G$ 周期数	168	3684	4228	384	512	7	4243	4915
Curve25519 周期数	0	3572	3572	384	510	3	3956	4082

表 5.14　标量乘运算综合结果

曲线	工艺/nm	主频/MHz	门数 1 个	运算速度/(Kbit/s)	单次时间/μs
P256(λG)				384.8	2.60
P256(λP)	55	625.00	1022000	152.5	6.56
Curve25519				157.9	6.33

参 考 文 献

[1]　Diffie W, Hellman M. New directions in cryptography[J]. IEEE Transactions on Information Theory, 1976, 22(6): 644-654.

[2]　Gardner M. A new kind of cipher that would take millions of years to break[J]. Scientific American, 1977, 237(8): 120-124.

[3]　Hundera N W, Jin C J, Geressu D M, et al. Proxy-based public-key cryptosystem for secure and efficient IoT-based cloud data sharing in the smart city[J]. Multimedia Tools and Applications, 2022, 81(21): 29673-29697.

[4]　Rabin M O. Digitalized signatures and public-key functions as intractable as factorization[R]. Cambridge:MIT Laboratory for Computer Science Technical Report, 1979.

[5]　ElGamal T. A public key cryptosystem and a signature scheme based on discrete logarithms[J]. IEEE Transactions on Information Theory, 1985, 31(4): 469-472.

[6]　Rivest R L, Shamir A, Adleman L. A method for obtaining digital signatures and public-key cryptosystems[J]. Communications of the ACM, 1978, 21(2): 120-126.

[7] Harn L, Xu Y. Design of generalised ElGamal type digital signature schemes based on discrete logarithm[J]. Electronics Letters, 1994, 30(24): 2025-2026.

[8] National Institute of Standards and Technology. Digital Signature Standard: FIPS PUB 186[S]. Gaithersburg, 1994.

[9] Montgomery P L. Speeding the Pollard and elliptic curve methods of factorization[J]. Mathematics of Computation, 1987, 48(177): 243-264.

[10] Edwards H. A normal form for elliptic curves[J]. Bulletin of the American Mathematical Society, 2007, 44(3): 393-422.

[11] Koblitz N. Elliptic curve cryptosystems[J]. Mathematics of Computation, 1987, 48(177): 203-209.

[12] Milier V S. Use of elliptic curves in cryptography[C]// Proceedings of CRYPTO'85, Berlin. Heidelberg: Springer, 1985: 417-426.

[13] 田松, 李宝, 王鲲鹏. 椭圆曲线离散对数问题的研究进展[J]. 密码学报, 2015, 2(2): 177-188.

[14] 国家密码管理局. SM2 椭圆曲线公钥密码算法: GM/T 0003—2012[S]. 北京: 中国标准出版社, 2012.

[15] Johnson D, Menezes A, Vanstone S. The elliptic curve digital signature algorithm (ECDSA)[J]. International Journal of Information Security, 2001, 1(1): 36-63.

[16] 刘哲, 王伊蕾, 徐秋亮. 最优素数域的优化蒙哥马利算法: 设计、分析与实现[J]. 密码学报, 2014, 1(2): 167-179.

[17] Barrett P. Implementing the Rivest Shamir and Adleman public key encryption algorithm on a standard digital signal processor[C]//Advances in Cryptology — CRYPTO' 86. Berlin, Heidelberg: Springer, 2007: 311-323.

[18] Montgomery P L. Modular multiplication without trial division[J]. Mathematics of Computation, 1985, 44(170): 519-521.

[19] Koc K C, Acar T, Kaliski B S. Analyzing and comparing Montgomery multiplication algorithms[J]. IEEE Micro, 1996, 16(3): 26-33.

[20] Eldridge S E, Walter C D. Hardware implementation of Montgomery's modular multiplication algorithm[J]. IEEE Transactions on Computers, 1993, 42(6): 693-699.

[21] Marzouqi H, Al-Qutayri M, Salah K, et al. A 65nm ASIC based 256 NIST prime field ECC processor[C]//2016 IEEE 59th International Midwest Symposium on Circuits and Systems (MWSCAS), Abu Dhabi, 2016: 1-4.

[22] Wang W B, Fan S Q. Attacking OpenSSL ECDSA with a small amount of side-channel information[J]. Science China Information Sciences, 2017, 61(3): 032105.

[23] Rasmi M, Sokhon A A, Daoud M S, et al. A survey on single scalar point multiplication algorithms for elliptic curves over prime fields[J]. IOSR Journal of Computer Engineering, 2016,

18(2): 31-47.

[24] Huang H, Na N, Xing L,et al. An improved wNAF scalar-multiplication algorithm with low computational complexity by using prime precomputation[J]. IEEE Access, 2021, 9: 31546-31552.

[25] Salarifard R, Bayat-Sarmadi S. An efficient low-latency point-multiplication over Curve25519[J]. IEEE Transactions on Circuits and Systems I: Regular Papers, 2019, 66(10): 3854-3862.

[26] Zhang N, Chen Z X, Xiao G Z. Efficient elliptic curve scalar multiplication algorithms resistant to power analysis[J]. Information Sciences, 2007, 177(10): 2119-2129.

[27] Cohen H, Miyaji A, Ono T. Efficient elliptic curve exponentiation using mixed coordinates[C]//Ohta K, Pei D Y. Lecture Notes in Computer Science. Berlin, Heidelberg: Springer, 1998: 51-65.

第 6 章 　新型密码算法

由前面章节的内容可以看到，传统的密码从最初到现在获得了巨大的进步，无论是流密码、分组密码、哈希函数还是公钥密码体制内的各类算法，都在安全性方面得到了长足的发展，以应对不断增长的算能。除了相对"古老"的算法外，一些新型的算法也被研究者提出，最为著名的就是后量子密码，其中基于格的密码研究最为火热，也有基于其他内容的后量子密码算法被广泛研究，各个标准化组织也在加紧对这些后量子密码算法进行检验和标准化，以应对量子计算的冲击。此外，为了解决传统公钥密码体制中密钥分配的难题，基于身份的密码算法也在近年得到了重视和发展，虽然基于身份的密码算法也属于公钥密码算法的一种，但它同样具备一些新的特性。

本章将对基于格的密码体制和基于身份的密码体制进行介绍，并完成基于身份的密码算法即国密 SM9 的相关硬件电路设计。

6.1　基于格的密码体制

6.1.1　发展历程

1996 年，Ajtai 提出了最短整数解(shortest integer solution，SIS)问题，构造了随机格，并给出了第一个格上计算问题的证明，使基于格设计的密码体制具有了可证明安全性[1]。第一个基于格的密码体制是 1997 年提出的 Ajtai-Dwork 密码体制[2]，证明了格问题在最坏情况下的困难性可以归约为一类随机格中问题的困难性，从而使基于格的密码体制具有可证明安全特性。同年 Goldreich 等提出了更实用的 GGH 密码体制[3]，该密码体制的密钥是短格基。1998 年，基于格的 NTRU 密码体制由 Hoffstein 等提出[4]，该密码体制的破解可以转化成求解格中最短向量或最近向量问题。NTRU 作为一种基于格的密码体制，其众多分析结果均源自对格中困难问题的算法应用。这包括直接利用格中求最短向量的算法来求解密钥[5]，以及将中间相遇攻击与格攻击相结合形成的混合攻击策略[6]等。

2008 年，Gentry 等构造了基于格的签名方案(GPV 签名)[7]，方案以短格基作为陷门，安全模型为随机预言机模型，方案中使用的原像采样算法以及格陷门等技术对于以后研究基于格的签名方案有很大的启示作用。2010 年，Boyen 提出了一种基于格混淆和陷门缺失的技术，并构造了标准模型下基于格的签名方案，该方案满足选择消息攻击下的存在不可伪造性[8]。Gordon 等在 2010 年使用一个简单的投影编码函数以及文献[9]中的统计零知识证明构造了第一个随机预言机模型下基于格的群签名方案[10]，该方案生成的签名长度为群的基数的大小。Peikert 等在 2009 年提出了盆景树技术[11]，这是一种新型的基于格的密码技术，使用该技术能够构造标准模型下的签名方案。在盆景树技术提出之后，Rückert 提出了一种盆景树签名方案的变种[12]，即在标准模型下基于格的强不可伪造签名方案。该方案具有与盆景树签名方案相同的效率，但支持更强的不可伪造安全概念。相比于文献[7]中的陷门技术，Micciancio 和 Peikert 在 2012 年提出的 Gadget 陷门则更简单、更有效，并且易于实现[13]。Laguillaumie 等在 2013 年使用文献[8]中的编码函数以及从文献[14]中推导得到的非交互式零知识证明，构造了一个效率更高的随机预言机模型下基于格的群签名[15]，该群签名方案生成的签名长度为群基数的对数，小于文献[10]中群签名方案生成的签名长度。2014 年，Ducas 和 Micciancio 提出了第一个标准模型下基于格的短签名方案，该方案的安全性依赖于理想格中最差情况的近似最短向量问题的难解性，具有相对较小的公钥，并且实现了由单个向量构成的签名[16]。2015 年，Alperin-Sheriff 对文献[17]中的同态陷门函数进行了扩展，提出了可穿透同态陷门函数（puncturable homomorphic trapdoor functions，PHTDFs）[18]，并利用其构造了标准模型下基于格的短签名方案，该短签名方案的公钥仅由常数个矩阵组成，比文献[16]中短签名方案的公钥更小。与入围 2019 年 NIST 第二轮后量子密码标准化的三个基于格的候选签名方案[19-21]相比较，基于 Ajtai 函数构造的 GPV 签名方案中公钥和签名的长度更大。为了能够缩短公钥和签名的长度，2019 年 Chen 等对 Gadget 陷门进行了巧妙的改造，提出了近似陷门[22]，并利用其构造了随机预言机模型下基于格的 GPV 签名方案，进一步减少了签名方案的计算量，缩短了公钥和签名的长度。

　　2019 年，Chen 等通过修改 Micciancio 和 Peikert 提出的工具陷门构建了一个近似的陷门矩阵。提出了一种称为近似陷门的格陷门概念，提高了在环上容错学习（ring learning with errors, RLWE）和环上最短整数解（short integer solution, RSIS）假设下的随机预言模型中签名的具体性能。该方案的公钥和签名的大小与精确陷门构建的方案相比，减少了一半[23]。2020 年，Zhang 等通过对 Crystals-Dilithium 签名方案进行改进，充分利用底层非对称模容错学习（learning with error，LWE）和模 SIS 假设并仔细选择参数，构建了具有更短公钥和签名的 SUF-CMA 安全签名方案[24]。2021 年，Lai 等提出了一种新的格两阶段采样技术，推广了 Gentry、Peikert 和 Vaikuntanathan 的现有两阶段采样方法，通过使用提出的采样技术构建密钥，可以显著提高当前加密技术的安全性和效率[25]。2022 年，He 等提出了一种以分层 IBS 方案为基本构件构建 FS-RIBS（forward-secure revocable identity-based signature）方案的通用方法。通过一些后量子分层 IBS 方案实例化，如基于格的分层 IBS，得到了

6 个最小整数解问题下的 FS-RIBS 方案,该方案对量子计算攻击是安全的[26]。同年 Gardham 和 Manulis 提出了一种具有验证者-本地撤销特性的直接 HABS(hierarchical attribute-based signatures)方案,其扩展了原有的 HABS 安全模型来解决撤销问题, 并开发了一种新的属性委托技术,该技术具有适合 HABS 的 VLR(verifier-local revocation)机制,此外,方案支持内积签名策略,提供比以前的 HABS 方案更广泛的属性关系类别,是第一个基于被认为提供后量子安全的格方案[27]。2023 年, Sageloli 等基于 SIS 假设,在随机预言机模型中,得到了更好的安全边界、更短的签名和更快的算法,提供了具有紧致安全性的基于身份的签名方案,以对抗自适应敌手[28]。同年 Tao 等提出了一种匹配加密方案:基于格的匹配身份加密(lattice-based matchmaking identity-based encryption,LMIBE),它可以为物联网系统中的发送方和接收方提供双边访问控制来抵抗量子攻击,并给出了该方案的形式化定义和安全性定义[29]。

在国内,格密码体制也受到了许多学者的关注。2010 年,王凤和等利用原像采样函数在整数格上设计了一个随机预言机模型下的 2 轮盲签名方案[30]。Yan 等在 2013 年利用 Gadget 陷门构造了第一个标准模型下基于格的签密方案[31],与同时期的随机预言机模型下基于格的签密方案相比较,该签密方案的参数更小、效率更高。 Lu 等也提出了一个标准模型下基于格的签密方案[32],该方案在 LWE 下,对自适应选择密文攻击具有不可区分性;在最小整数解假设下,对自适应选择消息攻击具有存在不可伪造性。2014 年,王小云和刘明洁对格密码学进行了综述[33],他们详细地介绍了格上困难问题的计算复杂性研究、格上困难问题的求解算法、格密码体制的设计以及格密码分析四个方面的内容。2016 年,Chen 等使用盆景树技术,提出了第一个标准模型下基于格的线性同态签名方案[34]。该方案能够对签名数据进行线性组合产生新签名,安全性依赖于 SIS 问题的难解性。2019 年,刘艳等提出了标准模型下的完全安全格签名[35],该方案结合了格上基于身份的加密方案的构造思想,利用特殊的划分函数,在标准模型下设计出了一个完全安全的格签名方案,实现了短签名的同时也减小了验证密钥的尺寸。2021 年,Feng 等综述了近十年来基于格上困难问题和对称密码学两类抗量子假设的群签名和环签名研究成果,概述并分类总结了群签名和环签名的基本模型和设计思路[36]。2022 年,陈启虹等为了实现更高效率的格上属性签名方案,在属性签名中利用格上相关算法,根据用户属性产生私钥, 然后使用私钥产生签名,当用户属性与访问结构相匹配时,即可成功验证签名。该签名方案使用格扩展算法产生用户的私钥,利用格上原样抽样算法生成消息的签名, 具有更高的空间利用率,且基于最小整数解问题[37]。同年吴华麟提出了带标签矩阵的近似陷门生成算法和带标签矩阵的近似原像采样算法,利用近似陷门技术对两个标准模型下基于格的签名方案进行了改进,使公钥和签名的大小减小了一半左右[38]。

6.1.2　基于格的困难问题

1. SVP 问题

最短向量问题(shortest vector problem，SVP)：在格 L 中寻找一个最短的非零向量，即寻找一个非零向量 $v \in L$，使它的欧几里得范数 $\|v\|$ 最小。

唯一最短向量问题(unique shortest vector problem，uSVP)：给定格 L，满足 $\lambda_2(L) > \gamma\lambda_1(L)$，其中 $\gamma \gg 1$，找到格中最短非零向量。

最短基问题(shortest basis problem, SBP)：寻找格的一个基 $v_1, v_2, \cdots, v_n$，使它在某种情况下最短。

近似最短向量问题(approximate shortest vector problem，apprSVP)：假定 n 维的格 L，寻找一个非零向量 $x \in L$，使得对于任意的向量 $y \in L$，都存在 $\|x\| \le \gamma\|y\|$，其中 γ 为近似因子。

最短线性无关向量问题(shortest independent vector problem，SIVP)：给定一个格，格基为 $B \in Z_q^{n \times m}$，在格 $L(B)$ 上寻找一组线性无关且较短的向量 $v_1, \cdots, v_N$，其中，$\forall i \in \{1, 2, \cdots, n\}$，$\|v_i\| \le \gamma.\lambda_i(L)$。

最近向量问题(closet vector problem，CVP)：给定一个不在格 L 中的向量 $w \in Z^m$，寻找一个向量 $v \in L$，使它最接近 w，即寻找一个向量 $v \in L$，使欧几里得范数 $\|w-v\|$ 最小。

近似最接近向量问题(approximate closest vector problem，apprCVP)：该问题与 apprSVP 类似，区别在于要找的是对 CVP 的近似解，而不是 SVP 的近似解。

搜寻型 CVP：给定一个格、格基 $B \in Z_q^{n \times m}$ 和一个向量 $t \in Z^n$，搜寻格上的一个非零向量 $v \in L(B)$，使 $\|v-t\| \le \gamma.\text{dist}(t, L(B))$，其中 $\text{dist}(t, L(B))$ 表示格 $L(B)$ 上任意一点与向量 $t \in Z^n$ 的距离。

2. LWE 问题

LWE 问题：设定 $q \in \mathbb{Z}$，$q \ge 2$，给定矩阵 $A \in Z_q^{m \times n}$ 以及向量 $v \in Z_q^m$，误差满足整数集上的离散高斯分布 Z_σ^m，定义如下。

(1) 求解满足等式 $v = As + e(\text{mod } q)$ 的向量 $s \in Z_q^n$，这是搜索 LWE(search LWE，SLWE) 问题。

(2) 判断向量 v 是由 $As+e$ 的向量计算得到的值(s 均匀取自 Z_q^n)，还是均匀取自 Z_q^n，这是决策 LWE(decision LWE，DLWE) 问题。

R-LWE 问题：设 $f(x)$ 是最大次数为 n 的多项式，$R_q = Z_q[X]/f(x)$ 是以素数 q

为模的多项式整数环，取 a 满足均匀分布，e 服从高斯分布，寻找 $s \in R_q$，使得等式 $b = as + e$ 成立。

R-LWE 问题是 LWE 问题的变体，两者的描述较为相似。与 LWE 相比，R-LWE 中的每个部分都是一个多项式，而不是 LWE 问题中的大矩阵。

R-LWE 公钥密码方案由密钥的生成、加密和解密三个部分组成，见算法 6.1。

算法 6.1　R-LWE 密码算法

输入：采样 a 满足均匀分布 U；r_1、r_2 满足离散高斯分布 D_σ；明文 m 是由 0 和 1 组成的字符串

输出：密文 c_1、c_2；解密后的明文 m'

1. 计算：$p = r_1 - a * r_2$

2. 采样生成：$e_1, e_2, e_3 \leftarrow D_\sigma$；

3. 明文编码：$\bar{m} = \text{encode}(m)$；

4. 加密过程：$c_1 = a * e_1 + e_2, c_2 = p * e_1 + e_3 + \bar{m}$；

5. 解密过程：$c = c_1 * r_2 + c_2$；

6. 解密后的明文：$m' = \text{decode}(c)$.

算法中的高斯分布是方差为 σ、均值为 0 的离散高斯分布，"$*$"指的是环多项式乘法，"$+$"和"$-$"指的是模加和模减。R-LWE 密码方案中的公钥是 a 和 p，私钥是 r_2。其中，多位明文 m 转换为多项式 $\bar{m}$，即有

$$\bar{m} = \text{encode}(m) = \frac{q-1}{2} m \tag{6-1}$$

解密计算后的密文 c 转换为明文，如式(6-2)所示：

$$m' = \text{decode}(c) = \left(\frac{q-1}{4} \leq \frac{3(q-1)}{4} \right)?1:0 \tag{6-2}$$

由于密钥的生成和误差项的引入都是随机化的过程，因此密文的形式更加随机，能够抵抗选择明文攻击，有较强的安全性。R-LWE 公钥加密与其他公钥加密有所不同，解密计算的结果带有一些噪声。解密计算推导如式(6-3)所示，可以看出正确结果增加了高斯噪声项带有扰动噪声的格(lattice with perturbation noise, LPN)问题 "$e_1 r_1 + e_2 r_2 + e_3$"：

$$\begin{aligned}
c_1 r_2 + c_2 &= (ae_1 + e_2) \cdot r_2 + (pe_1 + e_3 + \bar{m}) \\
&= ae_1 r_2 + e_2 r_2 + r_1 e_1 - ae_1 r_2 + \bar{m} = \bar{m} + e_1 r_1 + e_2 r_2 + e_3
\end{aligned} \tag{6-3}$$

LPN 问题可以视为 LWE 问题在二元域上的应用，它与随机线性码高效译码问题密切相关。类似于 LWE 问题，LPN 问题是一个抗量子候选问题，也是轻量级密

码的一个候选方案。LPN 问题可以看作二元域上的含错线性方程组。已知 Ber 为伯努利分布，如果 e 服从 Ber，则 $\mathrm{pr}[e=1]=\eta, \mathrm{pr}[e=0]=1-\eta$。$e$ 的偏差 δ 满足关系 $\mathrm{pr}[e=0]=0.5(1+\delta)$。

3. SIS 问题

SIS 问题：给定一个均匀随机的矩阵 $A \in Z_q^{n \times m}$ 和参数 n、m、q、β，SIS 问题的目标是找到一个非零的整数向量 $v \in Z_q^n$，满足 $\|v\| \leqslant \beta$ 和 $Av = 0 \bmod \beta$。

4. BDD 问题

有界距离解码(bounded distance decoding，BDD)问题：给定格 L 和不在格中的目标向量 $t \in \mathbb{R}^m$，满足 $\mathrm{dist}(t, L) < \gamma \lambda_1(L)$，其中 $\gamma < 1/2$。找到格向量 v，使范数 $\|v-t\|$ 最小。

6.2　基于身份的密码体制

基于身份的加密技术应用前景广泛，解决了基于证书的公钥基础设施(public key infrastructure, PKI)技术效率低下的问题。

1985 年，Shamir 提出了基于身份的加密(identity-based encrypted，IBE)的概念[39]，但是多年来一直没有比较实用的 IBE 方案。2001 年，第一个实用的 IBE 方案由 Boneh 和 Franklin 提出[40]。方案的构造结合了 ElGamal 的思想[41]和椭圆曲线双线性群上的双线性配对运算，证明了方案在随机预言模型下是适应性选择密文攻击安全的，即攻击者可适应性地选择密文和身份进行询问，并且初步定义了 IBE 方案的语义安全性[42]。2001 年，Cocks 在随机预言模型下构造了基于二次剩余数学问题的 IBE 方案[43]，效率优于基于双线性配对映射的 IBE 方案。

2003 年，Shin 等[44]构造了基于数字签名算法(digital signature algorithm，DSA)的签名方案，但方案的部分密文段会使明文信息在验证式中显式出现，使方案的语义安全性得不到满足。

2003 年，Canetti 等提出了一种较弱的安全性概念模型——选择身份安全[45]，与 Boneh 和 Franklin 提出的安全概念不一样，攻击者在公共参数产生阶段前就必须选定好欲挑战的身份，之后再进行相应的查询及挑战，后来人们将以上提到的两种安全概念称为"适应性安全"和"选择性安全"；同时，Canetti 等首次构建了在非随机预言模型下的 IBE 方案，其安全性不比在随机预言模型下低。2004 年，Boneh 和 Boyen 在非随机预言模型下提出了选择性安全[46]和适应性安全的 IBE 方案[47]，在选择性安全的方案中效率较优，而适应性安全的 IBE 方案效率一般。2005 年，Waters 进一步提出了在非随机预言模型下更高效的适应性安全的 IBE 方案[48]。2006 年，

Gentry 减小了 IBE 方案的空间内存，解决了公共参数尺寸过大的问题[49]。

2007 年，Goyal 提出了第三方权利受约束的基于身份加密（accountable authority identity-based encryption，A-IBE）方案[50]，在不改变 IBE 方案基础架构的前提下，进一步减少了用户对私钥生成器的信任需求。

2017 年，Yu 和 Yang[51]利用计算型 Diffie-Hellman（computational Diffie-Hellman，CDH）和离散对数（discrete logarithm，DL）难题构造了一种无证书签密方案，虽然方案的机密性和不可伪造性在预言机模型下都成立，但若密钥生成中心（key generation center，KGC）或发送者中有任意一方不诚实，都会导致方案失去安全性。2019 年，Rezaeibagha 等[52]提出了可将同态签密方案推广到可证明安全的广播同态签密方案，由于该方案具有同态性，因此可在不进行解密的前提下对密文数据进行聚合处理，但方案运用过多的双线性对运算会导致其在计算效率上不具备优势。基于身份的密码体制在管理密钥方面具有十分便捷的优势。2002 年，Malone-Lee[53]提出了第一个基于双线性对的 IBE 签密方案，自此以后，各专家学者就展开了对基于身份的签密方案的广泛研究。

2016 年，Wang 等[54]提出了在标准模型下基于多线性映射的聚合签密方案，但由于其复杂的多线性对运算，方案的计算效率较差。2017 年，Reddi 和 Borru[55]利用双线性对运算设计了基于身份的群签密密钥协商协议，并通过签名进行用户身份认证，方案可用于物联网相应场景中。2018 年，Zhou 等[56]构造出可在代理签密模式下进行用户身份的公开验证的基于身份的广义代理签密方案，方案虽在随机预言机模型下证明了其具有保密性和不可伪造性，但方案的双线性对运算导致了密文扩展量大、密文空间效率偏低的问题。2019 年，Liu 和 Ke[57]构造出一种可证明安全的签密方案，该方案在随机预言机模型下利用决策性复合剩余和部分离散对数问题证明了选择明文攻击下的方案安全性，但方案的计算效率与安全性都较低。2020 年，彭长根等[58]利用二次剩余假设构造了基于身份的高效签密方案，方案通过雅可比符号运算提高了计算效率，二次剩余困难问题保证了安全性。2021 年，Batamuliza 和 Hanyurwimfura[59]提出可允许授权用户对两个消息之间的等效性进行验证的 IBE 签密方案，从而可使用不同的已知身份对明文进行加密。然而，该方案缺乏授权机制，用户无法控制其对应的密文与其他密文进行比较。上述通过双线性对或离散对数构造的签密方案都存在计算效率低的问题，因此，致力于研究配对次数较少或无配对的签密方案是专家学者所需考虑的问题。而相对于双线性对运算在效率上有较大优势的雅可比符号求值运算可有效地解决此类运算效率不高的问题。

2022 年，Cai 等提出了第一个泄露弹性的基于身份的加密方案，该方案在多挑战设置下具有几乎严格的安全性，其中攻击者可以从多个用户接收多个具有挑战性的密文。同时，该方案在矩阵决策 Diffie-Hellman 假设下具有针对选择密文攻击（chosen ciphertext attack，CCA）的安全性。除了承认密钥的持续泄露外，还通过允许主密钥的持续泄露来提供强大的安全性。在单一挑战设置中，LR-IBE 也是第一个严格且 CCA 安全的方案，可以承受主密钥和身份密钥的持续泄露。此外，通过对称外部 Diffie-Hellman 假设实例化方案时，密文是恒定大小的。具体来说，只有 6 组元素具有针对选择明文攻击(chosen plaintext attack，CPA)的安全性和额外的 14 个组元素用于 CCA 安全性[60]。

2023 年 Lian 和 Huang[61]提出了构建关于多项式函数的 KDM-IBE(key-dependent message-identity-based encryption)方案的两个主要技术障碍。该方案使用任意函数获得，而不是使用仿射函数，与现有的 KDM-IBE 方案相比，提出的方案确保了密钥相关明文的保密性。

我国针对基于身份的密码研究也早早开始准备，2007 年 12 月，国家密码管理局开始制定基于身份的密码学(identity-based cryptography，IBC)密码算法标准，2008 年确定 SM9 算法型号，2014 年进行对标准算法的完善和修改，2015 年进行审定，2016 年国家密码管理局发布 SM9 密码算法标准[62]，2018 年 11 月，SM9 被纳入 ISO/IEC 14888-3：2021 年 SM9 密钥交换协议作为国际标准 ISO/IEC/1770-3：2021《信息技术 密钥管理 第 3 部分：使用非对称技术的机制》的一部分，由 ISO/IEC 正式发布。SM9 选用的是定义在椭圆曲线群上的 R-rate 对，其具有良好的运算效率。SM9 标准规范的标识密钥生成算法是一种短签名算法，用于消息的数字签名，长度可短至 32 字节，其安全强度等同于 384 字节的 RSA 数字签名和 64 字节的 SM2 数字签名。SM9 算法不需要证书机构(certificate authority，CA)签发数字证书就可直接用用户身份标识生成密钥对，降低成本，提高灵活性和适用性，其优势不仅体现在电子邮件领域，更能体现在计算、存储资源受限的设备中。2017 年，Zhen 等对 SM9 算法的双线性运算的米勒循环(Miller loop)的优化问题进行分析。实验结果表明在雅可比坐标系下，米勒循环的计算效率高于放射坐标系约 5%[63]。2019 年，甘植旺等对 R-rate 双线性对运算进行优化，使该算法的运算时间减少[64]。同年，王松等对 SM9 的签名和验签算法进行改进，改进后的签名和验签算法较原始方案性能分别提升了 6 倍和 2 倍[65]。2020 年，Langrehr 和 Pan 构建了第一个基于标准假设的严格安全的分级身份加密方案，还提出了第一个严格安全的基于身份的签名方案[66]。可以看出目前基于身份的加密方案依然是公钥密码的研究重点。

6.3　国密 SM9 设计举例

6.3.1　SM9 基本技术

SM9 密码算法涉及有限域和椭圆曲线、双线性对及安全曲线、椭圆曲线上双线性对的运算等基本知识和技术，其中与双线性对运算直接相关的有米勒算法和

BN（Barreto-Naehrig）曲线上 R-ate 对的计算方法[62]。

定义三个素数 N 阶乘法循环群 G_1、G_2 和 G_T，P_1 是 G_1 的生成元，P_2 是 G_2 的生成元，存在 G_2 到 G_1 的同态映射 ψ，$\psi(P_2) = P_1$，且定义映射 $e: G_1 \times G_2 \to G_T$，满足如下三个性质。

（1）双线性：对任意的 $P \in G_1$，$Q \in G_2$，$a, b \in Z_N$，有 $e([a]P, [b]Q) = e(P, Q)^{ab}$。

（2）非退化性：$e(P_1, P_2) \neq 1_{GT}$。

（3）可计算性：对任意的 $P \in G_1$，$Q \in G_2$，存在有效的算法计算 $e(P, Q)$。

如果 $G_1 = G_2$，则此双线性映射是对称的，否则是非对称的。

1. 加密与解密算法及流程

1）加密算法

设需要发送的消息为比特串 M，mlen 为 M 的位宽，$K_1\_$len 为对称密码算法中密钥 K_1 的位宽，$K_2\_$len 为函数 $\mathrm{MAC}(K_2, Z)$ 中密钥 K_2 的位宽。

为了加密明文 M 给用户 B，作为加密者的用户 A 应实现以下运算步骤。

（1）计算群 G_1 中的元素 $Q_B = [H_1(\mathrm{ID}_B \| \mathrm{hid}, N)]P_1 + P_{\mathrm{pub}}$。

（2）产生随机数 $r \in [1, N-1]$。

（3）计算群 G_1 中的元素 $C_1 = [r]Q_B$，将 C_1 的数据类型转换为比特串。

（4）计算群 G_T 中的元素 $g = e(P_{\mathrm{pub}}, P_2)$。

（5）计算群 G_T 中的元素，将 w 的数据类型转换为比特串。

（6）按加密明文的方法分类进行计算，如果加密明文的方法是基于密钥派生函数的流密码，则：①计算整数 klen = mlen + $K_2\_$len，然后计算 $K = \mathrm{KDF}(C\|w\|\mathrm{ID}_B, \mathrm{klen})$，令 K_1 为 K 最左边的 mlen（单位为位），K_2 为剩下的 $K_2\_$len（单位为位），若 K_1 为全 0 比特串，则返回步骤（2）；②计算 $C_2 = M \oplus K_1$。

如果加密明文的方法是结合密钥派生函数的对称密码算法，则：①计算整数 klen = $K_1\_$len + $K_2\_$len，然后计算 $K = \mathrm{KDF}(C\|w\|\mathrm{ID}_B, \mathrm{klen})$，令 K_1 为 K 最左边的 $K_1\_$len（单位为位），K_2 为剩下的 $K_2\_$len（单位为位），若 K_1 为全 0 比特串，则返回步骤（2）；②计算 $C_2 = \mathrm{Enc}(K_1, M)$。

（7）计算 $C_2 = \mathrm{MAC}(K_2, C_2)$。

（8）输出密文 $C = C_1 \| C_2 \| C_3$。

国密 SM9 的加密算法流程如图 6.1 所示。

2）解密算法

设 mlen 为密文 $C = C_1 \| C_2 \| C_3$ 中 C_2 的位宽，$K_1\_$len 为对称密码算法中密钥 K_1 的位宽，$K_2\_$len 为函数 $\mathrm{MAC}(K_2, Z)$ 中密钥 K_2 的位宽。

为了对 C 进行解密，作为解密者的用户 B 应实现以下运算步骤。

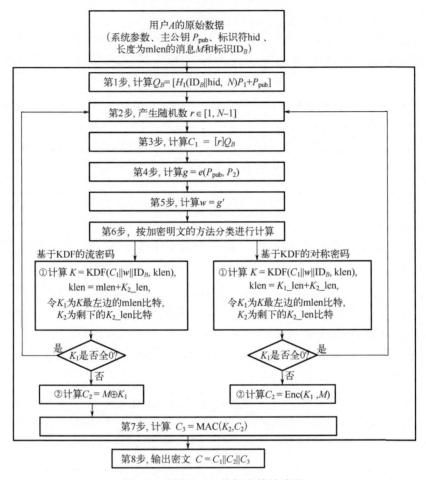

图 6.1 国密 SM9 的加密算法流程

（1）从 C 中取出比特串 C_1，将 C_1 的数据类型转换为椭圆曲线上的点，验证 $C_1 \in G_1$ 是否成立，若不成立则报错并退出。

（2）计算群 G_T 中的元素 $w' = e(C_1, d_B)$，将 w' 的数据类型转换为比特串。

（3）按加密明文的方法分类进行计算。如果加密明文的方法是基于密钥派生函数的流密码，则：①计算整数 klen = mlen + K_2_len，然后计算 $K' = \mathrm{KDF}(C_1 \| w' \| \mathrm{ID}_B, \mathrm{klen})$，令 K_1' 为 K' 最左边的 mlen（单位为位），K_2' 为剩下的 K_2_len（单位为位），若 K_1' 为全 0 比特串，则报错并退出；②计算 $M' = C_2 \oplus K_1'$。

如果加密明文的方法是结合密钥派生函数的对称密码算法，则：①计算整数 klen = K_1_len + K_2_len，然后计算 $K' = \mathrm{KDF}(C_1 \| w \| \mathrm{ID}_B, \mathrm{klen})$，令 K_1' 为 K' 最左边的 K_1_len（单位为位），K_2' 为剩下的 K_2_len（单位为位），若 K_1' 为全 0 比特串，则报错并退出；②计算 $M' = \mathrm{Dec}(K', C_2)$。

（4）计算 $u = \mathrm{MAC}(K_2', C_2)$，从 C 中取出比特串 C_3，若 $u \neq C_3$，则报错并退出。

（5）输出明文 M'。

解密算法流程如图 6.2 所示。

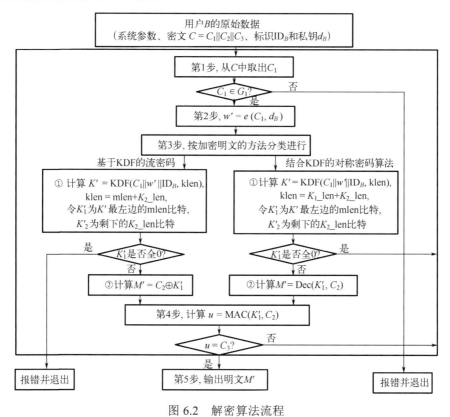

图 6.2　解密算法流程

2.　扩域相关

1）扩域

设 $F_p[x]$ 是 F_p 上的多项式集合，其中 $f(x)$ 是 $F_p[x]$ 的一个 $m(m>1)$ 次不可约多项式。$F_p[x]/f(x)$ 表示包含元素个数为 p^m 个的有限域 F_{p^m}，称 F_{p^m} 为 F_p 的 m 次扩域，其中 m 为扩张次数。扩域中的元素表示为 $a(x) = a_{m-1}x^{m-1} + a_{m-2}x^{m-2} + \cdots + a_1 x + a_0, a_i \in F_p$，此时的扩域表示为 F_{p^m}，同时被称为 m 次扩域。F_{p^m} 可看作 F_p 的 m 维向量空间，可用 $a = (a_{m-1}, a_{m-2}, \cdots, a_1, a_0)$ 表示。而多项式集合 $\{x^{m-1}, x^{m-2}, \cdots, x, 1\}$ 是 F_{p^m} 在有限域 F_p 上的一组基，又称多项式基。其中，零元表示为 $(0, 0, \cdots, 0)$，单位元表示为 $(0, 0, \cdots, 1)$。

F_{p^m} 具有向量加法的性质，即各分量分别在其有限域 F_{p^2} 内相加。

F_{p^m} 的乘法性质为其在 F_p 上的多项式乘法，即扩域元素 a 与 b 相乘，对应为 $(a(x) \times b(x)) \bmod f(x)$ 的多项式基乘法的向量结果。

逆元为多项式逆元，即多项式 $a(x)$ 与其逆元 $a(x)^{-1}$ 的计算公式为 $a(x) \times a(x)^{-1} = 1 \bmod f(x)$。

2) SM9 中的塔式扩张

图 6.3 展现了 SM9 中 F_p 元素经过塔式扩张至 $F_{p^{12}}$ 的运算过程，其中左侧公式为扩展方式，右侧公式代表了相应高次扩域中元素的表达方式。

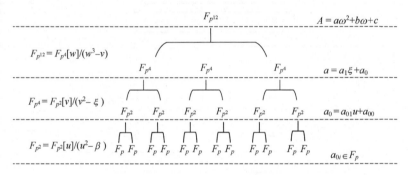

图 6.3　塔式扩张示意图

3) 扩域运算

F_{p^2} 作为双线性对运算的基本运算域，其运算效率决定了双线性对整体上的性能，尤其是 F_{p^2} 模乘运算在双线性对中总运算量的占比很大。由 F_{p^2} 的概念定义可知其元素构成形式和 F_{p^2} 模加减中一致，F_{p^2} 的乘法也是两个元素，如 $A = a_1 u + a_0$，$B = b_1 u + b_0$，其中 $a_1, a_0, b_1, b_0 \in F_p$，$F_{p^2}$ 的乘法形式如下：

$$A \cdot B = (a_1 u + a_0)(b_1 u + b_0) = (a_0 b_1 + a_1 b_0, a_0 b_0 + \beta a_1 b_1), \quad \beta = u^2 \tag{6-4}$$

在 F_{p^2} 乘法运算中可将其运算结果使用公共的 $(A \cdot B + \beta \cdot C \cdot D) \bmod p$ 形式表达。由双线性对的运算过程可知，F_{p^2} 是其基本运算域，同时 F_{p^2} 的乘法占据其运算量的比重很大。对 F_{p^2} 乘法运算效率的提升将对整个双线性对运算效率有较大帮助。

提升 F_{p^2} 模乘的计算效率，主要包含两种方式：一种是通过提升模乘算法的并行度来改善 F_{p^2} 模乘计算速度；另一种是通过对 F_{p^2} 模乘的计算方式进行分析，将原有的模乘算法改进为适用于 F_{p^2} 模乘的计算形式，充分利用了 F_{p^2} 乘法的并行度。

除了二次扩域外，在 SM9 的塔式扩张过程中还需要使用三次扩域运算，以三次扩域的模乘运算为例，在三次扩域后，两个元素 $A = a_0 + a_1 w + a_2 w^2$ 和

$B = b_0 + b_1 w + b_2 w^2$ 进行模乘运算时满足公式：

$$A \times B = (a_0 + a_1 w + a_2 w^2) \times (b_0 + b_1 w + b_2 w^2) = c_0 + c_1 w + c_2 w^2 \tag{6-5}$$

其中

$$\begin{cases} c_2 = a_2 b_0 + a_1 b_1 + a_0 b_2 = (a_2 + a_0)(b_2 + b_0) - (a_2 b_2 + a_0 b_0) + a_1 b_1 \\ c_1 = a_1 b_0 + a_0 b_1 + v a_2 b_2 = (a_1 + a_0)(b_1 + b_0) - (a_1 b_1 + a_0 b_0) + v a_2 b_2 \\ c_0 = a_0 b_0 + v(a_2 b_1 + a_1 b_2) = a_0 b_0 + v[(a_2 + a_1)(b_2 + b_1) - (a_2 b_2 + a_1 b_1)] \end{cases}$$

按如此方式，两次扩域运算后可得四次扩域结果(把二次扩域系数 a_i 和 b_i 都变为二次扩域下的数值)，再进行三次扩域运算(把三次扩域系数 a_i 和 b_i 都变为四次扩域下的数值)，即可得到十二次扩域的模乘运算。而十二次扩域下的模加减运算直接按对应位置进行模加减即可，十二次扩域下的模逆运算可以仿照模乘进行嵌套完成，也有一些相关研究，此处不做展开。

3. 双线性对计算

在密码学中，双线性对(pairing)是指一个映射函数，它将两个椭圆曲线点群映射到另一个乘法群上，两个群在映射中都能保持线性，即双线性。双线性是在密码学应用中最重要的性质，可以用于构造传统密码技术难以甚至不能提供的功能。双线性对密码学为人们提供了许多功能强大的新型信息安全技术，同时也能有效改进已有的信息安全体系，简化流程，减少维护工作，从而降低成本。

SM9 标准被提出时使用的双线性对运算是 R-ate 运算，由 SM9 的运算过程可知，SM9 系统是由基本有限域运算中的模加减、模乘和模逆组成的，而模乘所占的比重最高。

1) 米勒循环

设 F_{q^k} 上的椭圆曲线 $E(F_{q^k})$ 为 $E: y^2 = x^3 + ax + b$，定义过 $E(F_{q^k})$ 上点 U 和 V 的直线为 $g_{U,V} : E(F_{q^k}) \to F_{q^k}$，若过 U、V 两点的直线方程为 $\lambda x + \delta y + \tau = 0$，则令函数 $g_{U,V}(Q) = \lambda x_Q + \delta y_Q + \tau$，其中 $Q = (x_Q, y_Q)$。当 $U=V$ 时，$g_{U,V}$ 定义为过点 U 的切线；若 U 和 V 中有一个点为无穷远点 O，$g_{U,V}$ 就是过另一个点且垂直于 x 轴的直线。

记 $U = (x_U, y_U)$，$V = (x_V, y_V)$，$Q = (x_Q, y_Q)$，$\lambda_1 = (3x^2 + a)/(2yv)$，$\lambda_2 = (y_U - y_V)/(x_U - x_V)$，则有以下性质。

(1) $g_{U,V}(O) = g_{U,O}(Q) = g_{O,V}(Q) = 1$。

(2) $g_{V,V}(Q) = (x_Q - x_V) - y_Q + y_V$，$Q \neq O$。

(3) $g_{U,V}(Q) = \lambda_2(x_Q - x_V) - y_Q + y_V$，$Q \neq O$，$U \neq \pm V$。

(4) $g_{V,-V}(Q) = x_Q - x_V$，$Q \neq O$。

　　米勒算法是计算双线性对的有效算法，该算法的提出减少了双线性对的计算量并提高了其计算效率，因此被广泛应用在双线性对的计算中。米勒算法的计算过程如算法 6.2 所示，整个算法过程中使用到的为二次扩域下的运算或十二次扩域下的运算。

算法 6.2　米勒算法

输入：椭圆曲线 E 上的两点 P、Q 以及整数 c ；

输出：$f_{P,c}(Q)$

1. c 的最高位不为 0，表示为 $(c_j, c_{j-1}, \cdots, c_1, c_0)$ ；

2.　$f = 1, V = P;$

3.　for $i = j - 1$ to 0 do

4.　　$f \leftarrow f^2 \cdot g_{V,V}(Q) / g_{2V}(Q), V = 2V;$

5.　　if $c_i = 1$ then

6.　　　$f \leftarrow f \cdot g_{V,P}(Q) / g_{V+P}(Q), V = V + P;$

7.　endfor

8.　return f

　　2）R-ate 对运算

　　为了提高双线性对的性能，密码学家提出了不同种类的双线性对运算，如 Ate 对、Tate 对以及 R-ate 对等。不同种类双线性对的计算会有不同方式，对速度会有提升效果，同时，密码学家提出了双线性对友好域的概念，构造了将高阶扩域和低阶扩域相互转换的层叠域形式，并引入双线性对友好曲线概念，定义出适合实现双线性对的参数化曲线，由友好曲线与适合的双线性对结合的方式可大大加速双线性对运算，其中在 BN 曲线上的 R-ate 对是计算双线性对的最快方式之一。

　　BN 曲线是由 Barreto 和 Naehrig 提出的一种在素数域上对于双线性对计算的友好曲线族[67]，该曲线方程如下：

$$y^2 = x^3 + b, \quad b \neq 0 \tag{6-6}$$

　　设定该曲线中素数域的特征参数为 p，曲线的阶为 r，曲线的弗罗贝尼乌斯（Frobenius）运算的迹 tr 由参数 t 决定，以上几个参数与 t 的关系如下：

$$\begin{cases} p(t) = 36t^4 + 36t^3 + 24t^2 + 6t + 1 \\ r(t) = 36t^4 + 36t^3 + 18t^2 + 6t + 1 \\ \mathrm{tr}(t) = 6t^2 + 1 \end{cases} \tag{6-7}$$

参数 t 的选取需保证特征值 p 和阶数 r 为素数，并且为了保证安全级别，t 至少需要 63 位。整齐的数学运算公式使 BN 曲线的生成更加容易，并且保证快速计算出双线性对的最终模幂。

R-ate 对与 BN 曲线的结合是目前计算速度最快的双线性对运算模式，主要原因是 R-ate 对是定义在 BN 曲线上的 Ate 对的变种。同为双线性对运算，R-ate 也是和 $G_1 \times G_2 \to G_T$ 一致的映射过程。R-ate 对的运算结果见式 (6-8)：

$$(P,Q) \to (f_{6t+2,Q}(P) \cdot l_{[6t+2]Q,\pi_p(Q)}(P) \cdot l_{[6t+2]Q+\pi_p(Q),-\pi_{p^2}(Q)}(P))^{\frac{p^{12}-1}{r}} \tag{6-8}$$

由式 (6-8) 可知，R-ate 对的计算结果是在 $F_{p^{12}}$ 上的元素，其中 π_p 为 Frobenius 映射，即 $\pi_p : E \to E, \pi_p(x,y) = (x^p, y^p)$，表明在同一个域中的映射关系，$l_{Q_1,Q_2}(P)$ 为直线函数，若 Q_1、Q_2 为不同点，则该函数为直线方程，若为同一点，则该函数为切线方程。算法 6.3 是在 BN 曲线上 R-ate 对的详细计算过程。

算法 6.3　R-ate 对运算

输入：$P \in E(F_p(r)), Q \in E'(F_{p^2})[r]$

输出：$a_{\mathrm{opt}}(Q,P)$

1.　$s = 6t + 2$;

2.　$T \leftarrow Q, f \leftarrow 1$;

3.　for $i = L - 2$ to 0 do

4.　　$f \leftarrow f^2 \cdot l_{T,T}(P), T \leftarrow 2T$;

5.　　if $s_i = 1$ then

6.　　　$f \leftarrow f \cdot l_{T,Q}(P), T \leftarrow T + Q$;

7.　endfor

8. $Q_1 \leftarrow \pi_p(Q), Q_2 \leftarrow \pi_{p^2}(Q)$

9. $f \leftarrow f \cdot l_{T,Q_1}(P), T \leftarrow T + Q_1$;

10. $f \leftarrow f \cdot l_{T,-Q_2}(P), T \leftarrow T - Q_2$;

11. $f \leftarrow f^{(p^{12}-1)/r}$

12. return f

在双线性对运算中，参数的选择决定了该算法的计算效率，在 SM9 中参数 t 选取为 60000000 0058F98A，所使用的 BN 曲线定义为 $E : y^2 = x^3 + 5$，扭曲参数 $\beta = \sqrt{-2}$，因此在高层次扩域中扭曲参数决定了模乘形式的变化，在后面的模乘计

算中会体现出来。该计算过程的第 3 步到第 7 步为米勒循环部分，使用该循环可有效计算双线性对。

3）Frobenius 运算

在 $F_{p^{12}}$ 运算中，不仅有基本的模乘、模逆运算，还有模幂运算。作为 $F_{p^{12}}$ 的组成元素，每个元素都包含 12 个对应值，如果直接对其进行模幂运算，是比较烦琐且费时的过程。而 Frobenius 自同态函数是对元素做 p 次的幂指数运算而提出的高速算法，并且包含两种自同态，分别为一次和二次，在《SM9 标识密码算法》（GM/T 0044）中给出的 Frobenius 两种自同态定义如下：

$$\pi_p : E \to E, \pi_p(x,y) = (x^p, y^p)$$
$$\pi_{p^2} : E \to E, \pi_{p^2}(x,y) = (x^{p^2}, y^{p^2})$$

(6-9)

引入 Frobenius 自同态运算的目的是简化双线性对生成过程中的最终模幂运算，使用 Frobenius 转换后得到的数值做模幂相较于直接使用扩域元素做模幂运算量小得多。因此，一般方式是将 $F_{p^{12}}$ 中的元素分裂为 F_{p^2} 的组合，并分别对其做 Frobenius 自同态运算，再对结果进行最终模幂运算。Frobenius 运算过程有公式 $\pi_p(a) = a^p = \bar{a}$，$\bar{a} = (a_0 - a_1 u)$，其中 $a = (a_0 + a_1 u) \in F_{p^2}$，$\bar{a}$ 为 a 的共轭表示。

4）最终模幂运算

最终模幂运算包括两部分，通过 R-ate 对的运算过程可知，在做模幂运算时，$p^6 - 1$ 和 $p^2 + 1$ 较容易计算，称为容易部分（easy part）。另外的模幂运算的计算过程较为复杂，称为复杂部分（hard part）。

由于最终模幂需要将 f 进行多个特殊的计算，因此，把这些可以通过 $F_{p^{12}}$ 下 Frobenius 特殊计算简单得到的数值提前计算出，并将其结果存储到寄存器中，使用时直接提出即可。

6.3.2 双线性对中的二次扩域模乘

1. F_{p^2}-FIOS 模乘算法

F_{p^2} 下的乘法需要 $(A \cdot B + C \cdot D) \bmod p$ 形式的运算，由于模运算的基本性质 $(T_1 \bmod p + T_2 \bmod p) \bmod p = (T_1 + T_2) \bmod p$，因此可以不需要两次 F_p 的模乘结果做模加减后得到 F_{p^2} 模乘结果。本节对与 FIOS 模乘等价的高基蒙哥马利模乘算法使用该运算性质，通过将两组模乘的约简部分结合，提出一种二次扩域细粒度整合操作数扫描（quadratic extension field finely integrated operand scanning，F_{p^2}-FIOS）模乘算法，合并过程如图 6.4 所示。

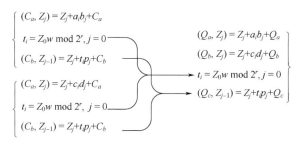

$$\begin{cases} (C_a, Z_j) = Z_j + a_i b_j + C_a \\ t_i = Z_0 w \bmod 2^r, j = 0 \\ (C_b, Z_{j-1}) = Z_j + t_i p_j + C_b \\ (C_a, Z_j) = Z_j + c_i d_j + C_a \\ t_i = Z_0 w \bmod 2^r, \ j = 0 \\ (C_b, Z_{j-1}) = Z_j + t_i p_j + C_b \end{cases}$$

$$\left.\begin{array}{l} (Q_a, Z_j) = Z_j + a_i b_j + Q_a \\ (Q_b, Z_j) = Z_j + c_i d_j + Q_b \\ t_i = Z_0 w \bmod 2^r, j = 0 \\ (Q_c, Z_{j-1}) = Z_j + t_i p_j + Q_c \end{array}\right\}$$

图 6.4　模乘算法的合并过程

合并模乘过程中，模约简由两次减为一次，减少了计算冗余量。两次模约简的输入 $T_1 < Rp$ 和 $T_2 < Rp$ 合并后输入范围变为 $T = T_1 + T_2 < 2Rp$，经过模约简后 $0 \leqslant T + mp \leqslant 2Rp + Rp = 3Rp$，$0 \leqslant Z = T/R \leqslant 3p$，因此最终减法的运算条件由判断是否 $p \leqslant Z$ 改为判断是否 $2p \leqslant Z$ 或 $p \leqslant Z < 2p$，根据结果决定 $Z = Z - 2p$、$Z = Z - p$ 或 $Z = Z$。该算法提高了 F_{p^2} 下乘法运算的并行度，F_{p^2}-FIOS 模乘算法如算法 6.4 所示。

算法 6.4　F_{p^2}-FIOS 模乘算法

输入：$0 \leqslant A, B, C, D, p < R, \ w = -p^{-1} \bmod 2^r$

输出：$(AB + CD) R^{-1} \bmod p$

1. $Z = 0, v = 0$
2. for $i = 0$ to $n - 1$ do
3. 　　$(Q_a, z_0) = z_0 + a_i b_0$
4. 　　$(Q_b, z_0) = z_0 + c_i d_0$
5. 　　$t_i = z_0 w \bmod 2^r$
6. 　　$(Q_c, z_0) = z_0 + t_i p_0$
7. 　　for $j = 1$ to $n - 1$ do
8. 　　　　$(Q_a, z_j) = z_j + a_i b_j + Q_a$
9. 　　　　$(Q_b, z_j) = z_j + c_i d_j + Q_b$
10. 　　　$(Q_c, z_{j-1}) = z_j + t_i p_j + Q_c$
11. 　　endfor
12. 　　$(v, z_{m-1}) = Q_a + Q_b + Q_c + v$
13. if $Z > 2p$, $Z = Z - 2p$
14. else if $2p \geqslant Z > p$, $Z = Z - p$
15. else $Z = Z$
16. return Z

表 6.1 给出了该算法用于计算 F_{p^2} 下 $(A \cdot B + C \cdot D) R^{-1} \bmod p$ 的乘加总量，对于 IBC 方案，参数设定为 $\beta = -1$ 时，输入 $-C$ 可计算 $(A \cdot B - C \cdot D) R^{-1} \bmod p$。对于 SM9 算法，

参数设定 $\beta = -2$ 时，输入 $-C$ 并做 $2 \cdot c_i \cdot d_j$ 乘法即可计算出 $(A \cdot B - 2C \cdot D) R^{-1} \mathrm{mod}\, p$。该算法和原始 FIOS 模乘算法以及高基蒙哥马利模乘算法实现 F_{p^2} 模乘的乘加计算量比较如表 6.1 所示，n 表示算法的循环周期数。根据表 6.1 可得，F_{p^2}-FIOS 算法计算 F_{p^2} 模乘的计算量小于改进前的算法，有效降低了 F_{p^2} 模乘所需的资源开销。

表 6.1　算法计算 F_{p^2} 下乘法运算的乘加总量

算法名称	乘法	加法
FIOS	$4n^2+2n$	$10n^2+8n+4$
高基蒙哥马利模乘	$4n^2+2n$	$8n^2+6n+4$
F_{p^2}-FIOS	$3n^2+n$	$6n^2+2n+2$

2.　F_{p^2}-FIOS 模乘算法的实现架构

F_{p^2}-FIOS 模乘算法的运算过程可以用进位保留形式如 $(Q, Z)=Z+X \cdot Y+Q$ 的乘加通式表示，同时对算法循环的运算过程中不存在数据依赖关系的部分并行执行。通过对算法的详细分析，设计了两种实现架构。一种架构 F_{p^2}-FIOS2 使用两个乘加单元，另一种架构 F_{p^2}-FIOS3 使用三个乘加单元，上述两种架构如图 6.5 所示。

由图 6.5 可以看到，两种架构的主要区别在于复用乘加单元的数量不同。数据通路用于控制数据流向，并使其输入相应的乘加单元。在 F_{p^2}-FIOS2 架构中，数据通路控制两个乘加单元实现对 a_i、b_j 的乘法，对 c_i、d_j 的乘法，对 t_i、p_j 的乘法以及数据之间的累加和进位保存，数据通路逻辑较为复杂。在 F_{p^2}-FIOS3 架构中，乘加单元 1 实现对 a_i、b_j 的乘法、累加和进位保存；乘加单元 2 实现对 c_i、d_j 的乘法、累加和进位保存；乘加单元 3 实现对 t_i、p_j 的乘法、累加和进位保存。相较于 F_{p^2}-FIOS2，数据通路逻辑更简单。寄存器堆用于存储商值和乘加单元输出的进位保留数据，其中的进位保留数据的最终结果需与模数进行比较，最终减法器根据比较结果执行相应的减法。该架构能较好地展现 F_{p^2}-FIOS 模乘算法的并行执行性，控制逻辑较简单，且计算速度和硬件使用效率都较高。

通过对算法 6.4 中 F_{p^2}-FIOS 模乘算法的数据依赖关系进行分析，外循环的步骤 5 和内循环的步骤 8 可同时运行，并且依次对算法的其他步骤进行排序。通过对算法循环的排序整理，可以进行整合并提出适用于两种架构的并行调度，图 6.6 是适用于 F_{p^2}-FIOS2 架构的二路并行调度，其中乘法字长为 64 位，用于 F_{p^2} 下 256 位乘法运算。

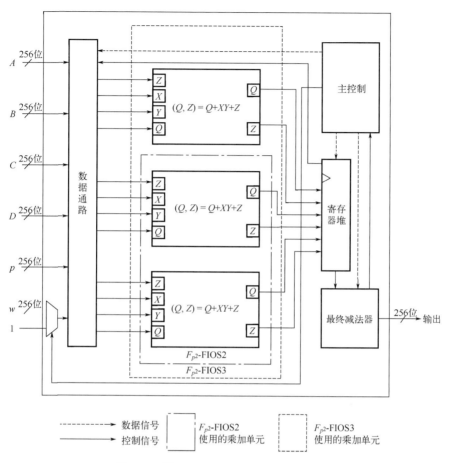

图 6.5 F_{p^2}-FIOS2 和 F_{p^2}-FIOS3 架构图

运算操作									
64位乘法1	$a_i \cdot b_0$	$c_i \cdot d_0$	$z_0 \cdot w$	$c_i \cdot b_1$	$a_i \cdot b_2$	$a_i \cdot b_3$	$c_i \cdot d_3$	下一轮	
129位加法1	$a_i \cdot b_0 + z_0$	$c_i \cdot d_0 + z_0$		$c_i \cdot d_1 + z_1 + Q_b$	$a_i \cdot b_2 + Q_a + z_2$	$a_i \cdot b_3 + Q_a + z_3$	$c_i \cdot d_3 + Q_b + z_3$		
(进位,本位)	(Q_a, z_0)	(Q_b, z_0)	$z_0 \cdot w \bmod 2^r$	(Q_b, z_1)	(Q_a, z_2)	(Q_a, z_3)	(Q_a, z_3)		
64位乘法2	上一轮		$a_i \cdot b_1$	$t_i \cdot p_2$	$t_i \cdot p_1$	$c_i \cdot d_2$	$t_i \cdot p_2$	$t_i \cdot p_3$	$Q_a + Q_b + Q_c + v$
129位加法2	上一轮		$a_i \cdot b_1 + Q_a + z_1$	$t_i \cdot p_0 + z_0$	$t_i \cdot p_0 + z_1 + Q_c$	$c_i \cdot d_2 + z_2 + Q_b$	$t_i \cdot p_2 + z_2 + Q_c$	$t_i \cdot p_3 + z_3 + Q_c$	
(进位,本位)			(Q_a, z_1)	(Q_c, z_0)	(Q_c, z_0)	(Q_b, z_0)	(Q_c, z_1)	(Q_c, z_2)	(v, z_3)
	T_1	T_2	T_3	T_4	T_5	T_6	T_7	T_8	T_9

图 6.6 F_{p^2}-FIOS 循环的二路并行调度运算流程

图 6.6 的调度方式对 F_{p^2}-FIOS 算法的循环重新排序，经过一次循环完成相应的乘法、累加、约简以及进位保存。由于不存在数据依赖关系，下一轮循环的前两个周期可与本轮循环的后两个周期进行并行计算，进一步增加了循环间的并行度。该

调度方式通过两个乘加单元并行计算 F_{p^2}-FIOS 需 $3n^2/2+n+3$ 个周期,其中 n 为循环次数。该调度方式可在 31 个周期内计算出 $(A \cdot B + C \cdot D)R^{-1} \bmod p$ 的结果,很好地发挥了算法的并行性优势,不仅减少了运算周期,硬件的使用率也十分高。同理,F_{p^2}-FIOS 模乘算法可由三个乘加单元并行执行,图 6.7 是适用于 F_{p^2}-FIOS3 架构的三路并行调度,其中乘法字长为 64 位,用于 F_{p^2} 下 256 位乘法运算。

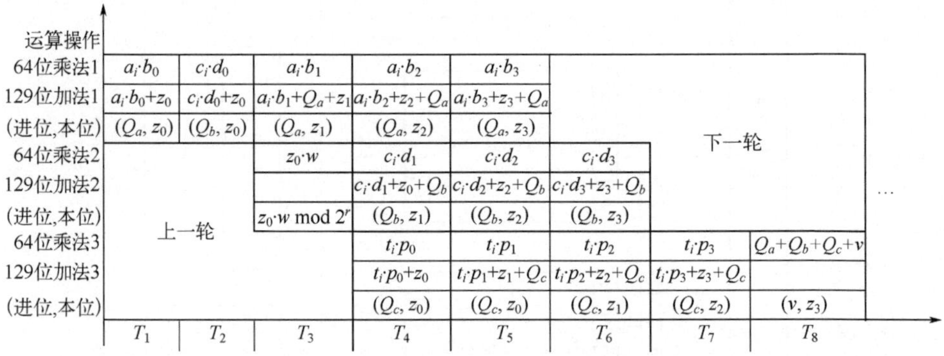

运算操作	T_1	T_2	T_3	T_4	T_5	T_6	T_7	T_8
64位乘法1	$a_i \cdot b_0$	$c_i \cdot d_0$	$a_i \cdot b_1$	$a_i \cdot b_2$	$a_i \cdot b_3$			
129位加法1	$a_i \cdot b_0 + z_0$	$c_i \cdot d_0 + z_0$	$a_i \cdot b_1 + Q_a + z_1$	$a_i \cdot b_2 + z_2 + Q_a$	$a_i \cdot b_3 + z_3 + Q_a$		下一轮	
(进位,本位)	(Q_a, z_0)	(Q_b, z_0)	(Q_a, z_1)	(Q_a, z_2)	(Q_a, z_3)			
64位乘法2	上一轮		$z_0 \cdot w$	$c_i \cdot d_1$	$c_i \cdot d_2$	$c_i \cdot d_3$		
129位加法2				$c_i \cdot d_1 + z_0 + Q_b$	$c_i \cdot d_2 + z_2 + Q_b$	$c_i \cdot d_3 + z_3 + Q_b$		
(进位,本位)			$z_0 \cdot w \bmod 2^r$	(Q_b, z_1)	(Q_b, z_2)	(Q_b, z_3)		
64位乘法3	上一轮			$t_i \cdot p_0$	$t_i \cdot p_1$	$t_i \cdot p_2$	$t_i \cdot p_3$	$Q_a+Q_b+Q_c+v$
129位加法3				$t_i \cdot p_0 + z_0$	$t_i \cdot p_1 + z_1 + Q_c$	$t_i \cdot p_2 + z_2 + Q_c$	$t_i \cdot p_3 + z_3 + Q_c$	
(进位,本位)				(Q_c, z_0)	(Q_c, z_0)	(Q_c, z_1)	(Q_c, z_2)	(v, z_3)

图 6.7　F_{p^2}-FIOS 循环的三路并行调度运算流程

图 6.7 中的调度方式是对 F_{p^2}-FIOS 算法做了进一步并行处理,外循环的步骤 5 和内循环的步骤 8 可同时运行,同时内循环的第一轮对循环内 a_i、b_j 的乘法,第 2 轮对 c_i、d_j 的乘法,外循环 t_i、p_j 的乘法,数据之间的累加和进位保存进行并行计算,同理依次对算法步骤进行排序。同时,由于不存在数据依赖关系,下一轮循环的前 3 个周期可与本轮循环的后 3 个周期进行并行计算,进一步增加了循环间的并行度。通过三个乘加单元并行计算的 F_{p^2}-FIOS 需 n^2+n+4 个周期,可在 24 个周期内计算出 $(A \cdot B + C \cdot D)R^{-1} \bmod p$ 的结果。

3. F_{p^2}-FIOS 模乘算法性能

本节设计的模乘单元经过综合后性能参数如表 6.2 所示。由于不同文献中实现多种乘法位宽的模乘架构以及工艺库不同,因此表 6.2 通过引入面积与单次模乘时间的乘积 AT(Area × Time)进行综合性能比较,其中的面积采用等效门数替代,可以忽略不同工艺库尺寸的影响。本节中乘法字长越短,周期增长幅度越大,AT 值较大,性能略低。因此,使用乘法字长为 64 位的 F_{p^2}-FIOS 计算 F_{p^2} 下的 256 位模乘更适合,其中 F_{p^2}-FIOS2 在硬件资源消耗上更少。F_{p^2}-FIOS3 在硬件资源消耗上较前者多一些,周期数较低,计算所需时间更短,AT 值更低,达到综合性能上的最优。通过分析表 6.2,在使用 F_{p^2}-FIOS 实现 F_{p^2} 模乘时,F_{p^2}-FIOS3 架构适用于面积受限的情况，F_{p^2}-FIOS3 架构适用于要求速度更快的情况。将所设计的二次扩域模乘算法放入双线性对中，可以得到双线性对的性能参数如表 6.3 所示，可作为性能参考。

表 6.2　相关设计实现 F_{p^2} 模乘性能

架构	工艺库	乘法运算/位	乘法器数量	频率/GHz	周期	时间/ns	等效门数	AT
F_{p^2}-FIOS2	TSMC 55nm	64×64	2	2.00	31	15.5	110000	1705
	TSMC 55nm	32×32	2	1.82	107	58.85	60000	3531
F_{p^2}-FIOS3	TSMC 55nm	64×64	3	2.00	24	12.0	139000	1668
	TSMC 55nm	32×32	3	1.82	76	41.8	68000	2842.4
	TSMC 55nm	16×16	3	1.89	276	146.3	52000	7606.6
	TSMC 55nm	8×8	3	1.96	1060	540.6	45000	24327

表 6.3　相关设计实现安全长度 128 位的 Optimal ate 性能参数

工艺库	频率/MHz	周期	时间/ms	面积/GE
TSMC 55nm	500	97824	0.186	850000

6.3.3　双线性对运算基本结构

1.　F_{p^2}-FIOS 模乘算法的硬件实现架构

1）F_{p^2} 模加减运算单元

模加减运算单元根据 s 的值来判断该模块做加或减运算，最后需要判断结果是否在 $0 \sim p$ 区间还是在之外进行相应的模运算。根据算法描述，我们设计了如图 6.8 所示的模加减运算单元。

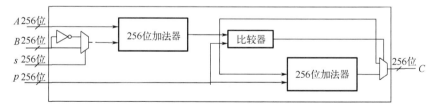

图 6.8　F_{p^2} 模加减运算单元

首先根据 s 值控制数据选择器输入 B 或者 $-B$，将两位 256 位的数值输入 256 位的加法器中进行加法运算。其次，根据加法器输出的数值与模值 p 做比较来判断大小，直接输出结果或进行相应的模运算。最终，经过数据选择器的判断输出模加减的结果。

根据 F_{p^2} 模加减算法，F_{p^2} 中模加减运算可直接使用两个 F_p 模加减模块并行计算。由基本 $(A\pm B)\mathrm{mod}\,p$ 模块构建 F_{p^2} 模加减运算单元，该模块如图 6.9 所示。

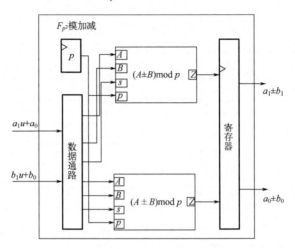

图 6.9 F_{p^2} 模加减运算单元

该 F_{p^2} 模加减运算单元中通过寄存器存储 p 值，使用数据通路将两组 F_{p^2} 数值输入相应的 F_p 模加减单元。该 F_{p^2} 模加减运算单元通过两个 F_p 模加减单元并行执行，最终经过寄存器存储输出结果。通过这种并行方式可在一个时钟周期完成 F_{p^2} 模加减运算。

2）F_{p^2} 模逆运算单元

由于 F_{p^2} 模逆算法中需要进行 F_p 模乘，并且模逆使用次数较少，因此将其中的 F_p 模乘以及其他运算逻辑独立为一个模块。根据 F_{p^2} 模逆算法设计了如图 6.10 所示的 F_{p^2} 模逆数据流控制图。

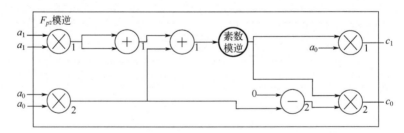

图 6.10 F_{p^2} 模逆数据流控制图

2. 二次扩域模运算单元设计

通过对 Optimal ate 对运算过程的分析，本节设计并实现了用于计算 Optimal ate

对的双线性对运算单元。双线性对的运算主要包括：米勒循环、Frobenius 映射以及最终模幂运算三大部分。上述运算的算法遵循对各个层次的解析过程，并尽量考虑并行排序实现。在其内部米勒循环过程中，主要的运算步骤包括点加、倍点、直线、切线函数运算等。对米勒循环得到的 $F_{p^{12}}$ 下的结果进行 Frobenius 自同态运算，Frobenius 直接调用 F_{p^2} 运算单元对米勒循环结果进行计算。除此以外，还有最终模幂运算，其中包括容易部分和复杂部分，这部分计算调用 $F_{p^{12}}$ 层次的模乘运算，而 $F_{p^{12}}$ 模乘调用 F_{p^4} 层次的运算实现，F_{p^4} 运算调用 F_{p^2} 层次的运算。综上所述，双线性对运算均使用 F_{p^2} 的模加减、模乘以及模逆完成。因此，本节选择使用两个 F_{p^2} 运算单元并行执行，以此完成双线性对内部所有算法的计算过程。

该 F_{p^2} 运算单元包括两个 F_{p^2} 模乘运算单元、两个 F_{p^2} 模加减运算单元以及 F_{p^2} 模逆运算单元，其中 F_{p^2} 模乘运算单元由两个本节提出的 F_{p^2}-FIOS 模乘架构所组成。因此，根据 Optimal ate 对中各层次的调用关系，我们设计了如图 6.11 所示的双线性对运算单元的硬件结构。

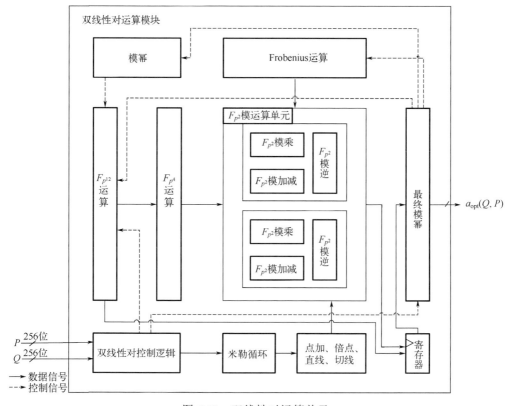

图 6.11　双线性对运算单元

　　该双线性对运算单元的结构图较为清晰地展示了 Optimal ate 中各层次的调用关系，作为顶层的双线性对逻辑通过内部状态机控制其他模块的调用实现双线性对运算。首先，在双线性对运算中先进行米勒循环，通过调用 F_{p^2} 运算单元进行点加、倍点、直线切线函数等运算实现米勒循环。其次，将米勒循环的结果输入 Frobenius 运算模块中，并再次作为 F_{p^2} 运算单元的输入进行 Frobenius 自同态变换。最后，在双线性对逻辑控制下将该计算结果输入最终模幂运算模块中，调动 $F_{p^{12}}$ 运算单元，通过最终模幂内部状态机的逻辑控制并实现运算。在双线性对运算单元计算出最终模幂后，读出数据结果并完成 Optimal ate 对的运算。

参 考 文 献

[1] Ajtai M. Generating hard instances of lattice problems[C]//Proceedings of the Twenty-Eighth Annual ACM Symposium on Theory of Computing, New York, 1996: 99-108.

[2] Ajtai M, Dwork C. A public-key cryptosystem with worst-case/average-case equivalence[C]//Proceedings of the Twenty-Ninth Annual ACM Symposium on Theory of Computing-STOC '97, El Paso, 1997: 284-293.

[3] Goldreich O, Goldwasser S, Halevi S. Public-key cryptosystems from lattice reduction problems[C]//17th Annual International Cryptology Conference, Santa Barbara, 1997: 112-131.

[4] Hoffstein J, Pipher J, Silverman J H. NTRU: A ring-based public key cryptosystem[C]//Lecture Notes in Computer Science. Berlin, Heidelberg: Springer, 1998: 267-288.

[5] Coppersmith D, Shamir A. Lattice attacks on NTRU[C]//International Conference on the Theory and Applications of Cryptographic Techniques, Berlin, 1997: 52-61.

[6] Howgrave-Graham N. A hybrid lattice-reduction and meet-in-the-middle attack against NTRU[C]//Annual International Cryptology Conference. Berlin, Heidelberg: Springer, 2007: 150-169.

[7] Gentry C, Peikert C, Vaikuntanathan V. Trapdoors for hard lattices and new cryptographic constructions[C]//Proceedings of the Fortieth Annual ACM Symposium on Theory of Computing, Victoria, 2008: 197-206.

[8] Boyen X. Lattice mixing and vanishing trapdoors: A framework for fully secure short signatures and more[C]//International Workshop on Public Key Cryptography. Berlin, Heidelberg: Springer, 2010: 499-517.

[9] Micciancio D, Vadhan S P. Statistical zero-knowledge proofs with efficient provers: Lattice problems and more[C]//Annual International Cryptology Conference. Berlin, Heidelberg: Springer, 2003: 282-298.

[10] Gordon S D, Katz J, Vaikuntanathan V. A group signature scheme from lattice assumptions[C] //International Conference on the Theory and Application of Cryptology and Information Security. Berlin, Heidelberg: Springer, 2010: 395-412.

[11] Peikert C. Bonsa: trees(or arboriculture in lattice-based cryptography)[EB/OL]. [2010-12-02]. https://eprint. iacr. org/2009/359.

[12] Rückert M. Strongly unforgeable signatures and hierarchical identity-based signatures from lattices without random oracles[C]//Sendrier N. International Workshop on Post-Quantum Cryptography. Berlin, Heidelberg: Springer, 2010: 182-200.

[13] Micciancio D, Peikert C. Trapdoors for lattices: Simpler, tighter, faster, smaller[C]//Annual International Conference on the Theory and Applications of Cryptographic Techniques. Berlin, Heidelberg: Springer, 2012: 700-718.

[14] Lyubashevsky V. Lattice signatures without trapdoors[C]//Annual International Conference on the Theory and Applications of Cryptographic Techniques. Berlin, Heidelberg: Springer, 2012: 738-755.

[15] Laguillaumie F, Langlois A, Libert B, et al. Lattice-based group signatures with logarithmic signature size[C]//International Conference on the Theory and Application of Cryptology and Information Security. Berlin, Heidelberg: Springer, 2013: 41-61.

[16] Ducas L, Micciancio D. Improved short lattice signatures in the standard model[C]//Advances in Cryptology–CRYPTO 2014: 34th Annual Cryptology Conference, Santa Barbara, 2014: 335-352.

[17] Gorbunov S, Vaikuntanathan V, Wichs D. Leveled fully homomorphic signatures from standard lattices[C]//Proceedings of the Forty-Seventh Annual ACM Symposium on Theory of Computing, Portland, 2015: 469-477.

[18] Alperin-Sheriff J. Short signatures with short public keys from homomorphic trapdoor functions[C]//IACR International Workshop on Public Key Cryptography. Berlin, Heidelberg: Springer, 2015: 236-255.

[19] Alkim E, Barreto P S L M, Bindel N, et al. The lattice-based digital signature scheme qTESLA[C]//Conti M, Zhou J, Casalicchio E, et al. International Conference on Applied Cryptography and Network Security. Cham: Springer, 2020: 441-460.

[20] Ducas L, Kiltz E, Lepoint T, et al. CRYSTALS-Dilithium: A lattice-based digital signature scheme[J]. IACR Transactions on Cryptographic Hardware and Embedded Systems, 2018: 238-268.

[21] Fouque P A, Hoffstein J, Kirchner P, et al. Falcon: Fast-Fourier lattice-based compact signatures over NTRU[J]. Submission to the NIST's Post-Quantum Cryptography Standardization Process, 2018, 36(5): 1-75.

[22] Chen Y L, Genise N, Mukherjee P. Approximate trapdoors for lattices and smaller hash-and-sign

signatures[C]//Galbraith S, Moriai S. International Conference on the Theory and Application of Cryptology and Information Security. Cham: Springer, 2019: 3-32.

[23] Chen H, Chillotti I, Song Y. Multi-key homomorphic encryption from TFHE[C]//Galbraith S, Moriai S. International Conference on the Theory and Application of Cryptology and Information Security. Cham: Springer, 2019: 446-472.

[24] Zhang J, Yu Y, Fan S Q, et al. Tweaking the asymmetry of asymmetric-key cryptography on lattices: KEMs and signatures of smaller sizes[C]//IACR International Conference on Public-Key Cryptography. Cham: Springer, 2020: 37-65.

[25] Lai Q Q, Liu F H, Wang Z D. New lattice two-stage sampling technique and its applications to functional encryption-stronger security and smaller ciphertexts[C]//Canteaut A, Standaert F X. Annual International Conference on the Theory and Applications of Cryptographic Techniques. Cham: Springer, 2021: 498-527.

[26] He Y, Qin B D, Gao W, et al. Generic construction of forward-secure revocable identity-based signature and lattice-based instantiations[J]. Security and Communication Networks, 2022(5): 1-12.

[27] Gardham D, Manulis M. Revocable hierarchical attribute-based signatures from lattices[C] //Ateniese G, Venturi D. International Conference on Applied Cryptography and Network Security. Cham: Springer, 2022: 459-479.

[28] Sageloli É, Pébereau P, Méaux P, et al. Shorter and faster identity-based signatures with tight security in the (Q)ROM from lattices[C]//Tibouchi M, Wang X. International Conference on Applied Cryptography and Network Security. Cham: Springer, 2023: 634-663.

[29] Tao X F, Qiang Y, Wang P, et al. LMIBE: Lattice-based matchmaking identity-based encryption for Internet of Things[J]. IEEE Access, 2023, 11: 9851-9858.

[30] 王凤和, 胡予濮, 王春晓. 基于格的盲签名方案[J]. 武汉大学学报(信息科学版), 2010, 35(5): 550-553.

[31] Yan J H, Wang L C, Wang L H, et al. Efficient lattice-based signcryption in standard model[J]. Mathematical Problems in Engineering, 2013(11): 1-18.

[32] Lu X H, Wen Q Y, Jin Z P, et al. A lattice-based signcryption scheme without random oracles[J]. Frontiers of Computer Science: Selected Publications from Chinese Universities, 2014, 8(4): 667-675.

[33] 王小云, 刘明洁. 格密码学研究[J]. 密码学报, 2014, 1(1): 13-27.

[34] Chen W B, Lei H, Qi K. Lattice-based linearly homomorphic signatures in the standard model[J]. Theoretical Computer Science, 2016, 634: 47-54.

[35] 刘艳, 沈忠华, 陈克非, 等. 标准模型下的完全安全格签名[J]. 杭州师范大学学报(自然科学版), 2019, 18(1): 66-74.

[36] Feng H W, Liu J W, Li D W, et al. Traceable ring signatures: General framework and post-quantum security[J]. Designs, Codes and Cryptography, 2021, 89(6): 1111-1145.

[37] 陈启虹, 江明明, 王艳. 格上高效的属性签名方案[J]. 淮北师范大学学报(自然科学版), 2022, 43(2): 25-30.

[38] 吴华麟. 改进的标准模型下基于格的签名算法研究[D]. 广州: 广州大学, 2022.

[39] Shamir A. Identity-based cryptosystems and signature schemes[C]//Advances in Cryptology: Proceedings of CRYPTO. Berlin, Heidelberg: Springer, 1985: 47-53.

[40] Boneh D, Franklin M. Identity-based encryption from the Weil pairing[C]//Advances International Cryptology Conference. Berlin, Heidelberg: Springer, 2001: 213-229.

[41] Elgamal T. A public key cryptosystem and a signature scheme based on discrete logarithms[J]. IEEE Transactions on Information Theory, 1985, 31(4): 469-472.

[42] 曾梦岐, 卿昱, 谭平璋, 等. 基于身份的加密体制研究综述[J]. 计算机应用研究, 2010, 27(1): 27-31.

[43] Cocks C. An identity based encryption scheme based on quadratic residues[C]// Cryptography and Coding. Berlin, Heidelberg: Springer, 2001: 360-363.

[44] Shin J B, Lee K, Shim K. New DSA-verifiable signcryption schemes[C]//Lecture Notes in Computer Science. Berlin, Heidelberg: Springer, 2003: 35-47.

[45] Canetti R, Halevi S, Katz J. A forward-secure public-key encryption scheme[C]//Advances in Cryptology—EUROCRYPT 2003: International Conference on the Theory and Applications of Cryptographic Techniques, Warsaw, 2003: 255-271.

[46] Boneh D, Boyen X. Efficient selective-ID secure identity-based encryption without random oracles[C]//International Conference on the Theory and Applications of Cryptographic Techniques. Berlin, Heidelberg: Springer, 2004: 223-238.

[47] Boneh D, Boyen X. Secure identity based encryption without random oracles[C]//Annual International Cryptology Conference. Berlin, Heidelberg: Springer, 2004: 443-459.

[48] Waters B. Efficient identity-based encryption without random oracles[C]//Advances in Cryptology — EUROCRYPT 2005: 24th Annual International Conference on the Theory and Applications of Cryptographic Techniques, Aarhus, 2005: 114-127.

[49] Gentry C. Practical identity-based encryption without random oracles[C]//Advances in Cryptology — EUROCRYPT 2006. Berlin, Heidelberg: Springer, 2006: 445-464.

[50] Goyal V. Reducing trust in the PKG in identity based cryptosystems[C]//Annual International Cryptology Conference. Berlin, Heidelberg: Springer, 2007: 430-447.

[51] Yu H F, Yang B. Pairing-free and secure certificateless signcryption scheme[J]. The Computer Journal, 2017, 60(8): 1187-1196.

[52] Rezaeibagha F, Mu Y, Zhang S W, et al. Provably secure (broadcast) homomorphic

signcryption[J]. International Journal of Foundations of Computer Science, 2019, 30(4): 511-529.

[53] Malone-Lee J. Identity-based signcryption[EB/OL]. [2002-07-20]. https://eprint.iacr.org/2002/098.

[54] Wang H, Liu Z, Liu Z, et al. Identity-based aggregate signcryption in the standard model from multilinear maps[J]. Frontiers of Computer Science, 2016, 10(4): 741-754.

[55] Reddi S, Borra S. Identity-based signcryption groupkey agreement protocol using bilinear pairing[J]. Informatica, 2017, 41(1):31-37.

[56] Zhou C, Zhang Y, Wang L. A provable secure identity-based generalized proxy signcryption scheme[J]. International Journal of Sensor Networks, 2018, 20(6): 1183-1193.

[57] Liu J G, Ke L S. New efficient identity based encryption without pairings[J]. Journal of Ambient Intelligence and Humanized Computing, 2019, 10(4): 1561-1570.

[58] 彭长根, 张小玉, 丁红发, 等. 基于 Cocks 身份密码体制的高效签密方案[J]. 通信学报, 2020, 41(12): 128-138.

[59] Batamuliza J, Hanyurwimfura D. Identity based encryption with equality test[J]. Information Security Journal: A Global Perspective, 2021, 30(2): 111-124.

[60] Cai C L, Qin X R, Yuen T H, et al. Tight leakage-resilient identity-based encryption under multi-challenge setting[C]//Proceedings of the 2022 ACM on Asia Conference on Computer and Communications Security, Nagasaki, 2022: 42-53.

[61] Lian Y, Huang R. KDM security IBE based on LWE beyond Affine functions[J]. Applied Sciences, 2023, 13(14): 8259.

[62] 国家密码管理局. SM9 标识密码算法: GM/T 0044—2016[S]. 北京: 中国标准出版社, 2016.

[63] Zhen P, Tu Y Z, Xia B B, et al. Research on the Miller loop optimization of SM9 bilinear pairings[C]//2017 IEEE 17th International Conference on Communication Technology (ICCT), Chengdu, 2017: 138-144.

[64] 甘植旺, 廖方圆. 国密 SM9 中 R-ate 双线性对快速计算[J]. 计算机工程, 2019, 45(6): 171-174.

[65] 王松, 房利国, 韩炼冰, 等. 一种 SM9 数字签名及验证算法的快速实现方法[J]. 通信技术, 2019, 52(10): 2524-2527.

[66] Langrehr R, Pan J X. Tightly secure hierarchical identity-based encryption[J]. Journal of Cryptology, 2020, 33(4): 1787-1821.

[67] Barreto P S L M, Naehrig M. Paring-friendly elliptic curves of prime order[C]//International Workshop on Selected Areas in Cryptography, Kingston, 2005: 319-331.

第 7 章　硬件安全问题

传统意义上的硬件安全是指密码芯片安全,密码芯片安全广泛存在于金融机构、电子商务、电子政务和云计算等领域, 以确保敏感数据的安全性和完整性。围绕着密码芯片的攻击有很多种, 包括但不局限于侧信道攻击、故障注入、漏洞攻击等。为了应对这些威胁, 密码芯片采用了硬件级别的保护措施,提供更高的安全性和防护能力, 可以增强密码系统的安全性, 提供更高的保护级别, 抵御各种攻击和威胁。

本章将对硬件安全问题中的侧信道攻击和防御进行介绍, 对 CLRM 和 InceptionNet 两种侧信道攻击方法进行探讨,并在低熵掩码方面进行算法设计和硬件电路设计以应对功耗分析的攻击。

7.1　侧信道攻击原理及方法

在理想通信环境下, 一个攻击者能获取的信息通常只有加密后的信息或可公开的一部分明文信息, 在密码算法足够强大的情况下, 仅依靠这部分信息攻击密码系统的密钥十分困难, 如图 7.1 所示。但在实际情况下, 密码算法运行于密码设备中,密码算法本身可能是足够安全的, 但密码算法在密码设备上运行的过程中会有一些额外的信息泄露[1]。现实情况下的侧信道攻击流程如图 7.2 所示。

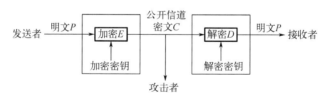

图 7.1　理想情况下的侧信道攻击流程

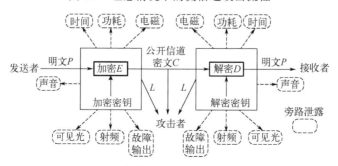

图 7.2　现实情况下的侧信道攻击流程

7.1.1　侧信道攻击原理

侧信道攻击(side-channel attack，SCA)是一种利用计算设备在运行过程中产生的物理特性泄露信息的攻击方法，通过分析这些泄露信息来推断出设备内部的敏感信息，如加密密钥或操作数据[2]。与传统的直接攻击密码算法不同，侧信道攻击不是直接攻击密码算法本身，而是通过密码系统在实际实现时产生的功耗、电磁辐射、执行时间等侧信道信息来获取密码算法的相关信息，从而达到破解密码或窃取敏感信息的目的。

侧信道攻击一般包括以下步骤。

(1)攻击者选择密码系统、加密设备、智能卡、无线通信系统等目标系统或设备进行攻击，即选定攻击目标。

(2)攻击者使用各种传感器、设备或探针来收集目标设备在执行操作时产生的侧信道信息，如电力消耗、电磁辐射、时钟频率、处理器缓存、功耗变化、声音等方面的数据。

(3)攻击者对收集到的侧信道信息进行分析和处理，如使用建立模型、绘制图表、应用统计分析或机器学习算法等技术来推断目标系统或设备中的敏感信息。

(4)攻击者通过对侧信道数据的分析，尝试推断出目标设备正在处理的敏感信息，如密钥、加密算法参数、加密操作过程中的中间值、用户输入等，可能还需要进行多轮分析和推断，以逐步逼近敏感信息的准确值。

(5)攻击者一旦成功推断出敏感信息，就可以利用这些信息进行进一步的攻击或非法活动，如解密或加密数据、模拟合法用户、窃取机密数据、篡改通信等。

简单而言，侧信道攻击过程主要包含对目标设备进行侧信道泄露评估，包括获取密码芯片的基本信息、密码算法的类型、密码算法的实现方式以及是否使用了侧信道防御对策等；其次在密码算法执行过程中采集目标设备的能量迹，并对采集的能量迹进行预处理，包括能量迹扩充、能量迹对齐、过滤噪声、兴趣点选择、降维等；最后对预处理过的能量迹使用统计区分器判别密钥假设。

侧信道攻击时，有一些常见的侧信道攻击分析方式。时序分析通过分析目标设备在不同输入或操作下的执行时间、设备的时钟信号和数据传输时间等侧信道信息来推断其内部操作或数据处理[1]。在密码算法中，不同的输入数据会导致不同的指令执行路径，从而导致不同的时钟周期和功耗变化。通过对这些时序信息进行分析，可以逐步还原出密钥或其他敏感信息。功耗分析是通过监测目标设备在执行密码算法时电流消耗或电压变化等侧信道信息来推断设备正在执行的操作或处理的数据[3]。密码算法中的不同操作会导致不同的功耗模式，不同的运算操作会导致不同的功耗，通过对功耗信号进行采样和分析，从中获取敏感信息。电磁辐射分析是通过监测目标设备在执行密码算法时产生的电磁辐射信号来获取敏感信息[4]。不同的操作和数据处理会导致设备发射不同频率和幅度的电磁辐射，通过对这些辐射信号进行分析，可以获取与设备操作或数据处理相关的信息。声音分析是通过监测目标设备在执行密码算法时产生的声音信号来推断敏感信息[5]。某些设备在工作时会产生特定的声音，如电源变压器的嗡嗡声或风扇的转动声，通过对这些声音的模式和变化信号进行分析，可以获取与设备操作或数据处理相关的信息。温度分析是通过目标设备在执行密码算法时产生的温度变化来推断其内部活动[6]。不同的操作或数据处理可能会导致设备温度的变化，可通过使用温度传感器来监测设备的温度，并分析温度模式以获取敏感信息。

7.1.2　侧信道攻击方法

侧信道攻击的泄露模型的选择对于侧信道攻击很重要，侧信道泄露模型如图 7.3所示[7]。泄露模型是指目标设备的泄露信息和它使用的密钥之间的关系，也就是定义训练集中类的数量。其主要分为三大类：一是身份泄露模型 ID，通过观察设备在身份认证过程中的行为或产生的侧信道信息，如功耗、响应时间、电磁辐射等，来判断目标设备是否泄露了关于身份 ID 的敏感信息，也就是攻击者将泄露视为密码中间值的形式。例如，攻击 AES 密码时，单个中间字节的这个泄露模型产生 256 个类，可克服类不平衡问题，且精度会更稳定。二是汉明重量(Hamming weight, HW)泄露模型，通过观察设备在不同输入或密钥下产生的侧信道信息(如功耗、电磁辐射等)，并计算不同输入或密钥值下的汉明重量，以推断出密钥或其他敏感数据，也就是攻击者假定泄露量与敏感变量的汉明权重成正比。例如，攻击 AES 密码时，单个中间字节的这个泄露模型产生 9 个类。三是汉明距离(Hamming distance, HD)泄露模型，攻击者假定泄露量与两个敏感变量的汉明权重的异或成正比。例如，攻击 AES密码时，单个中间字节的这个泄露模型产生 9 个类。

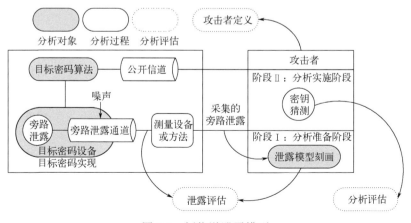

图 7.3　侧信道泄露模型

以分组密码算法为例，第一轮运算过程中间状态 X 由明文 M 和第一轮密钥 K 计算得到，则有 $x_i = f(m_i, k_i)$，其中 x_i、m_i、k_i 分别为 X、M、K 的一字节，函数 f 在计算过程中产生的侧信息泄露为 l_i，则有 $l_i = g(x_i) = g(f(m_i, k_i))$，其中函数 g 为泄露函数。泄露分析的目标是根据泄露信息 l_i、明文 m_i、函数 f 和泄露函数 g 对密钥 k_i 进行恢复，但由于噪声的存在，攻击者无法通过泄露函数 g 和泄露信息 l_i 恢复出中间值 x_i 的精确值，则需利用统计学等相关方法，将明文 m_i 和穷举的 k_i 值代入信息泄露 l_i 公式中，得到一个有关 l_i 的估计值。若猜测的密钥值接近真实值，则 l_i 的估计值会接近真实的 l_i 值，分析 l_i 估计值和真实值之间的相关性，可使用均值差分析、皮尔逊相关性系数、高斯模型、最大似然估计、互信息计算等方法，即这些区分器只有经过合理估计后才能独立于密钥。若 l_i 估计值和真实值之间的相关性高，则该 l_i 估计值对应真实的密钥值 k_i 的概率很高。

侧信道攻击技术对于侧信道攻击也很重要，侧信道攻击技术的主要分类有以下四种。

(1) 简单能量分析[8](simple power analysis，SPA)。可利用目标设备在执行不同操作或处理不同数据时的功耗差异，以及功耗与敏感信息之间的相关性，来获取目标设备中的秘密信息。即通过直接分析目标设备进行操作时释放出的功耗特征来获取与密钥有关的信息，根据功耗曲线的特征以及分析者的经验，就可直观地分析出指令执行的顺序，常用于破解指令顺序与某些数据有关的算法。例如，在密码学中，SPA 攻击可以用于推断设备执行加密操作时每位的值，从而通过分析多位来恢复出密钥。

(2) 差分能量分析[9](differential power analysis，DPA)。可利用目标设备在执行不同操作或处理不同数据时的功耗差异，并利用差分分析技术来提取出与敏感信息相关的功耗模式。即攻击者无须了解关于被攻击设备的详细知识，可根据微处理器或其他硬件功耗变化的偏差，分析设备执行的多个加密操作的功耗测量值来获取密钥。

(3) 相关性能量分析[10](correlation power analysis，CPA)。可利用目标设备在执行不同操作或处理不同数据时的功耗差异，并使用相关性分析技术来提取与敏感信息相关的功耗特征。即对所有假设密钥执行这一操作，若存在一条相关系数曲线，它在某一时刻的相关系数明显高于其他假设密钥的值，则该相关系数曲线对应的猜测密钥为正确密钥。

(4) 模板攻击[11](template attack，TA)。与传统的统计能量分析不同，模板攻击采用了更个性化和精确的方法来推断目标设备中的敏感信息。即使目标设备采取了一些对抗措施，如噪声添加或随机化，通过个性化的模板，攻击者也可以更准确地推断出目标设备的敏感信息。

侧信道攻击技术还可以按照入侵目标设备程度进行分类，分为非侵入式攻击、侵入式攻击和半侵入式攻击三种类型[2]。非侵入式攻击(non-invasive attacks，NIA)是指不需要对目标设备进行物理干扰或修改，而是通过监测设备在运行过程中产生的侧信道信息来推断密钥或其他敏感数据。这类攻击方法通常利用设备的电磁辐射、功耗、时序等侧信道信息进行分析，如电磁辐射分析、功耗分析和时序分析等。非侵入式攻击相对简单且隐蔽，无须直接干扰目标设备，但其对侧信道信号的提取和分析要求较高。侵入式攻击(invasive attacks，IA)是指需要对目标设备进行物理干扰或修改，以获取更详细的侧信道信息或直接控制设备的内部操作。这类攻击方法可以包括对设备进行探针安装、改变电源、改变温度等。侵入式攻击可以获得更准确和高分辨率的侧信道信息，但需要更高的技术要求和设备访问权限。半侵入式攻击(semi-invasive attacks，SIA)是一种介于非侵入式攻击和侵入式攻击之间的攻击方法。在半侵入式攻击中，通常以非侵入式方法作为起点，通过监测设备产生的外部信号或信息来获取初步的侧信道信息，然后对设备进行一些物理干扰或修改，以增强信号或获取更准确的侧信道信息。这类攻击方法可以包括探针接触、电路修剪、信号注入、控制参数调整等，但不会对设备造成永久性的损坏或不可逆的修改。半侵入式攻击无须对目标设备进行全面改变，只需要进行部分物理干扰或修改，以获取更精确的侧信道信息，从而提高攻击者在推断密钥或其他敏感数据方面的成功率。侵入式攻击通常比非侵入式攻击更具有破坏性和危险性，因为它们可能导致设备的损坏或不可逆的修改。非侵入式攻击也可以在实际场景中造成严重的安全威胁，因为攻击者可以通过远程监测设备的侧信道信息来推断出关键信息。半侵入式攻击与侵入式攻击相比，具有更低的风险和破坏性，因为它们通常不会对设备造成永久性的影响，减少了对设备的破坏和改动。与非侵入式攻击相比，半侵入式攻击可以获取更准确的侧信道信息，提高攻击的成功率。总而言之，无论非侵入式攻击、侵入式攻击还是半侵入式攻击，其目的都是通过分析设备产生的侧信道信息，推断出设备内部的敏感信息。

　　侧信道评估指标在评估设备安全性、指导设计、比较算法和实现以及提供攻击基准等方面发挥着重要作用[12]。评估侧信道攻击的主要指标包括成功率、平均猜测次数、信息增益、互信息、分类准确率、复杂度和信噪比等。

　　成功率表示攻击者在尝试中成功推断出敏感信息的比例，攻击者的目标是成功率尽可能高，即尽可能多地推断出目标设备中的敏感信息。平均猜测次数表示攻击者能成功地推断出敏感信息需要尝试的平均次数，较低的平均猜测次数表示攻击者能够更快地获取敏感信息。信息增益用于衡量攻击者通过侧信道攻击获得的关于敏感信息的信息量，信息增益越高，攻击者获得的关于敏感信息的信息量越大。互信息用于衡量侧信道信息和敏感信息之间的相关性，较高的互信息表示侧信道信息与敏感信息之间有较强的相关性，从而使攻击者更容易推断出敏感信息。分类准确率表示攻击者正确分类敏感信息的比例，较高的分类准确率表示攻击者可更准确地推断出敏感信息，在某些侧信道攻击中，攻击者可能将推断出的敏感信息与预先定义的几个候选值进行比较。复杂度指攻击者需要的计算资源、时间和技术难度等，较低的复杂度表示攻击相对容易实施，而较高的复杂度可能需要更高级的技术或更多的资源。信噪比（signal-to-noise ratio，SNR）利用能量迹中的泄漏点（也就是和密钥相关的时间采样点）进行分析，若某点的信噪比的值比其他点的高，则说明该点很有可能执行了和密钥相关的操作。

7.2　主流侧信道攻击防御方法

衡量密码硬件安全性的主要方法有三种：一是无条件安全性，是指即使攻击者具有无限的资源，也无法破译的一种密码算法，则该密码体系就是"无条件安全的"，即仅当密钥至少和明文长度相同时，才能达到无条件安全；二是计算安全性，是指使用破译一个密码体系所需的计算量，来衡量密码体系的安全性，即运用现在最好的办法进行攻击，但所需的计算远远超出攻击者能利用的计算资源水平，主要包括密文破译的代价超越被加密信息自身的价值，或者破译密文所花时间超越被加密信息的有用期；三是可证明安全性，将密码系统的安全性归结为某个经历深入研究也无法解决的数学难题（如大整数素因子分解、计算离散对数等被证明求解困难的数学难题），即破译一种密码算法等价于解决一个经过深入研究也无法解决的数学难题，则该密码系统至少在目前是安全的。

7.2.1　侧信道防御的五级架构

侧信道防御的五级架构包括：芯片级、系统级、算法级、门级和晶体管级，其五级架构如图 7.4 所示。其中芯片级一般是用传感器覆盖关键电路，或者在芯片的电源中引入噪声，再或者用电容来缓冲电压的变化。系统级主要包括由主密钥生成会话密钥，防止主密钥被破解等。算法级主要是伪轮和掩码。门级主要是物理屏蔽和隔离。晶体管级主要是进行电路层面的隔离。

掩码方案是通过减少对敏感信息的泄露，从而使攻击者难以从侧信道中推断出有关敏感数据的信息[13]。一般采用一阶掩码方案，即一个随机掩码来保护数据的安全性，如式（7-1）所示：

$$x_m = x \oplus m \tag{7-1}$$

其中，x 为原始数据；m 为随机生成的掩码；x_m 为处理掩码后的数据。

随机掩码是通过在敏感操作中引入随机干扰来混淆侧信道信息。例如，在执行敏感操作时，可以在处理敏感数据的过程中引入随机的时间延迟、功耗噪声或其

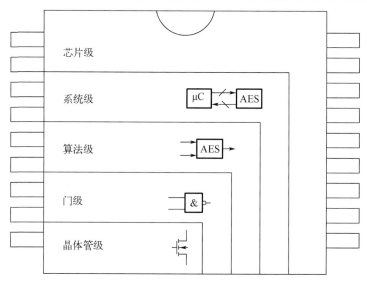

图 7.4 侧信道防御的五级架构

干扰，使攻击者无法准确地从侧信道中获取有用的信息。噪声掩码是使用噪声信号来掩盖敏感操作的侧信道信息，这可以包括在敏感数据的处理过程中引入随机噪声或伪随机噪声，以增加攻击者的困难度，且噪声可以在不同的侧信道引入，如功耗、电磁辐射或电压波动。时序掩码是通过改变敏感操作的执行时序来混淆侧信道信息。例如，可以使用随机的时钟延迟或时钟频率调整来扰乱侧信道泄露的模式。这样做可以使攻击者无法准确地对敏感操作的执行时间进行推断。

功耗平衡旨在通过在敏感操作的不同阶段中保持功耗平衡，减少功耗侧信道的敏感信息泄露。通过在执行期间保持相对恒定的功耗或引入与敏感操作无关的功耗操作，可以减少攻击者从功耗侧信道中获取的信息。低噪声技术通过减少在侧信道中引入的噪声和干扰来减少信息泄露。这可以包括减少功耗泄露、电磁辐射和时钟频率变化等，以降低攻击者从这些侧信道中获取有用信息的能力。平衡技术是试图在敏感操作的执行过程中保持各个侧信道上的平衡，以降低侧信道泄露的可能性。例如，通过在不同的执行路径上引入相似的计算、访存或通信操作，以使攻击者无法通过侧信道来区分不同的操作。

随机化技术通过引入随机性来混淆侧信道信息，使攻击者难以从中获取有用的信息，包括随机的执行时间延迟、随机选择的算法路径、随机选择的数据处理顺序等。噪声生成技术是在侧信道中引入噪声，以混淆攻击者对敏感数据的推断。这可以包括在敏感操作的执行过程中引入额外的计算、访存或通信操作，使攻击者无法准确地从侧信道中分辨出有关敏感数据的信息。校准技术试图通过对侧信道的校准和补偿来减少信息泄露。通过对侧信道特性进行建模和测量，并应用校准算法来调

整系统的操作，以最小化侧信道泄露。主要方案的防护技术特征及其缺点总结如表
7.1 所示。

表 7.1　主要方案的防护技术特征及其缺点总结

类别	方案	方案特征	原理	缺点
隐藏型.系统级	时钟相关	随机改变时钟频率、相位或者插入空指令、乱序执行等	破坏功耗迹的对齐	主频和性能的开销巨大
隐藏型.系统级	动态重构	通过配置随机改变每次加/解密的数据通路来随机化功耗特征	破坏功耗迹的对齐	性能和面积开销大
隐藏型.系统级/电路级	噪声注入	利用冗余或互补模块产生系统噪声，期望功耗随机化或趋于恒定	降低信噪比	随机噪声抗攻击能力弱，互补噪声需要较大的面积和功耗开销
隐藏型.电路级	异步电路	模块间交互采用握手机制，而非同步时钟，使攻击者难以确定攻击位置	破坏功耗迹的对齐	EDA 工具支持不友好，设计困难
掩码型.算法级	算法掩码	对特定 S 盒等部件重新构建，改变算法中间值	降低信噪比；难以建立攻击模型	计算时间、面积开销大，设计复杂
隐藏型/掩码型.电路级	双轨逻辑	使用双端差分输出逻辑单元代替标准 CMOS 逻辑单元，期望功耗消耗恒定	降低信噪比；难以建立攻击模型	面积、功耗、性能开销成倍增长

7.2.2　侧信道防御对策

为了抵御侧信道攻击，需要采取一系列的防护措施，以减少侧信道信息的泄露和降低攻击者的窃取能力[14]。侧信道防御对策主要包括以下八个方面。

(1)在加密方面，使用强大的加密算法对敏感数据进行加密是最基本、最重要的对策之一。通过加密数据，即使攻击者能够获取到信息，也无法解读其内容。确保在数据传输、存储和处理过程中都采用适当的加密方法。

(2)在隔离敏感数据方面，将敏感数据与非敏感数据分离，并在系统中进行适当的隔离。这可以通过使用虚拟化技术、容器化或物理隔离等方式来实现。确保只有授权的用户或进程能够访问敏感数据，减少侧信道攻击的机会。

(3)在噪声注入和随机化方面，通过向系统引入噪声和随机性，可以干扰侧信道攻击者的观测和分析。例如，在数据处理过程中添加随机延迟、噪声数据或随机化算法，以混淆侧信道信息，使攻击者难以准确地推断出敏感数据。

(4)在电源和时钟管理方面，通过精确控制电源和时钟信号，可以减少侧信道泄露的机会。采用电源滤波、时钟锁定和对齐等技术，可以降低功耗和时钟频率等信息的泄露量。

(5)在强化访问控制方面，实施严格的访问控制和权限管理机制，限制对系统和敏感数据的访问。只有经过授权的用户或进程才能访问敏感数据，其他用户或进程

被限制在非敏感数据的范围内。

(6)在安全审计和漏洞修复方面，定期进行安全审计，发现和修复系统中的漏洞与安全弱点。及时应用安全补丁和更新，确保系统处于最新且安全的状态。

(7)在物理层面的防御方面，在硬件层面采取防御措施，如物理不可克隆函数（physical unclonable function，PUF）、物理屏蔽和隔离、电磁辐射控制等，以减少物理层面的侧信道泄露。

(8)在综合防御策略方面，最有效的防御侧信道攻击的方法是采用综合的防御策略。结合多种技术和措施，包括软件、硬件和系统级别的防御，以提高系统的整体安全性。

7.3　新型侧信道攻击方法

基于深度学习的侧信道攻击是一种利用深度学习模型[15,16]来分析目标设备的侧信道信息，以推断出与目标设备相关的敏感信息或密钥的攻击方法。在侧信道攻击领域，按照是否对旁路信息构建模板可以将其划分为两类：建模类侧信道攻击和非建模类侧信道攻击[17]。建模类侧信道攻击主要包括模板攻击[11]和基于深度学习模型的侧信道攻击[18-20]，但模板攻击相较于基于深度学习模型的侧信道攻击而言需要大量的能量迹来训练攻击模板，且需要对能量迹进行预处理，而深度学习模型能够从大量的侧信道数据中学习到复杂的模式和关联性，从而提高攻击的准确性和效率。基于深度学习模型的侧信道攻击的一般步骤如下。

(1)数据收集：攻击者需要收集目标设备执行特定操作时产生的侧信道数据，包括功耗、电磁辐射、时钟频率等信号的采集。

(2)数据预处理：收集到的侧信道数据需要进行预处理，以便输入深度学习模型中。这可能包括信号对齐、标准化、降噪等操作。

(3)模型训练：使用预处理后的侧信道数据来训练深度学习模型。通常使用神经网络模型，如卷积神经网络[21]（convolutional neural network，CNN）或循环神经网络[22]（recurrent neural network，RNN）来学习侧信道数据中的模式和关联性。

(4)密钥推断：训练完成的深度学习模型可以用于推断目标设备的敏感信息或密钥。攻击者将目标设备的侧信道数据输入模型中，模型通过学习到的模式和关联性来预测目标设备的敏感信息。

深度学习算法的基本能力可以概括为回归与分类，而侧信道攻击的主要任务是对密钥进行分类，准确识别出加密过程中使用的密钥，因而基于深度学习的建模类侧信道攻击实质上是一个分类问题[15]。在建模阶段，攻击者通过获取目标设备的副本来描述物理泄露，再利用深度学习生成模型。定义攻击者采集 N_p 条能量迹，表示

为集合 $X_{\text{profiling}} = \{x_i \mid i = 1, 2, \cdots, N_p\}$，每一条能量迹 x_i 对应于已知密钥 k^* 下加密操作的中间值 $v_i = f(p_i, k^*)$，从而攻击者可根据建模集合 $\{x_i, v_i\}_{i=1,2,\cdots,N_p}$ 构建模型。在攻击阶段，攻击者利用生成的模型对目标设备进行密钥恢复。定义攻击者采集 $N_a(N_a < N_p)$ 条能量迹，表示为集合 $X_{\text{attack}} = \{x_i \mid i = 1, 2, \cdots, N_a\}$，因为 X_{attack} 和 $X_{\text{profiling}}$ 是相互独立的，所以每条能量迹 x_i 对应于固定未知的密钥 k^*，从而攻击者可根据贝叶斯定理计算出每条能量迹的猜测密钥 k 对应的中间值的后验概率，如式 (7-2) 所示。再利用极大似然准则，将真实情况下采集的每条能量迹看作相互独立的，计算每个猜测密钥对应的似然函数值 d_k，如式 (7-3) 所示。最后求 k 的极大似然估计值 $\tilde{k}$，随着攻击能量迹轨迹数 N_a 的增加，$\tilde{k}$ 最终等于正确的密钥 k^*，如式 (7-4) 所示。

$$\Pr[v_i = f(p_i, k) \mid x = x_i] = \frac{\Pr[x = x_i \mid v_i = f(p_i, k)] \times \Pr[v_i = f(p_i, k)]}{\Pr[x = x_i]} \tag{7-2}$$

$$d_k = \prod_{i=1}^{N_a} \Pr[v_i = f(p_i, k) \mid x = x_i] \tag{7-3}$$

$$\tilde{k} = \arg\max_k (d_k) \tag{7-4}$$

基于深度学习的侧信道攻击具有一定的优势，包括对复杂的侧信道模式的建模能力、较高的攻击准确性和较低的数据依赖性。然而，它也面临一些挑战，如模型攻击效率不高，仍需要大量能量迹才能恢复正确的密钥，且易出现过拟合现象等[23,24]。

在基于深度学习的侧信道攻击中，模型可视化是一种非常重要的技术，可以帮助攻击者更好地理解深度学习模型的内部结构和学习到的特征，从而更加有效地进行攻击[25,26]。例如，攻击者可以通过泄露敏感信息的可视化图来深入了解基于深度学习的侧信道攻击中使用的模型的关键信息，从而可使模型更好地进行攻击[27]。因为如果泄露的敏感信息过少，攻击者可能无法从侧信道数据中恢复出正确密钥；如果泄露的敏感信息过多，攻击者过度依赖侧信道数据使攻击的效果受到干扰。

7.3.1 基于 CLRM 的侧信道攻击模型

一种新的网络结构模型 CLRM（以 CNN 模型、LSTM 模型、ResNet 模型的首字母命名）融合了卷积神经网络模块[21]、长短期记忆网络模块[22,28]和残差网络模块[29]。其中，卷积神经网络模块可有效提取泄露信息的特征；长短期记忆网络模块可对特征进行进一步筛选处理，解决梯度反向过程中逐步缩减而产生的梯度衰减问题；残差网络模块可对冗余信息进行消除，避免模型出现过拟合现象。因此可提高 CLRM 模型的攻击效率。其整体架构示意图如图 7.5 所示，使用 Python 语言为编程环境，利用 Keras 深度学习开源库（keras-2.6.0）和 TensorFlow 后端框架（tensorflow-gpu-2.6.0）进行模型的训练和评估。实验结果表明，基于 CLRM 的侧信道攻击模型在 ASCAD（ANSSI Side-Channel Analysis Database）数据集[30]和 DPA-Contest v4 数据集[31]上的攻击效果得到了一定的提升，具体比较如表 7.2、表 7.3 所示。

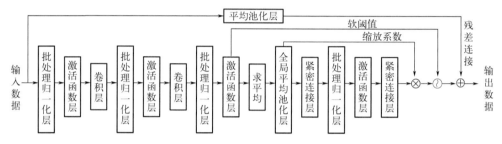

图 7.5 整体架构示意图

表 7.2 ASCAD 数据集模型攻击结果对比

ASCAD 数据集	攻击成功所需要的能量迹轨迹数	模型架构总参数量
CNN_best 模型[30]	510	66652544
MLP_best 模型[30]	470	352456
Zaid 模型[32]	191	16960
CBAPD 模型[33]	50	66658432
CLRM 模型	40	20586064

表 7.3 DPA-Contest v4 数据集模型攻击结果对比

DPA-Contest v4 数据集	攻击成功所需要的能量迹轨迹数	模型架构总参数量
CNN_best 模型[30]	攻击不成功	284756352
MLP_best 模型[30]	攻击不成功	1012456
Zaid 模型[32]	3	8782
CBAPD 模型[33]	3	284762240
CLRM 模型	2	20586064

7.3.2 基于 InceptionNet 的侧信道攻击模型

深度学习的算法层出不穷，但大多数算法仍然是基于卷积神经网络的改进算法，这种卷积神经网络在训练时通过网络层数的叠加来提高图像识别精度，然而往往会过多关注信息性区域周围的不重要部分，从而不利于模型的精度提高。为了解决这个问题，本书提出了一种基于 Inception 模块改进的新型网络结构，将其应用于侧信道攻击。该网络具有良好的局部拓扑结构，通过并行处理不同的卷积运算和池化操作，可以获得输入数据的不同特征，将所有结果结合起来以获得更好的数据表征。相比单一的卷积神经网络模型具有较小的计算复杂度和更少的参数。InceptionNet 还引入了"池化层后再卷积"的思想，即先对输入数据进行池化操作，再进行卷积操作。这种方法可以减少参数数量，提高模型的运算效率[34]。研究表明，InceptionNet 可以有效提高侧信道攻击效率，使用更少的能量迹就可恢复密钥。

传统的卷积神经网络由卷积层、池化层和全连接层组成。卷积层通过逐层抽象的方法提取目标的特征。深层网络感受野较大，语义信息表示能力较强，但分辨率低，缺乏空间几何特征细节，而浅层网络则相反。基于 Inception 模块的架构的提出，减少了那些因为卷积层数增加而增加的计算量。Inception 模块的结构如图 7.6 所示。

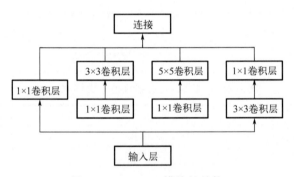

图 7.6　Inception 模块的结构

一般来说，卷积神经网络是通过卷积层不断堆叠来得到更好的特征提取效果，以达到更好的性能。而 InceptionNet 则是对输入图像并行地执行多个卷积运算或池化操作，并将所有输出结果拼接为一个非常深的特征图。因为不同的卷积运算与池化操作可以获得输入图像的不同信息，并行处理这些运算并结合所有结果将获得更好的图像表征。这样，通过适当的卷积运算的因式分解，不仅可以减少参数量，还可以节省运行设备的计算量和内存，从而获得更快的训练速度。

Inception_v3 在 Inception 模块的基础上，引入了辅助分类器和标签平滑，辅助分类器扮演着正则化的角色，当辅助分类器使用了批归一化处理时，主分类器效果会更好，深度网络的收敛性能也有所提高[35]。批归一化处理的作用是将激活归一化，并将这种归一化融入网络架构本身，加入批归一化处理相对于原始模型具有显著的优势，确保了用于训练网络的任何优化方法都能适当地处理归一化。

我们可以将这种能够融合不同尺度特征的网络进行改进，设计成一个专门适用于侧信道攻击的网络模型。这种基于 Inception 模块改进的网络，能够针对原始密钥信息中的多特征部分进行更深层次的卷积处理,同时减少对信息性区域周边非关键部分的关注。最终,网络会将所有输出结果整合为一个深度极大的特征图[36],应用于侧信道攻击时具有更快的收敛速度、更好的鲁棒性和更高的精度。

常见的卷积神经网络由卷积层、平均池化层、最大池化层、全连接层、丢弃层和激活函数组成。侧信道攻击数据是一维时间信号,卷积是一个非线性增广时间序列特征提取器,它通过不同尺度的滤波器局部感知功率消耗中的各个特征,然后在更高层次上对局部信息进行综合运算,在提取不同尺度的信息后获得全局信息。池化层也用于降采样,以保留显著特征和降低特征维数,对提取的特征向量在不同尺度下的维数进行组合,从而增强信息的互动性,提高模型对非线性特征的表示能力,进一步学习功耗的时间序列和功耗的内部相关特征。基于 InceptionNet 的侧信道攻击模型在 ASCAD 数据集和 DPA-Contest v4 数据集上的攻击效果得到了一定的提升,如表 7.4 和表 7.5 所示。

表 7.4　ASCAD 数据集模型攻击结果对比

ASCAD 数据集	攻击成功所需要的能量迹轨迹数	模型架构总参数量
CNN_best 模型[30]	510	66652544
Zaid 模型[32]	170	16960
CBAPD 模型[33]	50	66658432
InceptionNet 模型	30	41107280

表 7.5　DPA-Contest v4 数据集模型攻击结果对比

DPA-Contest v4 数据集	攻击成功所需要的能量迹轨迹数	模型架构总参数量
CNN_best 模型[30]	攻击不成功	284756352
Zaid 模型[32]	3	8782
CBAPD 模型[33]	3	284762240
InceptionNet 模型	1	35768016

7.4　低熵掩码方案设计

本节将介绍三种不同的低熵掩码方案,可以有效地提升硬件设备抵抗功耗分析攻击的能力,从而更好地保障硬件安全。

7.4.1　针对相关功耗分析攻击的低面积开销低熵掩蔽方案

掩蔽方案将实现的每个敏感变量拆分为 $d+1$ 个共享,其中 d 是掩蔽顺序,随着阶数的增加,CPA 复杂性呈指数级增长[37]。因此,更高的阶数提供了更高级别的安全性,但更高的安全性通常以显著的性能开销为代价,这严重阻碍了应用程序的实际实施。通常，当研究掩模方案时，掩模的全熵是使用的条件；然而，在实践中，这一要求成本太高。

低熵掩蔽方案(low-entropy masking scheme，LEMS)是一种侧信道防护方案，它以比全熵掩蔽方案低得多的开销确保一定水平的安全性。然而，大多数现有的 LEMS 都是基于 LUT 的，并且仅限于一阶，这很容易受到经典的高阶相关幂分析攻击和其他特殊类型的攻击(如碰撞攻击)的影响[38]。

本书提出一种新的分组密码 LEMS 掩码方案，具有较低的区域开销、较高的安全性和对高阶方案的可扩展性。首先设计了查找表加法链(look up table addition chain, LUT-AC)单元，并充分利用 LUT-AC 混合加法链的特性，提出了一种低掩蔽复杂度的 S 盒评估算法。该 LUT-AC 单元需要存储 15 字节的数值，如表 7.6 所示，数据一栏表示存放的实际数值，等价数值一栏表示当出现相应数值时，可以用第一列中的数据来进行等价替换。

表 7.6　LUT-AC 存储的数据

数据 b_j	等价数值 x
01	01, 35, 66, AB, D3, 08, B3, 1D, 2F, C2, 40, EF, E8, 63, 4A, 36, 39
0D	03, 5F, AA, E6, 6E, 18, CE, 27, 71, 5D, C0, 2A, 23, A5, DE, 5A, 4B
51	05, E1, E5, 31, B2, 28, 49, 69, 93, E7, 5B, 7E, 65, F4, 79, EE, DD
B0	0F, 38, 34, 53, CD, 78, DB, BB, AE, 32, ED, 82, AF, 07, 8B, 29, 7C
B1	11, 48, 5C, F5, 4C, 88, 76, D6, E9, 56, 2C, 9D, EA, 09, 86, 7B, 84
BC	33, D8, E4, 04, D4, 83, 9A, 61, 20, FA, 74, BC, 25, 1B, 91, 8D, 97
ED	55, 73, 37, 0C, 67, 9E, B5, A3, 60, 15, 9C, DF, 6F, 2D, A8, 8C, A2
5D	FF, 95, 59, 14, A9, B9, C4, FE, A0, 3F, BF, 7A, B1, 77, E3, 8F, FD
EC	1A, A4, EB, 3C, E0, D0, 57, 19, FB, 41, DA, 8E, C8, 99, 3E, 8A, 1C
50	2E, F7, 26, 44, 3B, 6B, F9, 2B, 16, C3, 75, 89, 43, B0, 42, 85, 24
BD	72, 02, 6A, CC, 4D, BD, 10, 7D, 3A, 5E, 9F, 80, C5, CB, C6, 94, 6C
E0	96, 06, BE, 4F, D7, DC, 30, 87, 4E, E2, BA, 9B, 54, 46, 51, A7, B4
0C	A1, 0A, D9, D1, 62, 7F, 50, 92, D2, 3D, D5, B6, FC, CA, F3, F2, C7
5C	F8, 1E, 70, 68, A6, 81, F0, AD, 6D, 47, 64, C1, 1F, 45, 0E, 0D, 52
E1	13, 22, 90, B8, F1, 98, 0B, EC, B7, C9, AC, 58, 21, CF, 12, 17, F6

在该等价转换下，由于存放的 15 个值具有相同的规律(即相邻的数字相差 1)，因此可以将 LUT 替换为 $GF(2^8)$ 上的 7 个标量乘法，而不考虑值 1。因此，S 盒不需要任何非线性乘法就可以求值，可以把 AES 算法中原有的 S 盒查找变为 7 个标量乘法来进行运算，如图 7.7 所示。图中标量乘法的乘数是"0C""50""5C""B0""BC""E0""EC"。解码器根据表 7.6 开发，用于选择正确的标量乘法。

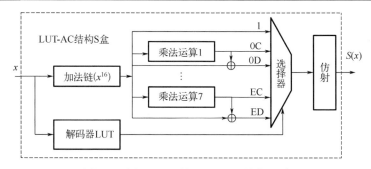

图 7.7　用于 AES 的 LUT-AC 结构 S 盒

接下来结合该 S 盒结构，我们提出了一种用于分组密码的 LEMS，如图 7.8 所示。与循环移位 S 盒掩码[39]（rotating S-box masking，RSM）一样，该方案不受基于方差的攻击和互信息攻击的影响；与 RSM 不同，偏移是随机和不可预测的，这使它对碰撞攻击有效，并可扩展以挫败高阶 CPA。通过理论论证和实际测量，就掩蔽熵而言，LEMS 具有更高的安全性，因为任何一轮的任何敏感变量的掩蔽都是实时随机生成的。此外，该 LEMS 提供了一种新的屏蔽 S 盒的方法，该方法也适用于包括乘法逆和仿射函数的其他类型的块密码。

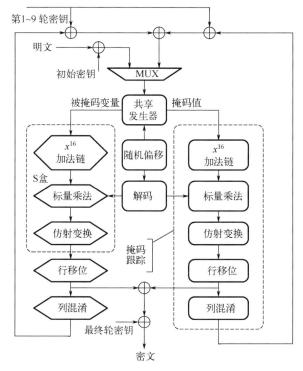

图 7.8　一阶 LEMS 实现 AES 计算数据流

7.4.2 低面积复杂度 AES 低熵掩码方案的研究

在循环移位 S 盒掩码方案的基础上,本节提出了一种针对 AES 算法的低熵掩码方案。该方案的核心思想是利用 S 盒共用思想降低面积复杂度,采用乱序技术提高系统安全性,并通过流水线技术提高系统的吞吐量。对于 AES,所提方案可将其 S 盒的数量从 16 个降为 4 个(不包括密钥扩展模块),与 RSM 相比,在满足性能和安全性的前提下,能够有效地节约硬件资源,降低实现成本,对资源受限的设备和民用小型服务器具有重要的意义。

首先,将明文与随机选择的 4 组掩码值进行异或,然后与密钥进行 XOR 操作,这个结果即为中间轮的输入。对于非最后一轮的所有中间轮依次进行行移位(shift row, SR)、字节替代、列混淆(mix column, MC)、XOR 与掩码补偿操作,最后一轮加密依次进行 SR、字节替代、XOR,并进行掩码补偿操作得到最后的密文并输出,如图 7.9 所示,其中 $K_0 \sim K_{43}$ 表示的是 44 组密钥值,每组 32 位。

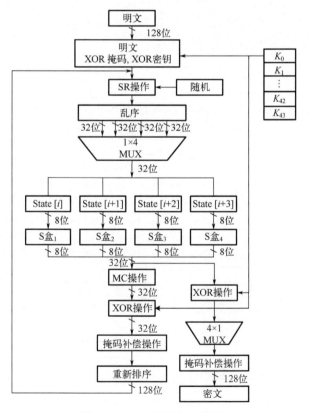

图 7.9 AES 掩码实现过程

同时,为了提高算法的安全性[40],在数据进行加密时采用乱序的方式对 4 组数据进行字节替代、MC、XOR 和掩码补偿等操作。因为增加了乱序执行这 4 组 32 位数据的操作，所以在这 128 位数据完成上述操作后，要对其进行重新排序，排序之后的结果为下一轮的数据输入，该操作能够确保正确密文的输出，如图 7.9 所示。

表 7.7 给出了算法的安全性分析结果。表 7.8 给出了逻辑综合结果，括号内的百分比是相比于无掩码方案所占用的资源，"+"号代表增加的百分比，"−"号代表减少的百分比。从表 7.8 中能够看出，本节提出的 S 盒共用掩码方案需要的掩码 S 盒数目是 RSM 方案的 25%(不包括密钥扩展模块)，因此很大程度地减少了面积开销。S 盒共用掩码方案需要 3184 个总逻辑单元，总逻辑单元数为 RSM 方案的 58%、无掩码 AES 方案的 63%；其中，时序逻辑单元有 2766 个，组合逻辑单元有 1838 个，所需的存储位是 84545 位，其大小为 RSM 方案和无掩码方案的 21%。本节所提方案在执行字节替代操作时采用串行方式，因此每轮字节替代操作需 40 个周期，是其他方案的 4 倍。

表 7.7　安全性分析

方案	一阶 SCA	高阶 SCA	基于偏移量的一阶 CPA
无掩码 AES 方案	×	×	×
RSM 方案	○	○	×
S 盒共用掩码方案	○	○	○

注："×"代表无法抵抗攻击，"○"代表可抵抗攻击。

表 7.8　S 盒方案比较

方案	S 盒数目 /个	掩码选取	总逻辑单元 /个	时序逻辑单元 /个	组合逻辑单元 /个	存储大小/位	128 位数据加密所需周期
无掩码 AES 方案	16	—	5080	1500	5065	409600	10
RSM 方案	16	16	5512(+9%)	220(−85%)	5497(+9%)	409600(+0%)	10
S 盒共用掩码方案	4	6144	3184(−37%)	2276(+52%)	1838(−64%)	84545(−79%)	40

对无掩码 AES 方案、RSM 方案及 S 盒共用掩码方案采用流水线的方式实现，得到的结果如表 7.9 所示。从表 7.9 可知，S 盒共用掩码方案使用了 4352 个总逻辑单元，是 RSM 方案的 39%；组合逻辑单元为 1986 个，是 RSM 方案的 31%；时序逻辑单元为 4220 个，是 RSM 方案的 40%；存储位为 81956 位，是 RSM 方案的 20%。结果显示，S 盒共用掩码方案在占用的资源上有着特别大的优势。采用本节的流水线设计实现算法时，4 个 128 位明文加密需要 91 个周期；采用非流水线设计实现本节方案，一个 128 位明文加密需要 79 个周期。因此，对于 4 个 128 位明文加密来说，

采用流水线设计和非流水线设计的加速比为 3.47，说明本节的流水线方案能够提高 AES 加密算法的加密速度。

表 7.9　流水线实现方案比较

方案	总逻辑单元/个	时序逻辑单元/个	组合逻辑单元/个	存储大小/位	4×128 位数据加密所需周期
无掩码 AES 方案	9975	9369	5915	409600	42
RSM 方案	11119(+11%)	10530(+12%)	6459(+9%)	409600(+0%)	52
S 盒共用掩码方案	4352(−56%)	4220(−55%)	1986(−66%)	81956(−80%)	91

综上，相比于 RSM 方案，S 盒共用掩码方案所需硬件资源大幅度减少。此外，在使用相同数目掩码值(16 个)的情况下，RSM 方案的掩码值选取仅有 16 种可能。本节提出的 S 盒共用掩码方案在选取掩码值时可以随机选择 4 组数据，因此可选择的掩码值共有 24(即 2×3×4)种可能，在选择每组中的第一个掩码值时又有 256(即 4×4×4×4)种可能，因此提出的方案中掩码值选择一共有 6144(即 24×256)种可能，相当于 RSM 方案的 384 倍。掩码方案的安全性与掩码值的随机性成正比，可以看出，本节所提方案的安全性高于 RSM 方案。

7.4.3　基于复合域通用低熵高阶掩码的设计与实现

考虑到掩码复杂度与安全性两个维度的折中关系，低熵掩码方案应运而生。相较于全掩码方案，低熵掩码方案的掩码值不再是任意值，而变成了满足特定关系的一组固定值，并由此衍生出各种不同的低熵掩码方案。低熵掩码思想只是应用于基于查找表的 S 盒中，Nassar 等[39]提出的就是一种典型的低熵掩码方案，但此类方案的安全性仍然存在一定缺陷，且硬件资源占用率依然较高。一种低面积复杂度的通用低熵高阶掩码算法，适用于由求逆运算构成的任意分组密码算法，并能够扩展到更高阶掩码方案。

该方案是通过在有限域 $GF(2^n)$ 上引入低熵掩码思想来优化复合域求逆运算，在此基础上运用模块复用设计，有效降低了基于复合域 S 盒求逆运算的乘法数量，适用于由求逆运算构成的任意分组加密算法。例如，在分组加密算法 AES 中使用了有限域 $GF(2^4)$ 上的运算，可以将该通用算法具体化为算法 7.1。

算法 7.1　有限域上 $GF(2^k)$ 对掩码单元 $a' = a + m_1 + m_2$ 求逆

输入：$(x = a + m_1 + m_2, m_1, m_2) \in GF(2^k)$

输出：$(x' = a^{-1} + m_1 + m_2)$

1. 映射 $\delta(m_1) \to (m_{h1}, m_{l1}) \in GF(2^n)$，映射 $\delta(m_2) \to (m_{h2}, m_{l2}) \in GF(2^n)$；

---

2. 映射 $\delta(x) \rightarrow (x_h, x_l) \in \mathrm{GF}(2^n)$ ，即 $\{(x_h, x_l) = (a_h + m_{h1} + m_{h2}, a_h + m_{l1} + m_{l2})\}$；

3. $\quad\begin{aligned}d + m_{h1} + m_{h2} = {}&(x_h)^2 P_0 + m_{h1}{}^2 P_0 + m_{h2}{}^2 P_0 + (x_l + m_{h1} + m_{h2} + m_{l1} + m_{l2})^2\\ &+ x_h(x_l + m_{h1} + m_{h2} + m_{l1} + m_{l2}) + (x_h + x_l + m_{l1} + m_{l2})(m_{h1} + m_{h2}) + m_{h1}{}^2\\ &+ m_{h2}{}^2 + m_{h1} + m_{h2};\end{aligned}$

4. $d^{-1} + m_{h1} + m_{h2} =$ 算法 7.1 $(d + m_{h1} + m_{h2}, m_{h1}, m_{h2})$；

5. $\quad\begin{aligned}x_h{}' + m_{h1} + m_{h2} = {}&x_h(d^{-1} + m_{h1} + m_{h2}) + (x_h + d^{-1} + m_{h1} + m_{h2} + m_{h1} + m_{h2})(m_{h1} + m_{h2})\\ &+ m_{h1} + m_{h2};\end{aligned}$

6. $\quad\begin{aligned}x_l{}' + m_{l1} + m_{l2} = {}&x_h(d^{-1} + m_{h1} + m_{h2}) + (x_l + m_{h1} + m_{h2} + m_{l1} + m_{l2})(d^{-1} + m_{h1} + m_{h2})\\ &+ (x_h + x_l + m_{l1} + m_{l2})(m_{h1} + m_{h2}) + m_{h1}{}^2 + m_{h2}{}^2 + m_{l1} + m_{l2};\end{aligned}$

7. 映射 $\delta^{-1}(x_h{}' + m_{h1} + m_{h2}, x_l{}' + m_{l1} + m_{l2}) \rightarrow (a^{-1} + m_1 + m_2)$。

　　在算法 7.1 的执行过程中，首先，令 $k=8\,(k=2^n)$，按照算法 7.1 顺序执行。将经掩码的输入值映射到 $\mathrm{GF}(2^4)$ 进行计算，计算得到中间值 $d^{-1} + m_{h1} + m_{h2}$；其次，令 $k=4$，将中间值 $d^{-1} + m_{h1} + m_{h2}$ 映射到 $\mathrm{GF}(2^2)$ 并按照算法 7.1 顺序执行，再次计算得到新的 $d^{-1} + m_{h1} + m_{h2}$；最后，回到算法 7.1 顺序执行步骤 5～7，计算得到 S 盒经掩码输出结果。在整个求逆运算过程中，真实输入输出值、中间值均在掩码的防御之下执行运算。

　　AES 低熵高阶掩码硬件实现过程包含 AES 数据通路和掩码修正两个模块。为了保证算法的安全性，掩码 AES 架构设计中的每一轮都要添加新的掩码值（由掩码修正模块产生），并确保所有中间值均在掩码掩护之下，图 7.10 即为 AES 高阶掩码实现的流程。

　　此外，上述方案也同样适用于 AES 密钥扩展模块。密钥扩展模块是将 AES 算法初始 128 位密钥平均分为 4 组，进行密钥扩展操作，共产生 44 组密钥，每组 32 位。当分组的组数是 4 的倍数时，需执行密钥扩展唯一的非线性操作字节替换，共需 4 个 S 盒，其与轮操作中的 S 盒相同，因此给出的方案也适用于密钥扩展模块。进行密钥扩展时，首先将 128 位密钥与随机掩码进行异或，然后分成 4 组分别进行密钥扩展，并采用本节提出的方案进行掩码。由于密钥扩展产生的密钥添加了掩码，为了得到正确的密文，在进行密钥加操作后要去掉密钥的掩码值，由于列混合操作的中间值是带有掩码的数据，因此不会暴露真实的中间结果。

　　表 7.10 中给出了 AES 不同掩码方案的资源占用情况。从结果来看，本节方法 2 阶掩码方案的资源占用情况甚至要小于文献[41]1 阶掩码方案。本节方法 2 阶较 1 阶掩码资源占用较多，主要由于新增了一个掩码及相关异或操作，掩码修正模块也增加了对此掩码的修正及相关操作，因此带来一部分资源的增加也是正常的。综合分析结果显示，本节给出的方案不论在算法灵活性还是在资源占用等方面均具有一定优势，存在一定价值。

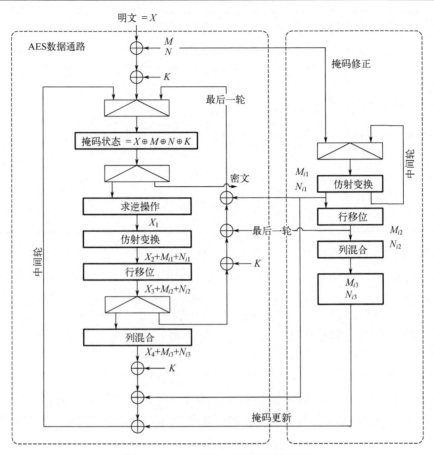

图 7.10　AES 高阶掩码实现的流程

表 7.10　AES 不同掩码方案的资源占用情况

思想	总的逻辑单元/个	组合逻辑单元/个	总的寄存器/个
非掩码	23890	19811	10769
文献[41]1 阶掩码	45549	40368	16036
文献[42]1 阶掩码	42161	36584	13780
本节方法 1 阶掩码	38456	32879	12820
本节方法 2 阶掩码	44475	38282	18980

在工作频率为 25MHz，芯片利用率为 0.7 的情况下对 AES 不同掩码阶数进行自动布局布线，并对版图面积进行了优化，得到 AES 不同掩码阶数版图面积分别为 310.5μm×309.9μm 、 401.9μm×402μm 和 561μm×560μm ，最终版图如图 7.11 所示。

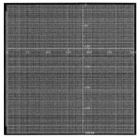

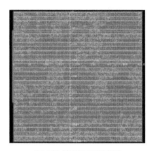
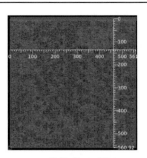

(a) 非掩码AES版图　　　　　　(b) 1阶掩码AES版图　　　　　　(c) 2阶掩码AES版图

图 7.11　AES 高阶掩码实现流程

参 考 文 献

[1] Kocher P C. Timing attacks on implementations of Diffie-Hellman, RSA, DSS, and other systems[C]// Advances in Cryptology: Proceedings of CRYPTO. Berlin, Heidelberg: Springer, 1996: 104-113.

[2] Verbauwhede I. Secure Integrated Circuits and Systems[M]. New York: Springer, 2010: 27-42.

[3] Mangard S, Oswald E, Popp T. Power Analysis Attacks: Revealing the Secrets of Smart Cards[M]. New York: Springer, 2007.

[4] Gandolfi K, Mourtel C, Olivier F. Electromagnetic analysis: Concrete results[C]// Cryptographic Hardware and Embedded Systems — CHES 2001. Berlin, Heidelberg: Springer, 2001: 251-261.

[5] Toreini E, Randell B, Hao F. An acoustic side channel attack on enigma[R]. Newcastle upon Tyne: School of Computing Science Technical Report Series, 2015.

[6] Hutter M, Schmidt J M. The temperature side channel and heating fault attacks[C]// International Conference on Smart Card Research and Advanced Applications. Cham: Springer, 2014: 219-235.

[7] Standaert F X, Koeune F, Schindler W. How to compare profiled side-channel attacks? [C]//International Conference on Applied Cryptography and Network Security. Berlin, Heidelberg: Springer, 2009: 485-498.

[8] Mangard S. A simple power-analysis（SPA）attack on implementations of the AES key expansion[C]// Lecture Notes in Computer Science. Berlin, Heidelberg: Springer, 2003: 343-358.

[9] Kocher P, Jaffe J, Jun B. Differential power analysis[C]// Advances in Cryptology — CRYPTO' 99. Berlin, Heidelberg: Springer, 1999: 388-397.

[10] Brier E, Clavier C, Olivier F. Correlation power analysis with a leakage model[C]//International Workshop on Cryptographic Hardware and Embedded Systems. Berlin, Heidelberg: Springer, 2004: 16-29.

[11] Chari S, Rao J R, Rohatgi P. Template attacks[C]// Cryptographic Hardware and Embedded Systems — CHES 2002. Berlin, Heidelberg: Springer, 2003: 13-28.

[12] Standaert F X, Malkin T G, Yung M. A unified framework for the analysis of side-channel key recovery attacks[C]//Annual International Conference on the Theory and Applications of Cryptographic Techniques. Berlin, Heidelberg: Springer, 2009: 443-461.

[13] De Cnudde T, Ender M, Moradi A. Hardware masking, revisited[J]. IACR Transactions on Cryptographic Hardware and Embedded Systems, 2018: 123-148.

[14] Lyu Y D, Mishra P. A survey of side-channel attacks on caches and countermeasures[J]. Journal of Hardware and Systems Security, 2018, 2(1): 33-50.

[15] Hospodar G, Gierlichs B, De Mulder E, et al. Machine learning in side-channel analysis: A first study[J]. Journal of Cryptographic Engineering, 2011, 1(4): 293-302.

[16] Heuser A, Zohner M. Intelligent machine homicide[C]//Schindler W, Huss S A. International Workshop on Constructive Side-Channel Analysis and Secure Design. Berlin, Heidelberg: Springer, 2012: 249-264.

[17] Wu L, Perin G, Picek S. Hiding in plain sight: Non-profiling deep learning-based side-channel analysis with plaintext/ciphertext[EB/OL]. [2023-02-23]. https://eprint.iacr.org/2023/209.

[18] Zhang L B, Xing X P, Fan J F, et al. Multilabel deep learning-based side-channel attack[J]. IEEE Transactions on Computer-Aided Design of Integrated Circuits and Systems, 2020, 40(6): 1207-1216.

[19] Yu W, Chen J. Deep learning-assisted and combined attack: A novel side-channel attack[J]. Electronics Letters, 2018, 54(19): 1114-1116.

[20] Wang H Y, Brisfors M, Forsmark S, et al. How diversity affects deep-learning side-channel attacks[C]//2019 IEEE Nordic Circuits and Systems Conference (NORCAS): NORCHIP and International Symposium of System-on-Chip (SoC), Helsinki, 2019: 1-7.

[21] LeCun Y, Bengio Y. Convolutional Networks for Images, Speech, and Time Series[M]. Cambridge: MIT Press, 1995: 255-258.

[22] Sherstinsky A. Fundamentals of recurrent neural network (RNN) and long short-term memory (LSTM) network[J]. Physica D: Nonlinear Phenomena, 2020, 404: 132306.

[23] Rezaeezade A, Perin G, Picek S. To overfit, or not to overfit: Improving the performance of deep learning-based SCA[C]//Batina L, Daemen J. International Conference on Cryptology in Africa. Cham: Springer, 2022: 397-421.

[24] Jin S, Kim S, Kim H, et al. Recent advances in deep learning-based side-channel analysis[J]. ETRI Journal, 2020, 42(2): 292-304.

[25] Selvaraju R R, Cogswell M, Das A, et al. Grad-CAM: Visual explanations from deep networks via gradient-based localization[C]//2017 IEEE International Conference on Computer Vision

(ICCV), Venice, 2017: 618-626.

[26] Bischof H, Pinz A, Kropatsch W G. Visualization methods for neural networks[C]//Proceedings of 11th IAPR International Conference on Pattern Recognition. Vol.II. Conference B: Pattern Recognition Methodology and Systems, The Hague, 1992: 581-585.

[27] Demme J, Martin R, Waksman A, et al. Side-channel vulnerability factor: A metric for measuring information leakage[J]. ACM SIGARCH Computer Architecture News, 2012, 40(3): 106-117.

[28] Lu X J, Zhang C, Cao P, et al. Pay attention to raw traces: A deep learning architecture for end-to-end profiling attacks[J]. IACR Transactions on Cryptographic Hardware and Embedded Systems, 2021: 235-274.

[29] He K M, Zhang X Y, Ren S Q, et al. Deep residual learning for image recognition[C]//2016 IEEE Conference on Computer Vision and Pattern Recognition, Las Vegas, 2016: 770-778.

[30] Benadjila R, Prouff E, Strullu R, et al. Deep learning for side-channel analysis and introduction to ASCAD database[J]. Journal of Cryptographic Engineering, 2020, 10(2): 163-188.

[31] Bhasin S, Bruneau N, Danger J L, et al. Analysis and improvements of the DPA contest v4 implementation[C]//Chakraborty R S, Matyas V, Schaumont P. International Conference on Security, Privacy, and Applied Cryptography Engineering. Cham: Springer, 2014: 201-218.

[32] Zaid G, Bossuet L, Habrard A, et al. Methodology for efficient CNN architectures in profiling attacks[J]. IACR Transactions on Cryptographic Hardware and Embedded Systems, 2020(1): 1-36.

[33] 郑东, 李亚宁, 张美玲. 基于 CBAPD 网络的侧信道攻击[J]. 密码学报, 2022, 9(2): 308-321.

[34] Szegedy C, Liu W, Jia Y Q, et al. Going deeper with convolutions[C]//2015 IEEE Conference on Computer Vision and Pattern Recognition, Boston, 2015: 1-9.

[35] Szegedy C, Vanhoucke V, Ioffe S, et al. Rethinking the inception architecture for computer vision[C]//2016 IEEE Conference on Computer Vision and Pattern Recognition, Las Vegas, 2016: 2818-2826.

[36] Ni F, Wang J N, Tang J L, et al. Side channel analysis based on feature fusion network[J]. PLoS One, 2022, 17(10): e0274616.

[37] Grosso V, Standaert F X, Prouff E. Low entropy masking schemes, revisited[C]//International Conference on Smart Card Research and Advanced Applications. Cham: Springer, 2013: 33-43.

[38] Ege B, Eisenbarth T, Batina L. Near collision side channel attacks[C]//International Conference on Selected Areas in Cryptography. Cham: Springer, 2016: 277-292.

[39] Nassar M, Souissi Y, Guilley S, et al. RSM: A small and fast countermeasure for AES, secure against 1st and 2nd-order zero-offset SCAs[C]//2012 Design, Automation & Test in Europe

Conference & Exhibition（DATE），Dresden, 2012: 1173-1178.

[40] Nassar M, Guilley S, Danger J L. Formal analysis of the entropy/security trade-off in first-order masking countermeasures against side-channel attacks[C]//International Conference on Cryptology in India. Berlin, Heidelberg: Springer, 2011: 22-39.

[41] Oswald E, Mangard S, Pramstaller N,et al.A side-channel analysis resistant description of the AES S-box[C]//International Workshop on Fast Software Encryption,Paris, 2005:413-423.

[42] 汪鹏君, 郝李鹏, 张跃军. 防御零值功耗攻击的 AES SubByte 模块设计及其 VLSI 实现[J]. 电子学报, 2012, 40(11): 2183-2187.